绿道设计

——人与自然的和谐景观

[美] 保罗·黑尔蒙德　丹尼尔·史密斯　主编

张丹明　林双盈　罗杨文　等译

U0338301

中国建筑工业出版社

著作权合同登记图字：01-2010-5117 号

图书在版编目（CIP）数据

绿道设计——人与自然的和谐景观 /（美）黑尔蒙德，史密斯主编；
张丹明等译 . — 北京：中国建筑工业出版社，2017.12
ISBN 978-7-112-21384-9

Ⅰ.①绿… Ⅱ.①黑… ②史… ③张… Ⅲ.①城市道路—道路绿化—
绿化规划 Ⅳ.① TU985.18

中国版本图书馆 CIP 数据核字（2017）第 259660 号

Designing Greenways Sustainable Landscapes for Nature and People / Paul
Cawood Hellmund & Daniel Somers Smith Copyright © 2006 Paul Cawood
Hellmund and Daniel Somers Smith Translation Copyright © 2017 China
Architecture & Building Press Published by arrangement with Island Press

本书由美国 Island 出版社授权翻译出版

责任编辑：姚丹宁
责任校对：李美娜　党　蕾

绿道设计——人与自然的和谐景观
[美] 保罗·黑尔蒙德　丹尼尔·史密斯　主编
张丹明　林双盈　罗杨文　等译

＊
中国建筑工业出版社出版、发行（北京海淀三里河路 9 号）
各地新华书店、建筑书店经销
北京京点图文设计有限公司制版
北京京华铭诚工贸有限公司印刷
＊
开本：787×960 毫米　1/16　印张：22¾　字数：391 千字
2018 年 7 月第一版　2018 年 7 月第一次印刷
定价：78.00 元
ISBN 978-7-112-21384-9
（30922）

谨以此书献给我的父亲，是您让我懂得了"保守派也可以成为自然保护主义者"的道理。

——丹尼尔·史密斯

将此书献给琼、安德鲁和诺亚，是你们帮助我认识了这个世界，你们是我生命中最重要的人。

——保罗·黑尔蒙德

目 录

第 4 章

滨河绿道与水资源保护 130

第 5 章

景观的社会生态学：绿道设计中的应用 192

第 6 章

绿道的生态设计 250

前　言

　　我们生活在一个正在被日渐"割裂"的世界。由于土地开发等人类活动的影响，自然区域的面积在不断减小，而且趋于破碎化。野生动物无法自由地活动或迁徙；为野生动物提供庇护的滨河植被遭到破坏，河水也经常受到污染。人类则生活在与自然相隔离的环境中，我们的活动空间往往局限在建设用地的范围内，对汽车过度依赖。社区也会因为种族、阶层的分化而彼此分割，不同人群间的收入差距仍在扩大。动荡的经济背景下，人们为了获得工作机会，必须不断地迁移和重新定居，这使得他们不得不远离家人、熟悉的社区和现在生活着的地方。

　　这种"割裂"所带来的问题令人担忧，而这只是其中的一个方面。我们既生活在这种被割裂的、破碎化的环境之中，同时却又要依靠这种方式生活。需要明确的是，这既不新鲜，也非偶然。科学研究是通过将世界划分成细小的、可控制的问题来开展的；而技术应用则希望通过重新组合这些分散的、片段化的知识来达到某种目的。在对自然与社会不断分解与重组的过程中，资本主义经济却为世界上少部分人提供极高标准的生活。经济学家贴切地将其称为"创造性的分解"。不管怎样，这种分解与重组的方式也确实是我们现有经济的命脉。尽管身处这种令人不安的、破碎化的环境之中，新的联系正在形成，而新的整体也即将涌现。

　　同其他人一样，我们也在密切关注这种变化的历程与趋势，但这不是本书讨论的重点。我们的目标更具有时效性与可实施性。人们对当今的社会状态可能各执己见，但对破碎化景观带来的问题却已达成共识。因为，自然区域的减少、生境的破碎化对生物和水资源保护的负面影响都是不争的事实。人们也都渴望直接地接触自然，从而获得宁静、健康、刺激的感受或体验。不同阶层间心理隔阂与空间隔离的加剧，正在破坏公民社会的统一性，也在削弱民主制度的社会基础。这些问题应当受到公众的关注是毋庸置疑的，而这些问题的解决过程也为公众参与和社会协作提供了平台。

　　绿道也许会有助于上述问题的解决。这是因为线状的绿道能够穿越、连接许多生物栖息地或社区。精心设计的绿道在很大程度上可以重建自然区域或河流的生态功能，否则它们仍是彼此隔离的自然斑块或没有植被覆盖的河流。绿道可以让人与自然更近距离地接触，并为人们提供日常性的学习和体验自然的机会。绿道也可以增加人们的彼此联系，主要表现在两个方面：当人们通过步道进行游憩或交通活动时，他们之间的联系会被加强；在绿道的构建过程中，公众参与和社区协作增强了人们的社会联系。另外，通过提供非机动化的交通方式，提高人们的环保意识，促进公民社会和公众参与的发展等，绿道表现出了其从地方和全球两个尺度上实现可持续发展的巨大潜力。

实现上述这些潜在的效益也并非易事。事实上，它们彼此间有时会相互冲突。因为，某地的绿道建设，会吸引和转移人们对其他问题的关注和投入，而这些问题可能更紧迫、更宏观。绿道设计虽然面临着目前的这些压力，只要在对背景环境充分理解的基础上，在科学分析、公众参与的支持下，绿道具有重建生态健康与提升社会福利的潜力，或者同时实现上述两方面的目标（我们称之为"景观完整性"）。

本书解释了绿道如何发挥功能（包括自然生态和社会关系两方面），阐明了它们为何有助于自然和社会"破碎化"问题的解决，而且也为规划师、设计师和自然保护主义者们提供了一系列实用的、具有可操作性的指导原则。对这些原则而言，我们要强调以下两点。

首先，绿道设计（更一般而言，景观设计也是如此）应当是彼此联系、相互整合的一种综合性的设计，从而在资源有限的现实世界中来实现长期目标。尽管"事物之间是普遍联系的"这句话是生态学的一条基本原理，但是这一准则往往在人们对某一具体的、孤立的问题进行迫切研究的过程中被遗忘了。尽管专业知识非常的重要，但增加景观的健康度和完整性需要同时考虑自然与社会多方面的问题，以及从地方、区域和全球的多重尺度进行分析。有些时候，这些问题和尺度是互相促进和相辅相成的；其他时候，它们之间可能需要艰难地相互妥协。这些问题都应该是被考虑到的。从这个意义上来说，景观设计师、规划师、自然保护主义者等参与者，应当发挥特殊的作用；因为它们的工作是建立在多学科交叉与综合的基础上的。

其次，科学理论（自然科学与社会科学）与实践应用之间的衔接非常必要。目前，从事自然保护工作的人都知道：我们已经在自然保护相关的科学研究和实践领域花费了大量的人力、物力，但这两个领域的人通常彼此间没有足够的交流。促进研究与实践这两方面的专业化发展是非常有利且十分必要的，但更为迫切需求的是：科学家应当提出切合实际的问题，并确保他们的成果能够被有效地"转述"、被非专业人士理解；相对而言，实践者需要具备相应的科学知识，而且能够进一步理解相对复杂的、专业化的技术信息。本书将致力于实现理论与实践两方面的紧密合作，主要是：通过相应的方法，向非专业人士呈现全面的、容易理解的科学信息；通过将科学原则融入综合的设计方法中，来促进实践工作更好地开展。理想情况下，信息也应该向另一个方向流动；我们希望科学研究人员能够更好地了解从业人员所关心的问题，从而同样从本书中获益。

艺术与人文科学同样可以发挥重要的作用。只有在基于正确的价值观、道德观和认真态度的情况下，科学知识和成熟技术的使用才是有帮助的。相对而言，艺术与人文科学的内容在书中的篇幅要少于对科学方面的讨论，但艺术与人文科学的内容应当同样得到科研人员和实践者的关注，因为它可以助我们理解和认真思考某些问题的价值和意义。

《绿道设计》这本书在很大程度上得益于我们之前合著的《绿道生态学》（Ecology of Greenways）一书，而该书主要侧重自然生态方面的3个主题：野生动植物、水资源、游憩活动的生态影响。这本书的写作初衷，一方面在我们最开始接触新兴的景观生态学理论和其对廊道功能阐述的时候就已经产生；而另一方面，在20世纪80年代末—90年代早期，我们把绿道当作一种新形式的公共开敞空间，开展了大量的绿道保护、重建和推广。随着经验的积累，这本书写作的意愿也进一步加强了。很明显，当时的研究和实践领域会从这两个方面的交叉、融合中受益匪浅。《绿道生态学》一书便是这样的一个成果，致力于填补当时生态设计方面专业文献的空白。

《绿道设计》这本新书，采用类似的写作思路，同时也体现了在过去十几年中我们对景观概念理解的一些变化，尤其是增加了"景观与社会"方面的内容。本书的第1章主要对全书进行了总体性的介绍，包括：绿道的多种功能、综合作用、生态景观设计方法，以及贯穿全书始终的、全面的分析视角。这一章也介绍了几个重要的案例研究。第2章更详细介绍了景观生态学的基础理论，而这些理论则是将书中技术层面内容串接为整体的关键。

本书的第3、4、5章，更具体地介绍了绿道功能与设计方面的内容。其中，第3章、第4章分别对野生动物和水资源保护的廊道设计理论进行了总结，以及解释了如何利用这些总结的基本原则和技术。第5章主要介绍了如何从社会生态学的视角来理解绿道或景观。在这一章和全书中，我们都强调不要把人类社会或社会团体简单的看成是改变环境的原因，而是要把它们看作非常关切其自身权利的一个复杂系统。借助于生态系统管理学、生态经济学、环境法学等领域的概念和理论，这一方法会引导绿道设计人员将注意力转向观念和教育、制度、公众参与、民主制度、社区协作与社会互动、经济发展与环境正义等一系列重要的、新的问题。

第6章将前面章节中有关概念与技术方面的内容进行了综合，并总结出一套可以用来指导各种类型绿道项目规划设计的、通用性很高的方法。这套方法主要是向设计人员提出一系列问题，并通过对这些问题的回答来让设计者注意到项目的关键内容。这一方法的使用可以贯穿于绿道设计的始终，也可以只采纳其中的一部分，或者仅仅作为一种一般性的指导原则来加以参考。

如果没有他人的鼓励和帮助，本书是无法问世的。我们尤其要感谢来自初稿阶段审稿人的建设性评价和意见，包括：科罗拉多州立大学的凯文·克鲁克斯，犹他州立大学的克雷格·约翰逊，科罗拉多州立大学的大卫·西奥博尔德、苏珊·范·登·西瓦。其他几位匿名审稿人同样为本书的完善做出了重要的贡献。

还有许多人为本书的完成提供了多方面的、重要的帮助。我们从理查德·福尔曼、拉里·哈里斯、比尔·伯奇、高州锡的著作和与他们本人的交流中受益匪浅。我们也在与科罗拉多州立大学、瓦赫宁恩大学、耶鲁大学林业与环境学院、拉马波学院、康韦景观设计学校、哈佛大学设计学院的同仁和学生们的讨论中受到了极大的鼓励。本书早期的灵感和支持来自于美国国家公园管理局的"河流与步道保护项目"，尤其是来自东北地区办公室工作人员们的帮助。乔治·华莱士、约翰·阿姆斯特朗、杰克·埃亨、罗伯·乔曼、恩里克·佩纳洛萨、利亚纳·盖德齐斯、比尔·温克等学者，也在某些专题方面为我们提供了反馈和深刻见解。

我们要感谢景观设计师乔·麦格雷恩和简·肖普里克为本书提供的插图，这为本书增加了重要的特色。科罗拉多州的斯蒂芬·瓦尔纳和他的同事们，对这本书的完成给予了极大的帮助；如果没有这些帮助，本书可能无法完成。

科罗拉多州查特菲尔德流域保护网络项目的成员，尤其是创始人雷·施佩格与布鲁克·福克斯，为本书所提出设计方法的、许多环节的实用性提供了重要的反馈；而他们非常翔实的案例，也为我们提供了许多的灵感。

　　我们同样要感谢出版本书的岛屿出版社（Island Press）。我们的第一位编辑希瑟·博耶，非常快地发现了我们这本书的潜力，而他的后继者杰夫·哈德威克则是一个坚定的、具有极强幽默感的支持者。香农·奥尼尔帮助我们有条不紊地开展工作，即使在我们推迟交稿的情况下依然保持良好的耐心。我们要感谢乔伊·德罗安对书中文字详细而全面的编辑，感谢琼·沃尔比尔对本书的设计，以及感谢塞西莉亚·冈萨雷斯、杰西卡·海斯对本书设计与出版的过程指导。

　　岛屿出版社同样非常慷慨地提供了资金的支持，从而显著地提高了本书的质量。康韦景观设计学校的理事们也为本书提供了慷慨的支持。艾格隆基金会也为额外的插图提供了经费支持。

　　琼·卡伍德·黑尔蒙德帮助我们完成了大量的初稿编辑工作，同时也在其他诸多方面提供了帮助。

第 1 章

导论：
绿道的功能、
设计与发展历程

概述：绿道与景观完整性

近年来，绿道已经遍布北美乃至世界的各个角落。我们在城市和乡村都能见到它的踪影。有些时候，我们建设绿道是希望通过划定一些被保护的区域来应对某些问题，如防洪排涝、水质恶化等；而有些时候，绿道的建设则纯粹是出于视觉与景观体验的考虑，如让人们感受到更好的社区生活。绿道的存在，使得人类活动与自然过程可以更加和谐地紧密相连。绿道的概念虽然近来备受关注，人们却并没有理清绿道对社会和自然的全部贡献。绿道常被认为是单纯的开敞空间，在大都市区则更被认为是普通的绿地，只是人们进行户外活动的背景空间。[1]

在本章中，我们将分析绿道近来再度兴起的原因，探讨如何提升绿道的功能，以及总结绿道的局限性。我们还将介绍绿道这一概念的由来、确切的定义、多样空间形式，以及其内容的发展、演变。在绿道生态学研究与设计方法的章节还没展开之前，本章同样将阐述和强调绿道的社会与生态功能的重要性。

多样的类型与名称

绿道是镶嵌在大地景观上的一条条"绿带"。这些"绿带"有时展示自然过程，有时则提供游憩功能，各具特点。绿道也有许多被人熟知的别名（表 1.1），它们往往沿河分布或跨越山脊，有时也会不受地形的限制而融入其周边的景观之中。具体而言，无论城市中狭窄的游憩步道，或是蜿蜒的河流廊道，还是接近自然状态的、区域性的生物保护廊道，

表 1.1 绿道及类似名称

由于其多样的功能，绿道通常会被细分为不同的类别或赋予不同的名称，但线状或网络化的几何特征与特定的生态或社会功能则是绿道不变的共性。

名称	目标或应用	实例
生物廊道 (Biological corridor \ biocorridor)	野生动物保护和其他自然保育的功能	横跨中美洲地区的中美洲生物廊道；墨西哥莫雷洛斯州的奇奇瑙特辛生物廊道
植被排水浅沟 (Bioswale)	过滤降雨径流中的污染物 (通常是应用在场地尺度的排水设施)	许多地方都有应用。例如，美国西雅图市在该市西北部开展的街道排水改造项目中的应用
生态保育廊道 (Conservation corridor)	生物资源保育、水环境保护、防洪排涝等	美国威斯康星州东南部的环境廊道
城乡交错地带 (Desakota)	连接和促进中心大城市及其周边区域经济往来的城乡融地带（来自印尼语，desa-村庄，kota-城镇，即人们所熟知的麦吉-金斯伯格模型[1]）	印度尼西亚和中国
生物扩散廊道 (Dispersal corridor)	促进野生动物向外迁移等活动；也指可能间接促使杂草沿途散布、扩散的道路	美国俄勒冈州胡德山国家森林诸恩克鲁克保护区的猫头鹰廊道；美国切萨皮克湾促进蓝蟹迁移的海洋生物廊道
生态廊道 (Ecological corridors\ eco-corridors)	保护和促进动植物活动、扩散的发生，或者维护生态过程的连续性与完整性	阿根廷安第斯山北部巴塔哥尼亚地区的生态廊道项目
生态网络 (Ecological networks)	同上。保护和促进生物活动的发生，或者维护生态过程的进行	保护中欧、东欧地区生物多样的"泛欧生态网络"
环境廊道 (Environmentalcorridor)	环境资源的保护与持续利用	威斯康星州东南部的环境廊道
绿带 (Greenbelts)	限制或引导城市的用地扩张和发展方向，从而保护自然区域或农田	美国科罗拉多州博尔德市的城市绿带；英国伦敦的环城绿带
绿地的社区延伸网络 (Green extensions)	将居住区的公共绿地、林荫步道、滨水林带等相互连接来构建绿地系统，使居民在日常生活中便可以接触和亲近自然	中国南京市[2]
绿地网络 (Green frame)	在大都市区或更大的区域范围内构建的绿地网络系统	美国加州圣马特奥县的"面向2010年县域未来发展的绿地网络"；埃塞俄比亚首都的斯亚贝贝市的绿地网络
中心绿核 (Green heart)	被保护的、大面积的绿地空间，其周围被城镇建设用地所环绕，这一概念最初专指荷兰的某一特定区域，目前已被广泛使用	荷兰的兰斯台德城市群（包括:阿姆斯特丹、海牙、鹿特丹、乌得勒支等城市）所围绕的、大面积的中心农业用地
绿色基础设施 (Green infrastructure)	出于多重保护目标而建立的绿地空间，通常与市政基础设施（例如：道路、市政管线等用地）同等重要	美国马里兰州的"马里兰绿图计划"；位于美国科罗拉多州丹佛大都市区的"查特菲尔德流域自然保育网络"
绿色溪流网络 (Green fingers)	通过保护或恢复冲沟、溪流的自然植被，或通过构建相应的植被浅沟来净化降雨径流	美国德克萨斯州休斯敦市的"面向21世纪的布法罗河保护规划"
绿链 (Green links)	连接分散的绿地空间	连接加拿大不列颠哥伦比亚省平原地区分散栖息地斑块的"绿链保护规划"

续表

名称	目标或应用	实例
绿地 (Greenspace\Green space)	城镇开发与建设过程中，保留的自然区域或建设的游憩用地	北美地区有无数的实例，绿地通常也被称为"开敞空间"
绿色骨架 (Green structure\greenstructure)	将离散的绿地连接在一起，作为引导城市空间发展总体骨架；这一概念的使用多见于欧洲	大哥本哈根地区的"绿色骨架规划"
绿色脉络 (Green veins)	由小面积线状的景观要素所构成的网络系统；主要用来保护农业景观中的生物多样性	这一概念主要是荷兰、法国等欧洲学者在使用
楔形绿带 (Green wedges)	通过将绿地引入建成区内部，使其分割成不同的组团片区；这同上面"绿带"的理念恰好相反,[3]	澳大利亚的墨尔本；俄罗斯莫斯科 1971 年的总体规划
栖息地连接廊道 (Landscape linkages)	连接大型生物栖息地的、宽阔的带状廊道，包括未受干扰的河流廊道	美国亚利桑那州皮马县的、关键栖息地间的连接廊道
自然保护骨干网络 (Natural backbone)	维护和促进各种自然、生态过程	中欧和东欧地区
自然过程维护网络 (Nature frames)	提供游憩空间，保护水质，引导城市设计，减少环境影响	立陶宛的自然过程维护网络
开敞空间 (Open space)	城镇开发建设过程中保留的自然区域或用地空间	无数的实例分布在北美的城乡地区
游憩廊道 (Recreational corridors)	提供休闲、游憩功能	美国佛罗里达州希尔斯伯勒县的绿道系统；加拿大艾伯塔省的游憩廊道
滨河或其他带状公园 (River or other linear parks)	具有保护功能，或者至少是沿河或其他廊道建设的带状公园，有时建设有风景公路或游道	美国华盛顿特区的罗克溪公园
风景体验廊道 (Scenic corridors)	保护自然风景	亚利桑那州斯科茨代尔市和不列颠哥伦比亚省克拉阔特海湾的风景体验廊道
游道\游步道 (Trail corridors)	提供休闲与游憩体验功能	美国东部地区的阿巴契亚游步道
市政管线的防护廊道 (Utilitarian corridors)	提供某种市政服务功能，如航道、输电，同时也具有自然保护或游憩功能	亚利桑那州菲尼克斯市的大运河
植被或滨水缓冲带 (Vegetative or riparian buffers)	河流或水体周边设立的缓冲带，通过新种植或保护原有植被来保持水质	许多地方都有具体的实例，尤其是在美国中西部和加拿大的农业地区
生物迁徙廊道 (Wildlife corridors)	保护和促进野生动物在不同栖息地之间的迁徙	美国和加拿大的"黄石 - 育空自然保护计划"；澳大利亚东南部的"山地 - 红树林生物迁徙廊道"（位于昆士兰州的布里斯班市）

[1] Sui，D. Z.，and H. Zeng. (2000) . "Modeling the dynamics of landscape structure in Asia's emerging desakota regions：A case study in Shenzhen." Landscape and Urban Planning 758：1-16.

[2] Shuang，C.，and C. Y. Jim. (2003) . Green space planning strategies compatible with high-density development in the urban area. Internet Conference on Ecocity Development，http：//www.ias.unu.edu/proceedings/icibs/ecocity03/papers.html.

[3] Lynch，K. (1981) . A Theory of Good City Form. Cambridge，MA，MIT Press，p. 441.

它们都有一个共同的名称——绿道。如今的绿道在城市、农田、经济林等景观环境中都随处可见，但历史上绿道大多被建在城郊地区。作为一种具有特定功能的用地空间，线状的形态和明确的范围是绿道的基本特征，至少也是大多绿道所共有的普遍特征。

绿道的名称虽然相对较新，但多种具有相似内涵的"绿道"早在一百多年前就已经出现了。在19世纪末20世纪初的北美地区，风景道被设计和用来连接城市公园，而这就是绿道的早期原型之一。同一时期，许多城市都规划了环城绿带，从而引导或限制城市用地的扩张。20世纪60年代，生态规划师、景观设计师和广大市民，都认识到了保护那些具有极高生态系统服务价值的河流和其他廊道的重要性。最近一段时期，自然科学与保护生物学领域的学者们，则开始关注廊道在野生动物管理与生物多样性保护方面的潜力。社会科学领域的学者们也探索并揭示了绿道对经济发展、市民生活、社会互动等方面的影响。与此同时，面对着城市的快速扩张和公共开敞空间的不断蚕食，广大市民也表达了希望在他们居住环境的周边增加户外游憩空间的强烈愿望。

从概念上来讲，绿道是为实现多重功能而进行设计和管理的、由陆地或水域所构成的线状廊道（以及由这些廊道所构成的网络）。这些功能包括：自然保育、休闲游憩、雨洪管理、社区融合、社会公平、风景资源保护等等。总而言之，其根本目标是实现和维护景观结构功能的完整性，包括自然与社会两方面的功能。[2]"绿道"这一概念，已经被景观设计师、绿地规划师、自然保护主义者、社会团体，以及广大公众们所广泛接受。[3]但是，那些用来对绿道和其他绿地进一步细分的术语却并没有被准确地使用。从表1.1所列出的术语中，我们就可以发现这种概念间的混淆。

绿道所构成的网络通常也被称为绿色基础设施，即具有生态系统保育和生态系统服务双重功能的、彼此相互连接的绿地网络。[4]在欧洲，绿道网络和它们所连接的自然保护区可能更多地被人们称为"生态网络"，尽管它们设立的目标不仅仅局限在自然保护方面。[5]在本书中，我们将主要使用"绿道"、"绿色基础设施"、"生态网络"，以及范围更广的"绿地"（相对而言，它比"开敞空间"的概念更明确[6]）等概念。

对景观功能的维护与重塑

绿道不是孤立的，而是存在于景观环境之中。许多地方的景观当前都在经历剧烈的改变，尤其是那些仍在快速发展的城市边缘地带。在上述的变化过程中，绿道的建设在保持不同景观的内在特征，维护景观的自然与文化功能等方面都存在巨大的潜力。

景观完整性的维护不仅取决于保护用地数量的多寡，被保护用地的空间格局与功能结构才是关键，尤其是景观连通性的高低。这一点正是绿道能够发挥作用的地方。通过正确的规划与实施，绿道将有助于保持或提升景观的连通性，发挥相应的景观功能等。

当规划一条绿道时，人们通常希望它能发挥特定的景观功能，例如：希望绿道在社区生活中发挥作用。由于这些期望，人们会努力维护绿道的景观完整性。人们也会发现，绿道与其所在的景观环境并没有本质差别，而是与其融为一体的。基于这样的认识，人们便很容易发现绿道从来都不会仅提供一种功能，比如：一条只提供游憩功能的自行车道。绿道往往还同时提供许多其他功能，也许这些功能并不是被预先设定和规划的。这些功能通常包括：自然保育、雨洪调控、水体净化等。因此，只有当全面考虑、协调上述的景观功能时，一绿道才是被有效设计与管理的，绿道才能发挥最大的综合效益。

对于没有受到大规模城乡建设影响的自然景观而言，其斑块、廊道、基质间镶嵌组合的景观格局通常具有优良的连通性，能量、物质、物种可以有效流动。例如，河水的涨落、野生动物的日常活动等，这些构成了一片和谐的原生景象。然而，一旦进行了城市开发或者基础设施的建设，人们可能就会干扰或者限制这些"流动过程"的发生，尽管通常并非本意。为了保障自身的生存与发展，人们会抑制某些自然过程的发生，例如山火、洪水等等。但是，人们通常对景观的改变是一个渐进递增的过程，以至于这种负面的累积效应并没有被察觉，而是以一种"积水成渊"的方式逐步发生的[7]。

如果城市的发展与扩张是不可避免的，绿道的引入除了可以遏制自然景观的丧失之外，还有助于在这种无序的发展模式（图 1.1）下，构建全新的、积极的社会功能。同水文过程、生物迁徙等景观中的自然联系一样，景观环境中也存在许多社会联系，而这些联系会随着人们活动频度的增加而增强。绿道具有引导这些社会联系朝着积极方向发展的潜力。通过合理的设计和管理，除了提供游憩功能之外，绿道还可以增加市民间的互动和加深人们的社区归属感，从而将不同社区紧密地联系在一起。相比其他形状的公共开敞空间，绿道线状的几何特点使其可以通过蜿蜒连接的方式串联更多的社区，从而具有更高的空间可达性和实现社会公平的发展目标。当绿道由社区的居民自己来进行设计和管理时，居民、社区间的互动与融合会被进一步加强。同自然功能一样，这些潜在的社会效益并不是绿道所固有的，而需要全面的调研和规划来加以实现。

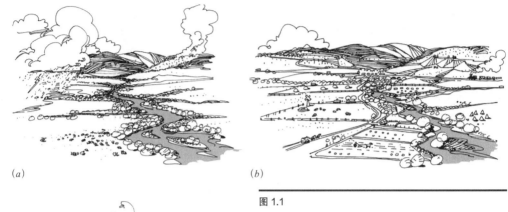

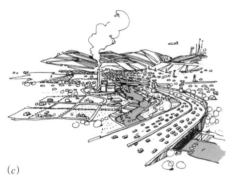

图 1.1

美国西部景观环境的演变是一种"积水成渊"的过程。随着人类对景观环境的改造和主导，原有的自然景观格局与过程被有意或无意地破坏了；同时，也产生了新的、社会层面的景观联系。(a) 想象中的、人类大规模定居前的西部景观，(b) 人类早期定居后的景观格局，(c) 人类的建设与发展完全改变原有自然过程后的、当代西部景观(绘图：乔·麦格雷恩 (Joe McGrane)；图片来源：美国科罗拉多州交通运输局)

绿道虽然具有一些共同的特征，由于类别、形式、地理位置等方面的多样性，不同绿道所具有的自然与社会功能差异极大。就自然功能而言，绿道有助于自然保育，降低生境破碎化对野生动物、水资源保护的影响。上述功能的发挥，则要取决于绿道的宽度、形状、位置和周边环境等因素的具体情况。就社会功能而言，绿道可以提供游憩空间，提升景观视觉质量，以及成为不同城镇间的绿化隔离带等。

对景观完整性的考虑

环境恶化的问题虽然已经受到了人们的普遍关注，对于如何评价环境的退化程度或如何进一步评估环境的质量、总体的健康程度却有许多不同的观点。生物多样性，生态系统结构功能完整性、健康度，可持续性便是其中几个用来测量景观环境健康程度的主要概念。每个概念都会关注一些特定的环境功能或环境特征，以及关注人类活动如何影响这些环境特征。在上述概念中，生物多样性关注的是自然环境和自然过程；作为一个更宽泛的概念，可持续性既涉及自然、生态方面，也关注社会、经济领域的内容。可持续性有时也被认为是实现经济、环境、社会三个系统良性运行与综合效益最大化的底线。英国景观设计师伊恩·汤普森（Ian Thompson）提出了融合"生态、社区、美学体验"三个方面的可持续设计理念与方法[8]，其中"美学体验"指的是：景观的美学价值本身，以及如何通过与环境结合来营造美和艺术的生态美学的过程。将经济效益指标纳入自然保育活动的评价体系之中，虽然遭到了一些生物学家的质疑，可持续发展的理念却已经成为许多自然保护组织和具体项目的发展目标。[9]

关于上述概念中哪个更适用于绿道设计的问题，我们认为：这些概念各有优点，但对具有多目标属性的绿道项目而言，不具有普适性与可操作性。因此，我们提出了一个能够更全面反映绿道设计与管理目标的概念，即"景观结构功能完整性（简称景观完整性）"。这个概念有时会被狭义地理解为仅适用于描述自然系统，但"景观完整性"的内涵非常契合绿道所具有的生态与社会功能复合的特点。

对景观完整性的评价，就是从生态和社会功能双重视角，对景观的整体状况和健康程度进行全面、综合的考量。具体评价的内容包括：动植物的健康程度等生态状况，经济、游憩、美学的价值，改善社区交流、互动的潜力，促进绿地公平可达的程度，以及保障由绿地带来的经济和其他效益分配的公平性等。具有较高景观完整性的地方，通常意味着它具有较好的生态和文化资源，以及独特的景观特征。在这里人与环境相互协调适应，彼此和谐发展。人们在这里居住、工作和享受各种设施服务的同时，场地原有的自然、生态过程也被最大限度地维护。这里充满了环境正义、社会互动，人们也可以通过民主参与的方式来影响和决定地区景观环境的发展。

理查德·福尔曼（Richard Forman）提出的衡量生态系统结构功能完整性（生态完整性）的考虑因素，可以被认为是景观完整性的一部分。福尔曼指出[10]，应当保持以下方面处于接近自然的状态：

- 植物的生产力水平
- 生物多样性
- 土壤状况或土壤侵蚀情况
- 水质和水量

此外，还应当考虑能够影响地方景观特征的历史、文化、游憩等社会问题，以及考虑绿道的建设或保护对社区发展、市民生活和环境正义等方面的影响。因此，福尔曼所提到的自然因素和上述社会、经济方面的考虑相互补充，才是景观完整性的基本内涵。

景观完整性的概念很难对应成一系列的量化指标；相反，它只是提示了需要考虑的重点，并提醒人们关注绿道项目背后的重要价值。这一点如同保护生物学家奥尔多·利奥波德（Aldo Leopold）在他1933年出版的、关于野生动物管理的专著中告诫读者的一样："这本书里所提供的技术方法只是一些关于如何进行思考、观察、推理和验证的具体实例，而不是如何去做的标准。"[11] 同样，我们在此也想建议绿道的设计师们：景观完整性这个概念，应当只是你们在绿道的设计和管理过程中思考、观察、分析和验证的参考原则。

动态变化是景观的本质属性之一，而结构功能完整的景观具有适应变化的能力，有时甚至需要这种动态过程的影响来维持其自身的活力。例如，渠化的河道通常会将洪水快速排向下游，从而避免洪涝灾害的发生，而这会使得一些原本依靠季节性水淹的树木或其他生物无法生存和繁衍下去。洪涝、干旱等扰动过程，可能会影响甚至完全破坏公园或绿道所保护的景观资源。这是因为：自然保护主义者更多的是基于静态的视角来理解自然保育的问题。他们认为，通过划定相应的保护区域，完全可以保持其内部景观资源的稳定与发展；实际上，如果景观的动态过程受到限制，景观完整性会逐步丧失，甚至导致我们最初所关切的那些景观资源、特征的丧失。

景观完整性的有效评价需要建立在一个更大的时空尺度上来进行考虑。一些生态格局、过程在较小的时空范围下观察，表现的也许并不明显；当从更大的视角来分析时，评价结果可能会截然不同。例如，绿道的设计可能只是单纯地将上游的洪水问题转移到了下游地区。类似的，如果只是将绿道建在富人区的话，社会学意义上的景观完整性就会被大打折扣。再比如，在最初设计绿道时如果没有考虑火灾、洪水、干旱等自然扰动的潜在影响，绿道的管理、维护阶段就会面临许多问题。

绿道为景观完整性的保护提供了一种战略手段。这一手段主要是通过维护景观连通性和相应的景观过程来实现野生动物保护、防洪排涝、水源保护、休闲游憩、城市设计引导等一系列目标。重要的景观资源通常是沿河分布的，[12] 因此，沿河流或其他线状的景观来构建一个骨架性的绿道体系，是保护重要景观资源的一种高效率的途径。此外，我们还要牢记一点：只有在满足一定宽度的前提下，绿道才能保护相应的景观资源。

绿道对景观完整性的保护

不存在简单而通用的绿道设计方法，但仍然有许多有用的原则和系统化的步骤可以用来指导绿道的设计和实现景观完整性的保护。我们在本章中会先列出这些通用的原则,并在后续的章节中以具体导则的形式陆续给出。这些导则对绿道设计者是比较有帮助的,因为导则充分考虑了其应用背景和使用范围。但是,绿道设计师们仍然需要根据实际情况和具体目标来合理地运用这些导则。

这些重要的绿道设计导则包括以下内容:

- 绿道设计者应努力维护和增强景观中各自然要素之间的连通性,以此来确保景观结构功能的完整性。
- 不论所在地区的城镇化程度有多高,绿道都应努力保障人们可以在日常生活中接触到自然,即使是"人工"而非原始状态的自然。这一点会使人们从中受益,尤其是儿童。
- 绿道应尽可能均匀分布,尤其应当关注低收入阶层聚居的地区。这样的绿道才会让所有人从中受益。
- 在绿道的设计和管理过程中,应当同时兼顾景观中的自然与文化资源的保护。
- 绿道,或者说绿色基础设施,应当得到同管线、道路等市政基础设施一样的关注,一样用心的规划与管理。
- 不同于市政基础设施,绿色基础设施必须在其管理和设计的过程中考虑生态过程的影响。例如,绿道的宽度不仅取决于其内部结构,可能还要考虑它相邻用地的情况。
- 绿道应当对退化的区域进行生态恢复,以使它们重新适应自然过程,同时为人们提供所需的生态系统服务功能。
- 规划师们应该对市政和绿色基础设施进行统一规划,以避免彼此间冲突或不利影响。
- 如果条件允许,尽可能将社区公园、农场、林地等景观要素同绿道相连或与绿道邻近。
- 增加短距离、衔接性的游步道,可能比规划更长距离的步道更有意义。
- 一些已建成的线状景观要素,例如运河、废弃的铁路等,虽然当初是为其他目标而建,如今却具有成为绿道的潜力。
- 一个对多种过程充分考虑的绿道项目,有可能会成为应对社会冲突、实现环境正义的重要工具。

借助上述以及其他一些原则的指导,绿道设计师们所设计出的绿道,

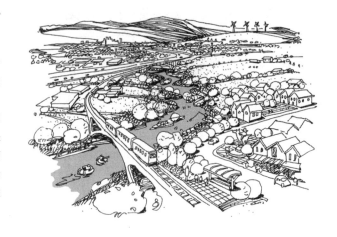

图 1.2

在绿道网络和集约用地模式的引导和控制下，土地利用与城市发展向着可持续的方向进行是完全可能的，这一点比没有规划的无序发展要好得多。图中这座位于美国西部的城市，河流两侧保留了很宽的植被带，而这一空间可以满足河道许多自然过程的要求，以及提供游憩功能。城市则通过交通廊道的连接而紧凑发展，并没有发生城市蔓延的现象。（绘图：乔·麦格雷恩；图片来源：科罗拉多州交通运输局）

将为景观完整性的维护做出贡献，促进人与景观的和谐共存。其中的一些原则通过图示的方式展现在图 1.2 的理想景观原型中。

绿道并不是自然保护的万灵药

许多关注绿道的学者都不约而同地从各自领域的视角指出：我们不应当把绿道当作实现自然保护目标的一剂万灵药[13]。他们警告说：人们总是倾向于将一个重要的概念极端化，这会把问题想得过于简单，甚至会把事情变得更糟。绿道本身是无法解决所有自然保护问题的，它只是众多保护途径中的一种而已。因此，应当同其他的保护措施一起应用、相互协同，从而更好地发挥保护效果。绿道很容易受到外部环境的干扰，尤其是狭窄的绿道。对这些潜在的影响进行分析和评估非常重要，而这些干扰通常包括：人类活动的影响、人类宠物的影响、外来物种对乡土群落的影响等。有些时候，绿道如果被道路切断，它可能就会丧失生物廊道的功能。鉴于上述潜在的缺点，有些人提出：野生动物廊道应当仅仅被看作是无奈之举，或看作是"满目疮痍的自然景观上所包扎的绷带"。[14]

同生动物保护问题一样，人们有时也会高估绿道对城市设计的影响，尤其是高估其解决社会问题的潜力。绿道确实可以成为城市中重要的景观资源，彰显城市的景观特征，为市民提供亲近自然的机会；但是，它们也可能会加重某些城市问题，或者只是将问题从某一人群转移给另一人群（将在本章的后续内容和第 5 章中详细讨论）。有一位城市观察家指出："有人认为让城市变得更加'绿色'就足够了，而我们应当超越这种对城市生态系统的狭隘理解。"他用了一个具有无情讽刺意义的例子来强调社会问题的重要性。一群年轻的志愿者能够成功地恢复城市里的生物栖息地，却无法改变他们的工作伙伴因为别人的暴力犯罪而丧失生命的残酷现实。[15]

其他的社会影响可能来自经济方面。例如，许多实例都证明了绿道周边的房价会上升[16]，但很少有人讨论这种房价上升对贫困人群的影响。房价上升导致的租金上涨，可能会迫使贫困人群搬离原来的社区。同样，我们需要更加开诚布公的讨论：如何让绿道也可以成为无家可归者的临时居所，而不是预先就假定这是绿道管理的失败。[17]

除了上述的具体影响，我们还应当在更大的社会背景下来看待绿道的价值与意义。由于其功能多样和容易实施的特点，绿道受到了非常广泛的关注，而且也培养了人们乐观积极的态度和自主决策的意识。这一点本身是具有积极意义的。但是，对绿道的过度热情有时会让人们忽视其他未受关注的、更紧迫或更艰巨的问题。这个时候，绿道的积极作用就要被打折扣了。我们要认识到：绿道和其他一些受欢迎的、相对容易的措施（资源回收利用、混合动力汽车、公益捐赠）无意中会给我们造成一种错觉，即认为这些措施可以解决当下的问题或保障未来的发展。在我们所生活的当今社会，能源消耗、资源减少、人口增长等趋势都在变得更糟。地方性的保护行动虽然重要，但也只是扬汤止沸的权宜之计；政策制定、经济发展和行为模式等更深层次的变革才是解决问题的关键。

绿道项目通常都集中在城市与区域尺度。如果从更大的尺度上来考虑生态可持续性和社会公正，我们会发现这些问题比想象中的更加紧迫，北美和欧洲更是如此。西方社会发展所产生的负面影响已经远远超出了其本地环境的范围。历史上的殖民主义政策和当前由全球化所支撑的西方消费模式都表明了这一点。因此，不同地点间的环境改善或生活品质提升需求优先性的比较是至关重要的。花费同样的成本，有的地方可能会满足更多的需求或发挥更大的效益。当然，我们并不是说地方问题就不重要，或者说提升人们居家生活的品质意义不深远。只是在一个需求无限而资源稀缺的世界里，资源分配的优先性应当被慎重地思考，而不能仅仅局限在我们所习惯于思考的范围或尺度内。

上述这些相对沉重的议题在保护性规划中通常没有被充分考虑，在此提及也许会打击一些绿道倡导者的积极性。不过，我们相信：与其回避，倒不如积极思考如何通过适宜的方式来整合这些问题，从而提升我们对绿道的信心和其实际效果。有人担心绿道也可能会让人们在面对严峻的问题时盲目自信，但实际上可以通过环境教育展示与环境艺术相结合的方式来向他们提供正确的观念。通过关注这些问题，我们能够更好地理解这些问题,以及调整思路。类似地,在富人社区或绿化良好的区域,人们可以将建设新绿道的部分或全部热情转移到其他城市,因为这些城市对绿道具有更大的需求。只有少部分人倡导的绿道,实际上可能并不需要,而认真的分析可能会指引他们去关注那些更有价值的目标。一个项目如果在考虑了必要性和负面影响之后仍然备受欢迎,那么它的目标必然是合理设置的、有根基的、非常重要的。

景观问题的挑战与绿道蕴藏的机遇

绿道项目的建设初衷往往是由于人们意识到了某些问题的存在,例如洪涝灾害、绿地减少等。绿道建设则被视为了应对问题的主要措施。如果能预见未来土地开发或城市发展的可能情景,人们就可以通过事先构建绿道网络来引导未来城市发展的格局。这种绿道项目的规划和实施具有更深远的意义,因为它在避免城市蔓延的同时,也为野生动物的迁移和步行游憩活动的需求提供可能。

景观的生态与社会问题

世界上的每个角落几乎都在面临着生物栖息地丧失、破碎化的问题。这些问题本身或者相互作用的后果,通常会导致物种灭绝、水质下降、洪涝加剧等一系列问题。对人类社会而言,景观的破碎化使其无法再为人们提供完整而连续的空间体验,无法提供有助于人们辨识和记忆地方场所特征(即场所感)的空间标识体系,以及无法让人们直接的感知和了解自然界的种种过程。此外,由于人们的地位、种族等方面的差异,景观破碎化带来的负面效应对不同人群的影响程度也存在较大差异,而这也唤起了人们对"环境正义"(Environmental Justice)的思考。

开发建设导致的自然景观破碎化

北美地区的许多地方正在进行史无前例的、大规模的开发建设活动。在 1992 ~ 1997 年的五年时间里,美国国内的开发建设速度达到了 89.0 万 hm^2/ 年,而这一速度是此前十年(1982 ~ 1992 年)的 1.5 倍。

在 1982 ~ 1997 年的 15 年间,美国新增土地建设面积合计 1011.7 万 hm^2(250 万英亩),提高了 34 个百分点。[18] 这一面积几乎与弗吉尼亚州的面积相等,或者相当于 12 个黄石国家公园的面积。当然,自从第一批欧洲移民踏上北美的海岸之时,这种来自北美大陆之外的生活模式与土地利用方式就已产生了。不过,直到最近,人们才逐渐认识到:这种高强度人类活动的蔓延和自然景观的丧失，会导致生态过程的扰动和生态系统的严重退化，从而使人类与自然之间渐行渐远。

由于未被开发的土地数量越来越少，能够为鸟类、哺乳类、爬行类、鱼类、植物等各种生物提供生存和繁衍空间的栖息地数量也越来越少，而且生物栖息地类型的多样性也在大幅降低。这一问题对那些难以适应人工环境的乡土物种和珍惜、濒危生物而言，影响更加严重。截至 2004 年，美国鱼类与野生动物管理局（U.S. Fish and Wildlife Service），已经将 1265 种动植物列为受威胁或濒危物种，而生物栖息地的丧失显然对此负有责任。

开发建设导致的环境污染与水文改变

土地开发会产生多种污染物，包括：颗粒物、过量的营养元素、有毒有害物质等等。这些污染物会影响湿地、河流、地下水等水体的水质状况。建筑、道路等硬质铺装往往直接将雨水排走，减少了雨水的土壤下渗，也增加了河道的洪峰流量，从而改变了河流原有的水文过程。当原有的滨水自然植被遭到破坏后，河道更容易被顺流而下的颗粒物、过量的营养元素所污染。[19] 水生的生物群落及其栖息环境会因为这些污染发生退化，也会由于有机碎屑输入的减少而受到影响（详见第 4 章）。

开发建设导致的生物栖息地"孤岛"

人类活动不仅使自然斑块的数量和面积骤然减小，同时也使其相互隔离。这些问题如果累加在一起，会使得残余栖息斑块及其空间格局不再支持原有的生态功能。一方面，因为斑块的面积太小而无法支撑某些野生动物的食物与活动需求；另一方面，由于斑块间的距离太遥远而无法实现物种在栖息斑块间的迁移和重新定居。残余的生物栖息斑块通常被不适宜生物生存或活动的用地所分割和孤立，包括农业用地、道路、灌丛以及城市建设用地等（图1.3；图1.4）。栖息地破碎化的问题可能与生物栖息地面积减少同样严重和紧迫，这一点在后续章节中将会详细说明。

1831

1882

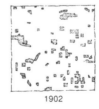

1902

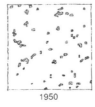

1950

图 1.3

在 1831 ～ 1950 年之间，威斯康星州格林县加迪斯镇（Cadiz town, Green County）的林地面积减少和破碎化过程的图示。该镇面积为 6 平方英里。图中深色阴影部分代表残余的林地，而在有些位置，土地是由草地恢复为林地的。随着原有林地被大面积的砍伐，林地斑块的格局逐渐形成。原本弯曲的自然边界也被笔直的几何边界所取代，斑块也变得越来越小和孤立化。（引自 Curtis, J. T. [1956]. "The modification of mid-latitude grasslands and forests by man," p. 721-736, in Mans Role in Changing the Face of the Earth. W. L. Thomas, ed. Chicago, University of Chicago Press.)

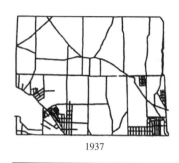
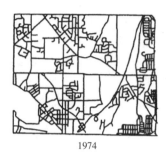

| 1937 | 1974 | 1990 |

图 1.4

和前面的例子相比这个案例的范围相对较小。这一景观格局演变的时序图景表明了人类的开发建设活动（图中黑线为道路）对自然景观破碎化的影响。如果在这一地区开发之初或至少在某些开发之前进行绿道的规划和控制，那么这一地区今天可能会是另一个面貌（图片来源：自然土地信托基金会（Natural Lands Trust））

　　小面积的、孤立化的栖息地斑块中的物种多样性通常较低，而对某一具体物种而言，其所能有效承载的物种种群数量也很低（因此，种群存活的稳定性也相对较低）。被人工环境所包围的、孤立的栖息斑块间很难发生不同种间的物种迁移，这会使得这些种群更容易发生近亲繁殖和局部的种群灭绝。生物栖息地的破碎化也促进了外来物种的入侵和扩散，而这些外来物种通常会捕食乡土物种或与其发生激烈的竞争。[20]最后一点在第3章和第4章中将进一步深入讨论。

　　自然植被的空间格局对水资源同样具有深远的影响。河流两侧连续的滨水植被对水体具有保护作用，如果这些植被在流域内部是随机分布的，可能将无法提供这样的功能。

虚拟社区对生境破碎化的影响

　　在已处于后现代化的当今社会，至少一部分人可以选择构建他们自己的虚拟社区，而这在过去是不可能的。这种虚拟社区也将导致生物栖息地的破碎化。信息与通信技术使居家工作成为可能。人们可以只是偶尔，甚至几乎永远不用再到传统意义上的办公室去办公。这主要得益于路由、交换机、服务器等网络设备和个人电脑、手机等用户终端的发展。这些设备和终端通过各种有线或无线的方式被连接在一起，构建了网络基础设施。[21]网络基础设施和新应用趋势的发展，正在转变城市原有的土地利用模式，也让不同城市活动之间的时空联系变得松散。不必真的聚在一起，也能够协同工作。于是，有学者提出：随着时间的推移，这种新的社会联系和组合方式今后将会进一步发展，也将带来新的城市土地利用模式。[22] 但是，这些新科技导向下的新型土地利用模式会有助于提升自然景观与公共开敞空间之间的连通性吗？

信息通信技术、小型发电站、微型污水处理设施的广泛应用，使得分散式的、缺少规划的开发建设活动在城市的外围区域大量发生，而这就是"远郊区化"的现象。美国麻省理工学院的建筑师威廉·米切尔（William Mitchell）对此提出了警示。[23] 他指出："信息技术革命带来的这种发展，对自然和社会系统已经而且仍将继续产生巨大的冲击。"重要的是，米切尔看到了目前土地利用模式正在发生的重大转变，在这种转变过程中，原有的土地利用方式正在重构，从而响应信息通信技术发展所带来的变化。这意味着人们应当有意识地主动选择与规划城市区域的土地利用模式和景观格局，从而使其有助于自然保护和绿道功能的实现。寄希望于那些数量有限的、破碎化的自然斑块来满足我们所希求的景观完整性是不太可能的。

绿道的多种景观功能

在维护景观完整性方面，绿道有助于应对诸多挑战。因为，绿道可以保持景观的连通性，以及在其他许多方面发挥作用。

在各种类型的绿道中，提供游憩功能的绿道无疑是最为人们所熟知的。这些绿道包括游步道和自行车道，有时也包括可以进行体育运动或其他社会活动的场地（图 1.5）。城市中大多的带状公园都是沿河而建的，而这些公园通常也都具有重要的游憩功能；一些改造后的人工廊道也具有同样的功能。例如，沿运河的小路，荒废的铁路等。有时这些廊道还被用作城乡之间的通勤线路。

另一方面，保护生物学、景观生态和自然资源保护方面的学者，则从生态系统结构功能完整性的角度出发，致力于野生动物廊道和滨水植被缓冲带的理论研究和保护实践。例如，生态学家拉里·哈里斯（Larry Harris）所提出的"动物扩散廊道"的概念：指天然状态或人工恢复的、由乡土植物构成的线状景观要素，它通常连接两个或更多的大型栖息地，

图 1.5

位于加拿大渥太华市的一条游憩廊道，这条沿渥太华河规划的廊道使人们能够在优美的城市环境中散步、长跑，进行日常的通勤活动等等。（摄影：保罗·黑尔蒙德（P. Hellmund））

作为动植物的活动或扩散的路径，以及为林火这类自然生态过程的发生和扩散提供可能。[24] 尽管理论上人类也是北美动物区系的物种之一，但这一概念和方法并不考虑人的需求，而更多是将人类视为导致问题的主要原因。

事实上，已建成的绿道项目中，只有少部分的功能局限在休闲游憩或自然保护功能中的某一方面，大多数项目都会两者兼顾，以及具有其他方面的重要功能。侧重自然保护的绿道常会出现在乡村地区（尽管这些地区未来可能会被逐步开发）；游憩型的绿道则更倾向于为大都市区提供服务，其往往分布在大都市区内部或与之相连，而分布在城市近郊地区的尤为居多。

不同类型、地点的绿道都具有自然与人文的双重属性，认识到这一点是非常重要的（图 1.6）。例如，对于废弃铁路或其他由人工设施改造的廊道而言，如果重新引入乡土植被，能更好发挥其潜在的自然功能；而对于包括河流廊道在内的、被较好保留的自然廊道而言，其通常会被人类主导的人工景观所孤立（即使是自然属性未受任何干扰的自然区域，一旦其被划定为绿道和设置了人为划定的界限，某种程度上也就被打上人文属性的印记了）。

图 1.6

虽然近在咫尺，位于加拿大魁北克省的圣·查尔斯（St. Charles）河两岸却展现出了截然不同的生态环境。图 a 所示的是 20 世纪 60 年代较早的防洪堤和堤内的一条游步道（摄影：保罗·黑尔蒙德）；而自从 1996 年开始，非工程化的防洪措施已经成为新的规范（图 b），通过增加植物的种植，一方面使野生动物受益，另一方面也提升了游憩功能。（摄影：汉娜·惠普尔（Hannah Whipple））

我们通常按照绿道所具有的自然属性来划分其类型，山脊绿道和滨水绿道指的是其自然属性，而不是地貌特征。山地绿道可能既不在山脊，也不沿河分布，而是根据人们的需求而界定的。衔接性的廊道可以将其他更长的绿道联系在一起，形成具有较高连通性的绿道网络（"绿色基础设施"）。上述的绿道命名方式主要是基于绿道的自然与生物学特征。这些名称可以很好地描述它们的特点，不像游憩活动强度、用地类型这些术语会随廊道位置变化而变。

例如，科罗拉多州的博尔德（Boulder）市就设计了多目标的绿道网络，包括提供游步道、自行车道，以及为城市内的野生动物提供栖息地等等；而博尔德县的政府也在广大乡村地区划定出了以维护马鹿的迁徙过程为主要目标的生物廊道。跨越威斯康星州东南部五个县的"环境廊道"网络，主要是沿河分布、穿越了城市与乡村的广大区域，其中大多生态保护功能为主的廊道则分布在城市以外的区域。也许是因为"绿道"这个词更容易让人联想到游憩功能，保护性廊道常常被赋予了其他名称，例如生物迁徙廊道。但是，同带状绿地一样，保护性廊道也符合绿道的定义。

在美国费城市的费尔芒特（Fairmount）公园里，沿着维萨希肯（Wissahickon）小溪有一条宽阔的绿道。这条绿道既是费城市内重要自然保护地，也是一条备受欢迎的游憩廊道（图 1.7）。阿巴拉契亚（Appalachian）游步道的案例，则是通过保护相应的土地而构建了一条长达 3379km 的、宽 305m 至数公里不等的、几乎完全连续的游憩体验廊道。徒步旅行者们在这里可以完成一次超长距离的旅程。环绕波士顿市大都市区的环湾步道（Bay Circuit），最初是希望为公众提供休闲游憩服务而被立项的。它穿越了一系列的自然保留地，这让公众可以有机会接近这些区域，而这又成为该条步道周边潜在自然或游憩资源被进一步保护的原因。此外，在乡土自然植被现状或恢复较好的情况下，由相对狭窄的废弃铁路改造的廊道也可以成为一些动植物生存、繁衍的重要场所。

绿道的生态功能

同其他类型的自然保留地一样，绿道的生态功能也要归因于其内部没有建设用地的干扰，从而为动植物提

图 1.7

美国费城市费尔芒特公园的维萨希肯溪是一处主要的城市自然保护地，同时也为人们提供了游步道和适度开发的休闲游憩场地。（摄影：D·史密斯（D. Smith））

供了栖息环境。滨水廊道在这一方面尤为重要，因为它们在一个相对小的空间内提供了水生、滨水、陆生等一系列的生境类型。[25] 同其他自然景观一样，绿道可以净化进入湿地、地下水、河道水体的水质。如果面积足够大，绿道可以通过植被的荫蔽和蒸腾作用降低空气温度，抵消城市地区释放的过多热量，从而缓解城市的"热岛效应"。[26] 此外，绿道的植被还能过滤空气中的颗粒物，从而提升城市空气质量，尤其是净化绿道周边道路所产生的污染物。[27]

在设计合理的前提下，滨河绿道与自然保留地间的衔接性绿道，都具有传统自然保护措施所不具有的功能。正如生态学家理查德·福尔曼和米歇尔·戈登（Michel Godron）在他们构建景观生态学理论框架时所强调的那样，廊道不仅仅在许多景观中具有显著的形态结构特征，更重要的是其在促进生态系统中物种、能量、物质流动方面的影响。[28] 由于绿道也具有一般廊道所共有的"周长-面积比"较高的特点，它们极易受到周边环境的影响。因此，相对于"周长-面积比"较低的、非线状的自然保护区域而言，绿道与周边用地之间的相互作用和联系会更多。这种联系可能是积极的，而有时也可能是负面的。这种绿道与周边用地间的相互联系，涵盖了动植物以及尘土等惰性物质的迁移或运动等。保护生物学和景观生态学领域的学者已经指出：自然植被状况较好的廊道，在促进不同栖息地斑块间野生动物迁徙的过程中，可以发挥重要的作用，否则这些栖息斑块会处于彼此隔绝的状态。[29] 近年来，这一观点已经被大量的实证研究所证实，包括：对北美地区小型和大型哺乳动物的研究，[30] 对澳大利亚的小型哺乳动物的研究，[31] 以及对北美和欧洲地区多种鸟类的研究等。[32]

绿道对动植物的影响

绿道能够使生物从多个方面受益（详见第3章）。首先，提高不同栖息地之间的连通性可以增加对领地面积要求较大物种的有效活动范围，以及促进个体在不同类型栖息地间进行日常性的活动或季节性的迁徙（图1.8）。其次，增加不同栖息地内物种种群间遗传基因的交换和对自然种群动态过程的维护（例如，局域种群灭绝后的再定居过程），栖息地间连通性的增加还将有助于维持物种种群的长期稳定和健康。再次，绿道也可以作为植物的迁移扩散廊道，加快受干扰区域物种的重新定居和植被的恢复，以及促进不同栖息地间物种基因的长期交流。最后，大型的生物廊道（宽度和长度都较大）能够使得动植物可以沿着连续的纬

度和海拔梯度进行迁徙或迁
移，从而有助于整个大区域
范围的生物群落可以适应长
周期气候变化所带来的影响
和冲击。如果没有上述的、
连接不同栖息地的区域性廊
道，这一区域内的动植物可
能会被局限在相对狭小的范
围之内，而他们的适应性可
能也会因此逐渐减弱。

图 1.8

山地绿道可以用来将被孤立的栖息地斑块重新连接在一起，从而避免物种进入不适宜其活动的环境，并保障它们以一种相对安全的方式在栖息地斑块之间进行迁移。（绘图：简·肖普里克（Jane Shoplick））

滨河廊道的多种功能

　　滨河廊道除了具有较好的植被状况和为野生生物提供栖息环境之外，它们还可以提供其他重要的生态系统服务功能。这些绿道可以通过促进下渗和调蓄洪峰来降低洪涝灾害的影响和损失，也可以通过多种方式来保持或净化水质。自然植被覆盖度较高的滨河廊道，可以成为河道与污染负荷较高的用地之间的缓冲地带，滨水植被可以将地表径流中过量的养分元素过滤和吸收，从而避免这些污染物直接进入河流、溪流等自然水体之中。类似的情形，由微地形、植被和地表覆盖物（如落叶、倒木和其他的植物残体等）所形成的"自然筛网"，同样可以在坡面产流的过程中起到净化水质的作用。来自于农田、道路、工地或由其他人类活动所产成的悬浮颗粒物和其所吸附的污染物，在进入受纳水体之前也会被绿道过滤，从而不至于在河床或水库中沉积。滨河绿道，尤其是那些与湿地相连的廊道，有助于保持自然河流、溪流的水位和流量；而作为水体滞蓄区的湿地，它还可以调控洪水规模和降低其危害。

　　水质状况的好坏不仅影响人类，对于水生生物的生存和水生生态系统的稳定也至关重要。滨河绿道会通过以下方面来维持生态系统的稳定，具体包括：通过滨水植被的荫蔽作用来降低水体温度，通过滨水植被产生的枯落物为水生动物提供食物；通过深潭、浅滩等河流内部结构来提供动态和多样的栖息环境，以及通过跌水、曝气来促进水体复氧等（详见第 4 章）。

　　同样，作为陆生生物的食物供给和饮水来源，健康的河流与水生生态系统对于许多陆生动物也非常重要。因此，陆地与水生生态系统之间具有紧密的联系。生态学家拉里·哈里斯曾经指出："浣熊、鼬、貂、水獭等小型哺乳动物，往往是从水生生态系统的食物链中获取食物和能量，但大多数时间却生活在陆地上。同鱼类相似，上述这些动物实现了能量、物质的逆向流动；它们将水生生态系统与周边的绿地生态系统紧密地联系在了一起。"[33]

美国的洛杉矶河是目前所知的、几乎不具有上述功能的河流廊道。由于在《终结者2》、《重生男人》、《火爆浪子》等流行电影中的频繁出镜，[34]洛杉矶河可能是北美地区最为公众所熟知的一条城市河流了，但它通常更多地被视为一条沟渠而不是河流（图1.9）。它目前的状况是美国工程兵团持续了近30年所完成的河道渠化项目的结果，而美国工程兵团也见证了这个荒漠中曾经繁茂、蜿蜒的绿洲向一条混凝土沟渠转变的过程。但是，洛杉矶县的政府已经开始以绿道的视角在考虑这条河流未来的生态恢复了。

位于加州圣何塞（San Jose）市的一条河流正在经历着生态恢复的过程。[35]被人们所熟知的瓜达卢佩（Guadalupe）滨河公园便是位于圣何塞市市中心的、正在被改造的一段绿道（图1.10）。这一项目希望把城市防洪、改善和修复生物栖息地、增加游憩空间等多个目标整合到一起。

图 1.9

洛杉矶河被高度渠化的河段，它丧失了健康河流廊道所具有的大多数特征和功能，而仅仅是为防洪目标而设计的。（图片根据美国国家公园管理局（U.S. National Park Service）的美国历史工程档案照片合成，编号：019-Losan, 83j-6.）

图 1.10

被人们所熟知的瓜达卢佩滨河公园是位于圣何塞市中心城区的、沿着瓜达卢佩河正在进行建设的一段绿道（绘图：乔·麦格雷恩）

绿道的社会功能

　　一直以来，主流的环境保护主义理论关注的是那些能够让居民"逃离"现实或者让旅行者感受到荒野之美的、远离我们居住城市的自然保留地或风景名胜区。这些地方和相应的经历是很重要，但多年以来我们对自己"身边"的自然保护问题的关注却远远不够。不同于远足的游览，我们在住所周边的自然保护地可以进行日常的户外活动，了解与生活相关的自然过程，从而获得生活乐趣和放松身心。显然，绿道并不是我们周边近距离的、唯一类型的绿地空间，但它却能发挥非常特别的作用。因为，绿道可以将具有不同功能和价值的景观要素连接在一起，而且它们线状的几何特征也比其他类型的绿地具有更高的空间可达性。绿道在将自然融入人们日常生活方面正发挥着积极的作用，它为人们提供了休闲游憩的场所，而且也正在将人们所理解的"自然"从遥远而荒野的自然保留地转向了他们日常生活的环境之中。

　　人们在景观中的活动也是极其纷繁复杂的，这一点与野生动物的活动很相似。绿道的存在与否、形态结构和功能设计都会影响人们之间的社会联系和社会互动。在空间上，绿道将不同的社区连接在了一起，而通过精心的设计和管理，绿道还可以积极地促进社会互动。从社会学的角度来看，绿道反映的是"草根的民权运动"（Grassroot activisim）和社区参与的诉求，绿道也具有通过规划参与和日常管理活动将公众聚集起来和增强社区凝聚力的巨大潜力。这反过来会使我们的管理变得更加有效与敏锐，会进一步加强社会联系与合作，以及培养人们公共参与和民主决策的意识。

　　绿道还具有实现社会公正和促进社会平等的潜力。正如前文中提到的，由于线状的几何特征，绿道必然具有较高的空间可达性（相对于等面积的绿地而言）。同样的道理，它们通常连接或穿越了不同的社区，从而进一步方便了公众对绿道的使用。但另一方面，在土地私有和市场经济的背景下，绿道也可能导致社区的"士绅化或中产阶层化"（gentrification），提升土地价格，最终导致高收入与低收入阶层之间空间隔离的加剧。类似的情况，绿道在一定程度上也可以带动某些经济活动的发生。因此，当绿道由公共财政出资建设时，政府可以根据相应的目标来差异化地分配绿道带来的经济价值。尽管绿道的线状几何特征提供了非常大的经济效益，在其他条件不变的情况下，要做到利益的公正分配，我们还需要对绿道项目所处的社会经济背景进行充分的分析，以及同政府部门和非政府组织在更大的范围内展开合作。

游憩功能与价值

在绿道的所有功能中，游憩功能是最为人所熟知的。随着城市人口数量的增长、居民闲暇时间的增加、对自身健康问题的更加重视，人们对户外活动的需求也大幅增加，包括长跑、漫步、自行车骑行、越野滑雪等等。

人们的户外游憩需求和绿道数量、受欢迎程度的同步增加，并不是一种简单的偶然现象，而是因为许多绿道都非常适合那些相对剧烈的、活动距离较长的体育活动。绿道在由某处通向另一处的过程中通常会与其他的绿道相连，这种连接可以使其通往更多的地方，而这正是自行车骑行、轮滑、长跑和徒步旅行者们所需要的。此外，绿道往往沿溪流或河流分布，这也进一步增加了他们在美学和游憩体验方面的吸引力。事实上，绿道通常在设计过程中都会重点考虑游憩方面的内容，因为对公众来说这是绿道所能产生的、最直接有效的功用了，而这也是绿道项目能够获得众多支持者的主要原因之一。

某些形式的休闲游憩活动非常适合与绿道结合，例如那些使用游步道或河流开展的活动，因为它们可以很好地利用绿道线状的几何特征。而其他一些活动虽然并不需要线状的绿地空间来开展，但是却受益于绿道较高的空间可达性这一特点，而且有时还可以容纳更多的人，例如观鸟活动。能将自然引入人们的日常生活之中是一件美好的事情，而这一点对于孩子们尤为重要。[36]

美学功能与价值

绿道还具有其他的社会效益，虽没有游憩功能明显，但也非常重要。同其他类型的公园和自然保护地一样，绿道能带来更优美的景观环境。绿道通常会沿着那些具有重要文化或历史意义的、地形连续的自然廊道（溪流、河流和山脊等）而建。这一特点增加了人们在使用绿道时，对场地原有历史与文化的感知，同时也提升了绿道整体的景观特征。另一方面，绿道还常将不同的社区和公园、历史遗迹、商业区等场所相连，这种连接可以让人们在没有噪音与机动车干扰的情况下实现不同场所间的日常通勤。

当绿道被设计来环绕整个城镇时，它也具有了绿化隔离带的部分功能，从而起到了划分城乡地区和保持其各自特征的作用。不过，这同样可能带来负面的影响，例如推高房价等问题。这一点在没有与其他政策有效协调的情况下尤为突出。一个具体的实例是科罗拉多州的博尔德市。

该市房价在 20 世纪 90 年代被急剧推高，主要是因为：当地政府出台了严格限制城市扩张的空间管制措施（例如，绿化隔离带），这使得城市内部的建设密度不断增加从而降低了生活品质，而这与当地居民追求舒适、低密度城市环境的意愿显然是冲突的。[37] 在这种情况下，绿带增加了城市居民到远郊居住的需求，而这也增加了交通发生量、平均通勤时间 [38]，以及其他方面的问题。

经济功能与价值

绿道的倡导者们认为："绿道等线状绿地能够提升房产价值，增加就业和拉动消费，吸引投资或促进产业转移，增加当地税收和减少政府支出，以及促进社区发展等等。"[39] 但是，绿道带来的经济利益有时也会产生社会公正方面的问题，这也往往遭到人们的质疑。例如，绿道可能会使一部分人群获得更多的利益，但同时却也成为另一人群无法在周边社区居住的经济壁垒。因此，并不是所有人都在这种房产价值提升的过程中获益。

在拥挤的大城市中，当人们看到开敞的、未被建设的城市空间时会有一种愉悦的感受，尽管他们并没有真的进入这些地方。而这就是经济学家们所说的"存在价值"，即人们知道附近有绿道这件事本身就是有价值的，即使他们从未见过或到过那里。

遗产保护功能与价值

人类所建造的公路、铁路、山路、运河以及其他的线状景观和廊道，随着时间的推移可能会呈现出重要的历史价值。将这些廊道规划为绿道可能是保留其线状几何特征和历史价值的一种有效措施。同样，在过去被使用的过程中或废弃之后，这些廊道可能也获得了一些重要的自然资源或其他的重要特征。例如，贯穿北美大草原的铁路廊道通常保护着一些原本在这一地区相对普遍的乡土物种，而这些物种原有的栖息地已经被无所不在的农业和城市用地所取代（图 1.11）。此外，由过往火车引发的火灾在某种程度上替代了草原火的生态过程，从而有效地保护和促进了这些乡土植物的生存与繁衍。

某些情况下，这些廊道最大的价值仅仅表现为：在大规模农业和城市开发背景下，它们作为线状景观的完整性被保留或大部分保留了下来，而并不是因为它们本身所具有的特征或价值。所以，当这样一条廊道被规划为步道或生物迁徙廊道的时候，它就会成为当地意想不到的收获。

因此，这些绿道整体的价值和功能要远高于它们各个部分的简单加和。例如，当这些废弃的铁路用地被细分并划拨给周边的土地所有者时，大多数人都获得了收益，却也只有一小部分。但是，如果保留铁路用地权属的完整性，整个社区获得的将是一条独一无二的、完整的潜在绿道。

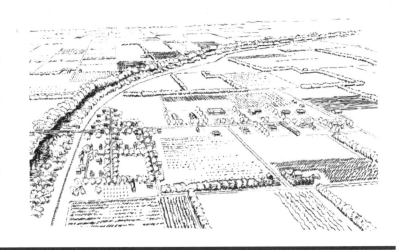

图 1.11

这幅图展示的是美国中西部地区的景观，曾经的天然草原已经被种植玉米和大豆的农场所取代。一段沿河分布的废弃铁路却成了草原原生乡土物种的"避难所"。树木如今通常只是沿河分布或以防风林的形式存在（绘图：简·肖普里克）

阅读材料 1.1

有的时候，某些廊道的自然资源被保存下来是因为这些区域会禁止人的进入，例如国境线。朝韩非军事区是目前世界上仅存的冷战时期所遗留的军事敏感地带。同时，它也成了朝鲜半岛上最大的、连续的、未受人类活动干扰的生态系统，也是诸多稀有或濒危物种的生存家园，包括：豹、东北虎（可能）等大型哺乳动物，以及白枕鹤、丹顶鹤、黑脸琵鹭等濒危候鸟。同样是冷战时期的产物，欧洲的"铁幕"廊道（下图所示）具有许多独特的自然、历史与游憩资源，可以说它具有世界上最佳的绿道资源。在40多年的时间里，这条4000多英里长的廊道严格的禁止人们接近，但却促成了大量野生动物在这繁衍。在20世纪近百年的时间里，美国一直严格地保护着巴拿马运河流域范围内的自然植被，因为这些植被涵养水源的功能对运河能否稳定、良好运转至关重要。如今巴拿马政府已经收回了运河的主权，而当时被保护的森林（部分地区曾经是美国的军事基地）已经成为巴拿马的国家公园和中美洲生物廊道的一部分。

（图）位于德国萨尔茨韦德尔（Salzwedel）地区的铁幕廊道

根据美国"废弃铁路 - 步道"改造与管理组织的估计: 在过去的 35 年里, 美国大约有 20358km 的废弃铁路已被转变为以游步道为主要功能的绿道, 它们每年可以为约 1 亿人提供服务。[40]

具有战略导向的绿道设计方法

我们已经列举了绿道最重要的一些生态与社会功能, 接下来的章节将会进一步分析上述功能, 以及讨论这些功能与实际的绿道项目设计之间的关系。本书一个更主要的目标是: 阐述和向人们展示理论研究与设计实践之间的关系, 即找寻一种有效的沟通途径。通过这种途径, 一方面是向绿道设计师传递相应的科学知识和信息; 另一方面, 也可以向从事理论研究的学者们反馈实践中的需求和目标。本书的第 6 章将会详细讨论这个战略导向的绿道设计方法, 这一方法综合运用了前述的概念、原则等。

同其他所有自然或社会系统一样, 绿道的设计也具有高度的复杂性。每一个绿道项目都有各自的背景和地方特色, 需要解决的问题往往也有较大的差异。

从更大的范围来看, 绿道与周边用地之间是存在相互作用关系的。因此, 了解和考虑绿道所处的外部环境非常重要。这通常意味着: 我们需要了解动物如何利用绿道, 以及其在周边非保护用地进行日常活动或迁移的规律; 其次, 我们还要了解绿道周边不同用地在降雨径流过程中所产生的污染物类型和污染负荷的差异; 同样, 我们也要了解绿道项目对周边社区潜在的社会与经济影响等等。

无论绿道的设计初衷是否考虑了多方面的目标, 他们实际所发挥的功能或产生的效益通常是多元的。而这些多元化的目标必然对应着多重的利益相关者, 他们通常代表了各自或各自群体的利益。如果这些利益相关者们能够积极地参与和互动, 绿道设计师们便可以获得更全面的信息、更好地理解不同的观点和诉求, 从而做出更好的决策。如果没有这些利益相关者的参与和响应, 在绿道项目未来的实施和管理阶段可能很难得到人们的支持与合作。

在北美地区, 面对着问题的复杂性, 绿道的规划设计人员并不习惯开展合作, 团队中往往也会存在关注点或知识体系方面的隔阂与分化。例如, 生物学者强调生物保护的意义, 市政工程师关心排水问题, 研究流域问题的学者认为水质才是核心, 而绿地和游憩活动则是绿地系统规划师所关心的问题。对于绿道社会影响方面的考虑, 通常只是局限在休闲游憩、美学体验、遗产保护等方面，而公正平等、社会互动等更重要的社会问题则被完全遗忘。

许多跨学科的合作尝试已经开展，但由于政府部门和我们的信息来源条块分割的本质，使得我们很难以一个全面的视角来分析绿道设计的有关问题。另一方面，彼此间的合作固然重要，而一个具有宏观视野与战略眼光的团队领导者、协调者也同样重要。通过专业上的组织、协调和对未来的分析、判断，这种领导型的组织者可以帮助整个团队有效地整合与推进项目。绿道设计要考虑社会和自然两方面的目标，而且绿道通常又容易受到外部环境的干扰；因此，对未来的预测和判断需要综合分析与思辨创新的能力。这种对未来的判断往往是由某个人首先提出的，当这种判断过于个人化时，其观点可能会过于狭隘或者不被接受。事实上，相对于被认定的领导者而言，非专家或者外行人有时候可能更容易发现解决问题的综合途径。

在绿道项目选址的过程中，大都市区内部的一些衰退地区往往会被人们忽视。但是，原本已经衰退的地区（例如，进行过生态恢复的工业废弃地）也许可能会成为绿道网络中重要的廊道或节点。艺术家蒂莫西·科林斯（Timothy Collins）在参与美国宾夕法尼亚州匹斯堡市的九里溪（Nine Mile Run）绿道项目的过程中曾指出：“工业废弃地对引导城市发展、提供公共开敞空间、促进生态保护与可持续发展方面蕴含巨大的潜力。所以，有关这些废弃地利用的议题是非常值得进行公众讨论的话题。”[41]

在运用本书中提到的设计方法时，很重要的一点是：方法的使用者要在正确的空间尺度和项目设计的正确时点上来考虑相应的问题。因为，不同现象的相关性和观察结果在不同空间尺度上是存在差异的，而应对问题的措施也应当在正确的尺度上开展。例如，像景观连通性这种描述景观格局的参数，如果在错误的尺度上进行分析，可能无法反映实际情况；另一实例，如果关注的地域范围过小，生物学家们也无法判定某一生物是否为稀有物种。

本书中设计方法的另一条基本原则是：绿道是城市设计的一部分，我们必须考虑整体的设计前提与设计背景，绿道仅仅是其中的设计对象之一。因此，在兼顾其他设计目标的同时，绿道设计师们需要考虑：如何让绿道的选线适应地形的变化，如何协调城市的景观风貌，如何促进社区的融合，如何帮助人们理解城市与自然的关系，如何引导和控制城市的发展，如何营造独特的景观特色，如何为城市的复兴与持续发展创造机遇，以及如何协调城市未来发展过程中的当务之急与百年大计。[42]

举例而言，绿道设计在文化方面的考虑不只是单纯地将文化资源（例如，历史遗迹）纳入到绿道的范围之内，而是要在城市设计和社区设计的背景下将绿道作为一个整体来进行考虑和分析。

景观设计师杰克·埃亨（Jack Ahern）指出，绿道是一种战略导向的规划方法。他认为："这一战略导向方法所构建的、线状的生态网络可以促进和引导城市的持续发展，同时也避免了对整个景观环境进行规划的困难或不切实际"。[43] 如果构建绿道网络的方法切实有效，那么，构建可持续的绿道和绿道网络的关键或挑战就是如何充分理解景观的结构与功能，从而甄别出这些战略性的景观资源或空间位置。

本书第 6 章将详细阐述绿道的设计原则和方法。这些方法主要运用的是基本原理和一些经验原则[44]，在不同的情况下都具有适用性，也非常便于专业人员根据项目的实际情况开展规划设计工作。

绿道与可持续设计：尺度与公正的重要性

绿道有时会被认为是可持续景观和社区的组成部分，具有环境友好的特点。不过，正如前文中提到的，"可持续"实际上是一个相当模糊的概念。人们往往会根据自己的意愿、需求去对它进行定义，具有很强的随意性。这可能也是它目前比较流行、容易被接受的原因之一。这既有积极的意义，也存在负面的影响。积极的方面，它将可持续发展的理念、意识传递给了广大的民众；消极的方面，这一概念可能会被某些人用来混淆视听，将原本相对短视、狭隘，甚至虚假和自私的事物贴上"好"的标签。同样，对于某些企业而言，它们会通过"漂绿"的方式来为自己树立虚假形象，即它们所宣扬的环境友好的业务或企业行为并非事实。尽管很难界定绝对意义上的可持续景观，但在我们理解和追求景观完整性的过程中，这个概念是具有重要意义的。它为我们展现了一个清晰的目标，并激励我们为实现目标而不懈努力。

由于本书篇幅和主旨所限，我们不便归纳和总结可持续性和绿道有关的所有议题。我们将主要讨论"尺度"与"社会公正"这两个与绿道的可持续设计相关的问题。这两个议题同样也是大多景观设计项目中所要考虑的核心问题。

绿道项目的外部影响

人们有时会在两个空间尺度上来考虑一个项目。第一个是地方尺度，即项目本身所涉及的空间范围；第二个则是全球尺度。对于后者而言，人们总是希望能够在全球尺度上对资源、污染和人口等方面进行综合管理，从而实现世界范围内的可持续发展。这种思路在一定程度上发挥了作用，但也容易产生一种不好的倾向。因为，根据全球尺度的情况来指导地方上的具体实践活动显然并不适用。因此，优化这一方法的关键就是持续关注这种指导在地方的实际效果，以及更多地鼓励自下而上的问题解决方案。

就地方尺度而言，我们关注和思考的是同我们自己生活联系紧密的城市或社区的可持续发展问题。我们通常会认为：如果我们能在自己的社区内建设一条具有生态与社会功能的绿道，那么我们一定也为全球的可持续发展做出了贡献。大多数情况也的确如此。例如，一条绿道可以保护生物多样性，提高生态系统生产力，降低交通能耗，以及提供美学和游憩体验功能。但是，真正意义上可持续性的实现要比上面的实例复杂得多。以生态方面的联系为例，即使是最好的地方项目也会在更大的尺度上产生一些负面影响。例如，用于旅游观光的绿道可能会增加交通发生量和环境污染。在旅游开发的过程中，绿道还会用到其他的资源；而如果将这些资源用在其他地方，可能会实现更高的、总体的可持续性。所以，有些时候我们需要自我反思：每英亩花费 5 万美元或更多的钱来保护城市中的一小片土地是否值得，这些钱投入到其他需求更紧迫的地方也许可以发挥更大的效益。

事实上，问题的关键并不是我们没有在多个尺度上考虑可持续发展的问题，而是我们有时没有将不同尺度有效地联系在一起。当我们专注于地方发展机遇的时候，我们可能会错失更大的目标或机遇。例如，我们总是先验的认为土地资源的保护是有助于可持续发展的，而没有更多地去考虑以下方面的问题，包括：购买土地的成本，需求和潜在效益的多寡，尤其是与其他地方或其他目标相比较而言。类似的问题还包括：把这笔资金投入到其他方面会产生什么效益，被保护土地的可达性如何，以及项目对所在地区的土地用于开发建设（地方尺度）、交通（区域尺度）、能耗与污染（区域和全球尺度）会产生怎样的影响。

绿道项目的社会影响

上文中已经提到，从不同尺度上考虑绿道有关问题时，我们往往没能将地方和全球的视角联系起来。而绿道对社会公正的影响，情况却恰恰相反。通常我们都没有根据国籍、种族、阶层以及其他社会方面的特征差异把人群划分为不同的社会群体，从而去进一步理解他们在需求和受绿道影响方面的差异。

　　从定义来讲，"社区"的概念同时具有"包含在内"与"排除在外"的双重内涵。当一部分人归属于某一社区时，而另一些人则是被排除在外的。没有排外或歧视倾向的社区是不存在的。理论上，我们希望探索的是能够超越社区边界的、相互包容的、彼此互助的普遍联系。但现实当中，对于被排除在某一社区之外的人而言，社区对它们的消极影响并不会轻易消除。当我们在讨论某一个社区的可持续发展的时候，它为提升当地的生活品质创造了机会，但往往也会忽视对其他地方和人群可能产生的联系或影响。社区的概念也可以被理解为一种影响范围，或者更形象地说是一种相互联系的范围。但是我们并不经常使用这个定义，因为上面提到的这些联系大多无法触及、无法想象，甚至会引起麻烦的、困难的、令人扫兴的问题。所以，我们通常会认同空间上或社会关系上与我们接近的人是同我们归属于一个社区之内的，而将空间与社会联系较疏远的人们排除在外。

　　此外，我们倾向于从总体上评价绿道的效益，因为我们会说绿道在提升资源使用效率方面是对我们大家都有帮助的。但这使我们更容易忽视我们当中的某些人并不公平地占据了大量社会资源的不争事实。所以，就我们对可持续发展问题的关注而言，我们对资源分配问题的忽视会使得现实情况变得更糟。

　　另一个关键问题是：达到了公正、公平性并不必然会实现可持续性，而实现可持续发展的目标也并不需要绝对公平，这两个方面是彼此相互独立的。这两个方面的问题都与我们产生的外部性影响有关，这种影响可能表现在时间、空间或者社会群体等主要方面。当我们的活动或行为产生了某种影响时，我们就有责任来面对或消除它。我们已经逐渐意识到了：现有的人类活动会对未来子孙后代的生存与发展产生影响，而我们有责任为他们留下足够的资源，而这也是可持续发展概念的内涵之一。同样，考虑我们的行为对其他社会群体、其他地方、世界上其他地区产生的空间影响也是一个亟待解决的社会伦理道德问题。

　　我们需要清醒地意识到一点：如果我们真的能够全面地分析绿道在生态与社会方面的效益和影响，那些原本被认为是双赢的解决方案事实上并非如此。那些乍一看来对大家都非常有益的方案，当被进一步分析之后，可能会呈现出更高的复杂性、更多观点上的差异、更多的利益冲突等等。但这并不是让我们放弃实现多方利益共赢与和谐这一理念的理由。相反，这正是我们需要努力的目标。在绿道的设计与建设过程中，实现社会公正与可持续发展目标所要面临的挑战要远大于我们的预期。尽管充满挑战，我们仍然要去发现和解决相应的问题、冲突，而不能自欺欺人地接受一个表面上的和谐局面。

冷静分析与避免盲目崇拜

人们很容易对一个绿道项目和它所能实现的功能感到兴奋。但是，如果这一兴奋转为盲目崇拜，可能就会产生负面的影响。我们不应该让急切的愿望驱赶了理性的分析。当然，我们所感到兴奋的事情如果能够拯救世界是非常好的，但这并不意味着它们可以。也许它们只能做出微小的贡献，或者只能让某一个具体的地方变得更好。但无论何种情况，在保留壮志雄心的同时，我们都需要冷静、认真的分析和全面综合的思考。

绿道的演变历程

在北美地区，绿道具有非常耐人寻味的发展历程。"绿道"作为一个新名词在 20 世纪 50 年代末才出现，但是北美地区带状绿地的设计最早却可以追溯到"绿道"出现之前的一个世纪。

风景道：最早的绿道

早在 19 世纪 60 年代，美国杰出的景观设计师弗雷德里克·劳·奥姆斯特德（Frederick Law Olmsted）就意识到了带状绿地在增加城市公园可达性与延伸公园辐射范围方面的巨大潜力。他当时主要的设计理念是：通过密植设计来构建林荫的马车道路（马车是当时的主要交通工具），将公园彼此相连、将公园与周边社区相连，从而使周边社区可以更多受益。奥姆斯特德将这些道路称为"风景道"（parkways）。奥姆斯特德的想法和设计，总体上增加了公园使用者和城市居民的游憩与美学体验。

作为对"风景道"理念最早的实践，奥姆斯特德与其合伙人卡尔弗特·沃克斯（Calvert Vaux）于 1866～1867 年设计了布鲁克林的展望公园（Brooklyn's Prospect Park）。作为方案的一部分，他们设计了两条连接性的风景道。其中，一条向南连接科尼岛（Coney Island），而另一条则希望连接同样由奥姆斯特德和沃克斯所设计的、位于曼哈顿区的纽约中央公园。尽管与中央公园相连的风景道最终没能实施，但连接科尼岛和另一条向东北连接皇后区的风景道相继建成。这两条风景道分别被称作海洋风景道（Ocean Parkway）和东部风景道（Eastern Parkway）。[45] 这些风景道包括由六条马车道构成的、宽阔的行车道、步行道，以及道路两侧各 10m 宽的林带。[46]

奥姆斯特德和沃克斯在他们后来的诸多项目中也引入了这种具有连通功能的带状绿地的设计，其中包括他们在布法罗市、芝加哥市的风景道与公共开敞空间体系规划中的应用。在这些项目中，他们更多地关注社会与环境问题，而这些问题也正是他们那个时代亟待解决的问题。

绿道设计的早期生态学思想

奥姆斯特德在 1878 ～ 1890 年期间设计了"波士顿绿宝石项链"（Boston's Emerald Necklace）。他在设计中侧重了对城市排水与水质控制方面的考虑。"绿宝石项链"通过将后湾沼泽（Back Bay Fens）、马迪河（Muddy River），以及其他的公园、风景道的整合设计，形成了环抱城市的绿地网络系统。而这一设计也是奥姆斯特德最享有盛誉和最杰出的作品之一（图 1.12）。在这一项目中，奥姆斯特德超越了他先前单纯从视觉与美学体验方面考虑的局限，而是通过对河道整治来增强周边社区的排水能力，通过对沼泽的改造来提供更大的洪水调蓄空间[47]（图 1.13）。上述工作的设计、实施是与河道截污工程、闸坝建设同步、统筹开展的，最终，这一项目成功实现了对洪水调蓄能力的提升、生活污水的合理处置等目标，从而提升了河流的水质，也降低了防洪的风险。作为"绿宝石项链"的一部分，这一片区也提升了整个绿地系统在游憩和交通方面的总体功能。这些改造活动更倾向于现代工程措施的应用，而不是纯粹的生态途径。但是，奥姆斯特德还是开创了这一非常超前的、具有开拓性的、通过绿道来提供多重功能的规划设计理念。

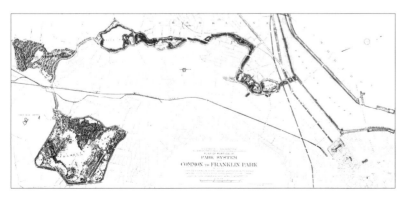

图 1.12
弗兰德里克·劳·奥姆斯特德设计的"波士顿绿宝石项链"平面图。该公园绿地系统设计于 1878 ～ 1890 年，由一系列的、通过风景道连接的城市公园所构成。（图片来源：奥姆斯特德国家历史遗迹纪念馆）

图 1.13

奥姆斯特德对"绿宝石项链"中马迪河与后湾沼泽的设计。对它们的一系列改造,增加了沼泽的洪水调蓄能力,也净化了汇入河中的生活污水。(a) 平面图;(b) 马迪河沿岸施工时的历史照片(照片来源:美国马萨诸塞州布鲁克莱恩(Brookline)镇公共图书馆)

作为奥姆斯特德的学生,景观设计师查尔斯·艾略特(Charles Eliot)在 1890 年前后规划了波士顿大都市区的公园系统,其具体的景观要素包括:海岸线、河口、滨海岛屿、大片森林、公园、城市广场等。这一公园绿地系统实际上是一个景观要素更宽泛的、区域尺度版本的"绿宝石项链"。

风景道的普遍应用

由于其他设计师对奥姆斯特德所倡导理念的跟随和推崇,风景道和其他绿地系统连接性景观要素的设计在世纪之交的美国城市变得更加普遍。在 1890 ~ 1920 年期间,产生了许多类似于"波士顿绿宝石项链"的设计,包括:霍勒斯·克利夫兰(H.W.S. Cleveland)设计的明尼阿波利斯 - 圣保罗(Minneapolis-St. Paul)公园绿地系统,查尔斯·艾略特设计的大波士顿地区公园绿地系统,以及由延斯·延森(Jens Jensen)设计的芝加哥南部地区的绿地系统。[48]

这些早期风景道的设计虽然相对狭窄,但通常仍能容纳马车路、步行路的布置。在保障交通顺畅的同时,也能在风景道内部和周边区域形成宜人的、自然化的环境空间。[49] 到了 20 世纪初期,当汽车成为更为普遍的交通工具时,这一情形发生了改变。由于汽车的出现,1920 年前后风景道的设计呈现出了非常不同的特征:起初是作为满足驾驶乐趣需求的游憩体验道路;而后则逐渐演变成了通勤导向的快速道路。[50]

　　而后期的一些风景道则保留或设计了自然植被状况较好的、较宽阔的道路缓冲带，尤其是建于 20 世纪 20 ~ 30 年代的风景道，例如纽约的布朗克斯河风景道（Bronx River Parkway），以及贯穿了谢南多厄（Shenandoah）国家公园的天际线公路（Skyline Drive）。但在此之后，随着汽车数量的进一步增加，道路交通变得更加繁重，人们也倾向于进行更远距离的交通活动。在这一背景下，原本蜿蜒的、具有游憩体验功能的风景道的设计理念开始让位于了面向更加快速、更加安全的、更加笔直的道路设计方式。而这一理念转变的最终结果就是今天呈现在我们面前的、已经废弃了风景道原本游憩体验功能的、单纯从实用主义角度出发的快速道路和高速公路。[51]

英国与北美的新城绿带

　　与此同时，一个相对独立但与风景道又存在一定联系的理念在英国逐步发展起来。1898 年，埃比尼泽·霍华德（Ebenezer Howard）提出了城市建设的一种新模式——"田园城市"。在这一理想化的模式中，位于中心的城市居住区会被一条环形的"林荫大道"所环绕。而林荫大道实际上形成了一个宽 128m，长 4.8km 的绿化带。[52]此外，田园城市的商业区、工业区的外围区域同样会被宽广的农田和林地所环绕。[53]霍华德的目的在于：通过乡村的农业用地来隔离城市，防止城市的过度扩张；另一方面，通过这一绿带来将城市与乡村区域连接在一起，从而实现城乡间的互惠互利与协同发展。霍华德的许多思想（包括后来被人们发展的绿化隔离带的理念），在英国和其他地区大量的城乡规划实践中都取得了不同程度的成功（图 1.14）。[54]例如，第二次世界大战之后，英国伦敦基于土地利用控制的方式建立了环绕整座城市的防护绿带。[55]

　　"绿带"的理念后来在美国的一些社区规划与建设中也有比较多的应用。对这一理念在美国推广至关重要的一个人物就是雷克斯福德·特格韦尔（Rexford Guy Tugwell）。当时是美国经济的大萧条时期，作为罗斯福新政的一部分，他组建并领导了一个负责"农民移居和重新安置的"政府工作部门。作为美国农业部的下属机构，该部门主要负责帮助那些生活在土地生产条件较差区域的农民移居到土地生产条件相对较好的区域，以及在这一过程中向低收入人群提供住宅。在 1935 ~ 1937 年之间，特格韦尔主导与见证了 3 座被绿带所围绕的新城的规划和实施，这 3 座新城分别是：俄亥俄州的格林希尔斯（Greenhills），威斯康星州的格林代尔（Greendale），以及马里兰州的格林贝尔特（Greenbelt）。[56]"田园

图 1.14
尽管城市发展的一些"飞地"已经侵入了加拿大渥太华的城市绿带之中，但这一绿带对城市活力的塑造仍然发挥了巨大的作用。例如，照片所展示的就是面积为 3700 公顷的梅尔布勒（MerBleue）自然保护区。这里具有开展徒步游憩活动的潜力，同时它也是在国际上具有重要保护意义的泥炭沼泽湿地。（照片来源：保罗·黑尔蒙德）

城市"的概念体现的是城市与自然的融合，以及将绿化隔离带视为一种特殊的、线状的保护区域——而这就是绿道的早期原型之一。

麦凯的"通往自然之路"

美国区域规划学者本顿·麦凯（Benton MacKaye）进一步发展了绿带的这一理念。麦凯倡导以植被条件较好的绿地作为主要的构成要素来构建穿越和围绕城市、社区的线状或带状的网络系统。[57] 他的初衷不仅仅是将围绕城市的绿地系统视为一种限制城市无序扩张的途径；他同样建议在城市区域内部建立放射状的、植被覆盖较好的、以游憩为主要使用功能的带状绿地。他称这类绿地为"通往自然之路（open ways）"。因此，麦凯事实上将绿带的概念、早期风景道的理念和城市公园绿地系统的概念整合在了一起。

麦凯在 1921 年还提出并规划了著名的阿巴拉契亚游憩步行道（Appalachian Trail）。就规划设想而言，他更多是将这条游步道视为一个可以限制东海岸地区城市扩张的、大区域尺度上的绿地系统，而不仅仅是为那些追寻冒险的驴友们提供的一条原生态的、适宜远足的游憩线路。如今，这条长度为 3379km、以风景体验为主的阿巴拉契亚国家级游步道已经成为一个平均宽度达到 305m、几乎完全连续的保护区域，同时这一步道也连接了许多更大面积的、由联邦和各州所属的自然保留地。

生态问题：规划设计的新焦点

进入 20 世纪 60 年代，奥姆斯特德、霍华德和麦凯所开创的理念，被在规划设计中更加关注生态问题的新思潮所继承和发展。这一思潮的出现对绿道的发展也产生了深远的影响。60 年代早期，首先是威斯康星大学麦迪逊分校的景观设计学教授菲利普·刘易斯（Phillip Lewis Jr.）强调了在土地资源保护中关注生态因素与生态问题的重要性。通过将自然资源专题地图在透明纸上进行叠加分析，刘易斯发现：重要的自然资源基本都是沿河流或在地形险峻区域集中分布的。而他将这些线状的区域称为"环境廊道"（environmental corridor）。[58]

通过这一方法，刘易斯在美国威斯康星和伊利诺伊这 2 个州的范围内开展了系统性识别环境廊道的工作。在威斯康星州，这些廊道（图 1.15）成了全州尺度上游憩慢行道系统规划的基础，而随后也成了州政府土地购买的重点或关键区域。[59] 刘易斯所做的工作同样为威斯康星州东南部的、大范围的区域廊道网络的成功构建奠定了基础。

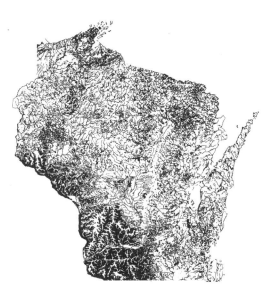

图 1.15

刘易斯所分析和识别的威斯康星州环境廊道的空间分布示意图，这些廊道包括河流、湿地，以及地形较险峻的区域等。（图片引自文献：Wisconsin Department of Resource Development. [1962]. Recreation in Wisconsin. Madison, WI.）

麦克哈格的"设计结合自然"

1969 年，宾夕法尼亚大学的伊恩·麦克哈格（Ian McHarg）教授出版了他极具影响力的专著——《设计结合自然》。在这本书中，麦克哈格概括和总结了一套完整的生态规划设计的理论与技术方法体系，他还强调了要根据土地的生态价值和生态敏感性等属性来开展土地利用规划的重要性。他在书中指出："公共开敞空间的布置必须适应自然过程……公共开敞空间布置的关键不仅是一个绝对面积大小的问题，而更重要的是空间分布的格局。我们的目标是找寻一种思路来将公共开敞空间和人口聚居的城市空间融合在一起[60]。"麦克哈格的这一思想并不是要限制发展，而是希望通过规划与空间配置的途径，来最大限度地减小城市发展和人类活动对自然过程的影响。

与刘易斯的方法相似，麦克哈格也是通过将透明的专题地图进行叠加来展开相应的规划分析。每个待叠加图层都代表着土地的一种自然属性，例如水文、地质、植物群落分布等等。对于这些自然属性而言，

图 1.16
地图叠加的过程将代表不同自然属性地图的信息汇总成一个综合分析的结果。由于麦克哈格的推动，这种地图叠加的方法已被广泛用于包括自然保护用地在内的、不同类型用地的适宜性分析和规划选址的过程之中。而在计算机地理信息系统的帮助下，这一叠加分析的过程已经变得非常便捷。

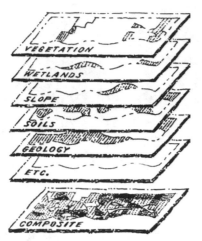

某一区域受城市开发影响的敏感度如果越高，其对应的阴影就越重（敏感度是事先根据调查和分析而确定的）。再将所有图层叠加，就可以得出所有自然属性综合阴影度的分析图，即反映研究区域对城市开发影响敏感度的分析结果（图 1.16）。这种方法可以明确：不同区域应当被优先保护还是更适合城市可发，以及进一步确定适合开发的种类和强度等。溪流、河流及其周边的用地总是具有综合的、较高的自然价值或功能的区域。这一点已经被刘易斯早期的研究所证明，而麦克哈格的这种方法则为廊道保护提出了一个更重要的、客观的理性依据。

类似的叠加分析方法早在 1912 年就开始被使用了，[61] 但麦克哈格对这一技术的发展和应用，以及他对综合性生态规划方法的清晰阐释，使这个领域的发展迈出了至关重要的一步。[62] 更重要的是：该方法的应用并不局限在廊道边界的划定方面，它同时也被用于大区域范围内的自然保护与土地开发的空间格局分析和规划方案编制。而麦克哈格的这一方法，以及由其衍生出的许多类似方法也都被整合到和广泛应用在基于计算机进行叠加分析的地理信息系统之中（详见第 6 章）。[63]

岛屿生物地理学与生物保护的空间思考

在麦克哈格出版《设计结合自然》的两年前，罗伯特·麦克阿瑟（Robert MacArthur）和爱德华·威尔逊（Edward Wilson）这两位学者提出了一个新的、关于岛屿生物物种平衡的理论假说。这一理论的出现对陆地生态系统与野生动物保护领域产生了极其深远的影响，当然也包括对野生动物迁徙廊道规划方面的影响。[64] 更重要的一点，他们提出的"岛屿生物地理学理论"（详见第 2 章的介绍）促使了生态学家和生物保护人士开始从景观空间格局的角度来思考生态保护与生物保育的相关问题。麦克阿瑟与威尔逊当时所做的工作在今天看来仍然是开拓性的，这些工作奠定了从多元视角理解景观空间问题的基础。这些理论不能直接用于指导实践，但它们仍然是相关理论研究工作开展的基础。

生物迁徙廊道：突如其来的关注

从岛屿生物地理学衍生出来的是人们对生物迁徙廊道的极大关注和应用探索。这些廊道从表面看似乎是有意义的。但是，生境破碎化如果加剧，这些为野生动物提供斑块间连通功能的廊道就真的有意义了。当然，人们也一直在激烈地辩论生物廊道可能带来的负面影响，例如病虫害的扩散、捕食者的侵入等。但是，廊道的建设活动仍然被极大地推动着，而且一直持续到今天。关于生物廊道利弊的讨论目前仍在持续，而如今的声音更多的是强调：应该把生物廊道视为诸多生物保育策略或手段中的一种，而不是包治百病的万灵药。此外，目前人们讨论更多的也是廊道的功能性连接问题，即如何促进物种在不同栖息斑块间的迁移；而不是单纯讨论如何在图面上画出廊道位置这种空间、物理层面连通的问题。

城市内部也可以蕴藏自然

过去的数十年中，人们一直认为"大自然"应当远离城市。但是，人们现在意识到自然过程可以被更好地规划、协调，而且更应当被敬重，而不是对立或被忽略。例如，人们不再对河道进行固化或暗渠化，如今人们更倾向于保留城市中河流的自然特性，并且让被暗渠化的河流重见光明。随着这种观念的深入和普遍接受，绿道将会提供更多的生态系统服务。

保护价值与游憩需求的相遇

到了 20 世纪 80 年代，伴随着城市公共开敞空间建设热情的高涨和户外游憩活动的流行，绿道项目表现出了发展迅猛的态势，而且受到了全国范围内人们的强烈支持。[65] 但就全国范围而言，林地、农田等绿地空间减少的趋势越来越明显，城市地区表现得则更为显著。在这一背景下，人们对上述土地进行保护与持续保育的关注上升到了前所未有的高度。与此同时，土地价格也在持续上涨，尤其在大城市及其周边地区；而联邦政府对自然保护的财政支持却骤然下降。因此，自然土地的保护在全国很多地区都变得困难重重。

另一方面，近年来持续增长的户外游憩需求也刺激了绿道的建设活动。绿道线状的几何特征，使他们很好地适应了步行的需求，而他们通常位于滨水区域的特点更便于游船、垂钓等游憩活动的进行，同时也更有助于保留原有宜人的风景。因此，喜好郊游的人们对绿道有很强的好感，而且已经成为绿道的忠实支持者，在促进绿道的发展与推广过程中也发挥了重要的作用。

　　能够进一步体现人们愿意支持绿地保护的证据来自于 2003 年的美国选举日（这一天美国公民会选举各级政府的行政官员或议会议员，以及对有关法案、公共财政计划等进行公投——译者注）。根据公共土地信托基金会的统计，共有 64 个土地保护相关的议案被通过。这些议案集中在 16 个州，涉及各个层级的地方政府。这将从公共财政中划拨大约 12 亿美元来进行公园和其他绿地的保护。[66]

全国性的绿道网络："绿道运动"的开始

　　1985 年，出于调查绿地和户外游憩资源现状的目的，美国成立了"户外游憩资源评价的总统顾问委员会"（Presidents Commission on American Outdoors）。该委员会的调查结果肯定了绿地保护和户外游憩需求日益增长的趋势。[67] 该委员会提出的增加土地保护和游憩设施的建议，得到了全国范围内的有力支持。作为实现上述两个目标的手段，他们还提出了构建全国性绿道网络的设想。该委员会还指出："我们的目标是让每一个美国人可以方便地接近大自然，而这个方法就是绿道。通过地方的努力和行动，绿道可以成为指状的绿地空间，成为连接、环绕、贯穿美国居住社区的网络系统。这一网络可以通过游憩廊道的形式连接公园、森林、风景秀丽的乡村，包括公共的或私人的土地，从而提供远足、慢跑、野生动物活动、骑马及骑车等活动的需要。"[68]

　　据估计，1989 年美国绿道的数量为 250 余条[69]，而现在大约有 3000 条。[70] 实际的数量可能会更高，因为许多被保护的线状绿地没有被有组织地维护、管理或缺乏开放性而没有被计算在内。也有许多线状的绿地空间可以被称为绿道，但它们并没有被这样命名。

　　数以千计的绿道项目在全美国的城市、郊区、乡村地区开展。除了生态保护，这些绿道主要是致力于提升游憩功能，例如：沿着旧金山湾以同心圆的方式环绕这一地区的滨海步道和湾区山岭步道（Bay Trail and Bay Area Ridge Trail）；位于美国田纳西州的查特努加市沿着查特努加河的绿道；从纽约市到奥尔巴尼，跨越了哈得孙河的绿道；以及波士顿环湾步道，该步道环绕了整个大都市区，同一个多世纪以前奥姆斯特德当年规划的、环绕波士顿内城的"绿宝石项链"极其相似。

　　许多综合性的城市绿道网络也正在建设中，这些网络既强调游憩也强调保护，这些城市包括科罗拉多州的博尔德市，加利福尼亚州的戴维斯（Davis）市，北卡罗来纳州的罗利（Raleigh）市。同时还包括马里兰州一个贯穿全州的绿道项目，这一项目寻求水资源和生物栖息地保护的整合。其他的例子也非常多，它们当中的一些具有极高的生态效益。

滨河绿道的发展

在历史上，绿道的发展主要是由规划师和景观设计师所引领的。但是，河流或溪流保护方面的努力同样也促进了滨河廊道保护的发展。尤其是从 20 世纪 60 年代开始，当时民众对生活污水和工业废水引起的污染问题关注日渐提高，水质问题和水生生物栖息地的保护成为当时政府机构和许多非政府组织所关注的首要问题。另一方面，一些环保团体剖析了大坝建设带来的环境破坏、游憩资源丧失等问题，这使得联邦政府对大坝等大型水工设施的支持力度不再像从前那么强烈，从而阻止这些仅存的、自由流淌的河流上继续被筑坝的趋势。[71]

1968 年，随着《全国河流的自然与风景保护法案》(National Wild and Scenic Rivers Act)的通过，河流保护成为国家环境保护政策的一部分。截止到 2002 年，这一法案已经保护了 176 条河流或河段，使其免受大坝和蓄水的影响，总计 18247 公里。[72] 这些待保护河流的指定，使得更多的滨河土地以联邦土地购置的措施被保护了起来，改善了对已有公共土地的管理，也改善了地方法规对土地开发与利用的约束等。许多州也实施了河流保护的项目来与联邦的河流自然与风景保护体系相补充。[73]

《清洁水法案》(Clean Water Act) 的第 404 条，是联邦法律中另一条促进滨水绿道保护的条款，该条款保护了全国范围内许多重要的湿地。尽管它与水无关，《全国步道系统法案》(National Trails System Act) 也同样重要，它促进了全国性的游步道体系的建立。这一法案支持了从沿着阿巴契亚山脉游步道两侧宽广的范围内购买大量土地的计划，以及支持了相关志愿者组织的规划和管理活动。这些组织也赞助了 8 条国家风景游步道，总长度为 22531km。[74]

土地利用的法规也同样被各州和地方政府用来系统性的保护大面积的滨河廊道。举例来说，缅因州的《滨岸区划法案》(Shoreland Zoning Act) 要求地方政府设定保护标准来保护滨湖、水塘外侧 76m 范围内与河道两侧 23m 范围内的区域。[75] 类似地，马里兰州要求城市限制切萨皮克湾 (Chesapeake Bay) 流域范围内溪流或河流两侧的开发，因为土地开发会降低水质，从而威胁河口地区的生态健康。[76] 尽管这些法规并不是绿道项目立项的直接原因，但是它们至少部分地保留了数千公里的河道。

来自"环境正义"的思考与挑战

从 20 世纪 80 年代开始,"环境正义运动"(environmental justice movement)对主流的环境保护主义提出了重大的挑战。兴起于 19 世纪,以资源和自然保护为主的环境保护主义运动更倾向于是中产阶级和上层社会发起的社会运动。传统的环保主义关注的是如何提升工业生产过程中的资源使用效率,以及如何保护自然景观中的风景和游憩资源。我们对空气污染和水质污染的关注对所有的社会群体是一视同仁的。但是,20 世纪 80 年代,来自草根的民权主义者们才让人们意识到一个事实:低收入和少数族裔社区往往是环境危害最严重的受害者,尤其是受到有毒有害污染物的影响。[77] 像洛夫运河(Love Canal)社区和时代海滩(Times Beach)镇那样的有毒污染物污染事件简直就是噩梦。所以,现有的这些环保行动是为了保护所有美国人共有的环境是言不符实的。环境的优劣往往并不公平,它会取决于人们的经济状况与种族差异。

主流环境保护主义与更加激进的环境正义的倡导者之间的紧张气氛仍然存在。事实上,所有的环保机构和非营利组织至少在原则上都开始倡导环境正义的理念了,而且常常将其付诸实践。最近一段时期,对于环境效益的分配,比如对绿地空间的可达性和生产性自然资源的使用权等问题已经开始被纳入到了环境正义的考虑范畴之中。[78] 同低收入人群往往面对较高的环境风险一样,绿地和游憩资源的数量和质量在低收入地区通常也是短缺或较差的。在第 5 章中,我们将看到:绿道项目的创新是如何逐渐解决这些问题的。

绿色基础设施与生态网络

近年来,绿道的规划范式再次发生了转变,即从单条绿道的规划设计开始转向绿道网络系统的规划设计。这种绿道网络的概念在欧洲则被称为"生态网络",在北美地区通常被称作"绿色基础设施"。绿色基础设施的概念某种程度上带有实用主义的色彩,因为它经常强调的是这些绿地系统所提供的生态系统服务功能(防洪、水质净化等)。这些概念提倡:对城市的存在与发展而言,提供生态系统服务功能的"基础设施"与道路、市政管线等市政基础设施同等重要。

相对而言,生态网络的概念则更侧重于生物多样性的保护,其定义为:"生态网络是由核心保护区、缓冲区、生态廊道等景观要素所构成的生物保护用地的网络格局。这一格局能够为生物群落在人类主导的景观环境中仍然稳定的生存、繁衍提供必要的空间与环境保障。"[79]

绿道项目实例

　　下面的 3 个案例将分别从区域、城市和廊道本身 3 个尺度上展现绿道功能与特征的多样性。

威斯康星州东南部的环境廊道

　　威斯康星州东南部的区域规划委员会和一些地方政府，在廊道的规划和保护方面已经完成了非常系统的工作。它们将这些廊道称为"环境廊道"（图 1.17）。这些努力的成果就是在城市、郊区、乡村地区构建的一个具有极高可达性的绿地系统。通过创造性地将土地利用法规与土地审批相结合，它们确保了绿道的建设和保护的优先性。东南部这七个县已完成的工作，是目前北美地区最为综合的、区域性绿道网络系统。

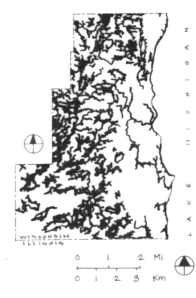

图 1.17

通过土地购买与法规约束这两种方式的联合使用，美国威斯康星州东南部七个县的大区域规划委员会成功地将区域内重要的环境廊道保护了下来，从而避免了其被各种开发建设活动所侵占的可能（资料来源：威斯康星州东南部区域规划委员会，1985 年）。

　　威斯康星州的廊道保护最早追溯到 20 世纪 20 年代，当时密尔沃基县（Milwaukee）县构建了一个县域内的风景道体系。而到了 20 世纪 60 年代，威斯康星大学的路易斯教授进一步拓展、推动了这一地区廊道保护的发展。正如前面提到的，路易斯教授通过研究发现自然资源通常沿河流与山脊密集分布，而且基于生态保护和提供游憩服务的目的，他还建议州政府保护这些区域。路易斯教授的建议被威斯康星州东南部区域规划委员会所采纳，而且在 1966 年的土地利用区域规划中有所体现。[80] 从那以后，廊道保护便成为这个位于密歇根湖西侧、保留了冰川侵蚀地貌以及丘陵地区的区域规划委员会的首要工作之一。

　　这个委员会甄别出了需要重点保护和次要保护的两类环境廊道，以及孤立、分散的自然资源密集的区域。这些区域至少包括以下这些景观要素：湖泊、河流、溪流，未开发的岸线与洪泛区，湿地，林地，残留的草原，野生动物栖息地，崎岖、陡峭的山地，典型地貌与地质构造地带，未被开垦、排水性差、土壤养分条件好的土地；潜在的户外游憩场地；重要的开敞空间；历史遗迹和构筑物；以及视觉极佳的场景。

　　重点保护廊道集中了重要的文化与自然资源。这些廊道的占地面积至少有 162 公顷（400 英亩），而且至少 3.2km（2 英里）长，61m（200

英尺）宽。次要保护廊道所包含的资源数量相对较少。除了具有连接重点保护廊道功能的部分次要廊道之外，大多次要保护廊道至少有41公顷（100英亩）的占地面积，至少1.6km（1英里）长。此外，系统中还有一些孤立的自然保护地，其中也有许多重要的、遗存下来的、距离环境资源还有一段距离的环境廊道。这些孤立斑块的面积至少应有2公顷(5英亩)，而且至少61m（200英尺）宽。[81]

波哥大市的绿道系统

哥伦比亚首都波哥大（Bogotá）的一位市长——恩里克·佩纳洛萨（Enrique Penalosa），在尝试通过绿道规划来促进社会公正与公平方面迈出了卓越的一步。其在任的3年（1998-2001年）里，由他领衔的那届政府开始规划建设自行车道、绿道、公园以及其他的公共服务设施。这些是他为"建设我们所想要的波哥大"计划中的一部分，这一计划也为这个后来拥有650万人口的城市提供了重要的公共服务。[82]

在城市还在面对如何消除贫困这一问题的时候，佩纳洛萨并没有把公共步行空间视为不相关或琐碎的事情。相反，他把这些公共服务设施视为社会各阶层都可以公平使用、公平可达的重要场所。绿道和其他公共空间成了影响居民选择生活方式的媒介，也恢复他们的自信，从而来共同创造一个更好的未来以及促进他们在社会、经济、文化方面的发展。[83]这个计划的潜在原则之一就是改善人们的生活质量，帮助个人、家庭获取幸福，以及提升社会福利水平等。这一计划的4个属性是：(1)减少社会边缘化的发生，(2)增加社会的互动，(3)提升城市的人居适宜性尺度，(4)提高交通的便捷性。

最近几年，波哥大正经历着人口数量和人口密度的快速增长。有许多的违章建筑出现在了城市的边缘地带，而通常这些人都在坡度较陡的、高风险的区域居住。因此，这些新增长的城市区域大多未经过规划，而且许多的社区缺少基本的公共服务。

波哥大市经历的是一种不同寻常的城市发展过程。面对这一过程所产生的问题，当地的社区被看作是合作者，而不只是服务的接收者；市政基础设施被认为是社会活动发生的媒介，而不是结果本身。不论他们居住在何处，公共服务对每一名公民都公平可达被视为首要的事情。波哥大建设的许多绿道都具有宽阔的自行车道和步行道，而政府希望通过这些绿道的建设来引导某一片区的开发，以及更有效的提供相应的基础设施服务。

图 1.18

令某些人吃惊的是哥伦比亚波哥大市发达的城市绿道系统，这一系统服务着成千上万的步行者和非机动车使用者，而且一定程度上也维护了重要的自然过程。这一系统最初被考虑的时候是希望它能成为促进社会公正与社区融合的有效措施。（摄影：恩里克·佩纳洛萨）

建设这些绿道的一个重要目标就是：为行人、自行车使用者提供贯穿于城市各个方向的非机动车道系统，实现主干道路上自行车与机动车的分流，连接公园、广场、步道等公共开敞空间。作为这座城市历史上最大规模的基础设施建设工程，这一切的努力产生了 1200 个全新或更新改造的公园，349km 长的自行车道，一系列的学校、图书馆，以及一套全新的公共交通系统（图 1.18）

丹佛市的高线运河

美国丹佛（Denver）市的高线运河（High Line Cannal）是一条典型的综合性绿道。它具有输水、游憩、生物保护等多重功能（图 1.19）。该运河由丹佛市水务公司进行管理，长约 106km。运河始建于 1879 年，当时是城市外围农业地区灌溉设施的一部分。目前，在水务公司利用运河进行输水的同时，有五家游憩活动管理的机构负责对相关游憩设施进行管理和维护。大约有 97km 的连续河段设有步道，而且每天都有数万人使用并从中受益，其中包括自行车通勤者。高大的美洲黑杨和其他乔木沿河所形成的林带，覆盖了运河的大部分河段，使得运河在为野生动物提供栖息和庇护功能的同时，也吸引不同人群来使用它。

但是这条运河在 2010 年将面临一场改变，届时丹佛水务局将不再需要下游 35km 的运河来进行输配水的工作。这样一条没有进行防渗处理的运河对于水资源输送而言是一种效率不高的方式，因为植被蒸腾、水面蒸发、河道下渗等都会消耗相当大的水资源。市民已经表达了对于

这一廊道未来是否还会用于输水和河道两侧的植被未来是否会存活等问题给予了极大的关注。

经过多方的协作和努力，丹佛水务局和其他的管理机构已经提出了一个未来支持现有廊道资源不被破坏的方案。[84] 这一方案并没有解决在这部分河道停止输水后可能产生的所有影响，但是提供了许多解决问题的、创新的途径，包括：

- 改变原有政策，允许将雨水排入运河，这将有助于为河道植被提供生态用水。
- 将其他汇水单元内的降雨径流导入运河的下游河段，同时对流量和流速进行计量，从而避免水位过高引起的河道漫流以及相应的河道侵蚀等问题。
- 根据河段的情况，沿运河选择性的进行防渗处理，减少下渗。
- 考虑引入再生水作为早春和晚秋时节枯水期的供水水源。

绿道的贡献：源自细致而全面的设计

上述 3 个案例只是简单地向我们展示了绿道在区域、城市和单一廊道这 3 种尺度上的表现形式、多样属性和巨大潜力。威斯康星州环境廊道的案例表明：一个区域性的绿道网络可以为数百万人提供休闲游憩服务，同时也会产生巨大的自然保育价值。波哥大的案例让我们知道：绿道也可以在强调环境正义、提高贫困人口生活水平等方面发挥作用。高线运河的案例则提醒我们：那些最初不是出于游憩目的设立的绿道应当予以特别的关注，这样它们才能被持续的利用下去。在后续章节中，我们将对上述主题进一步展开讨论。

参考文献

1. A 2000 article pointed out that the National Recreation and Park Association included limited information on greenways in their planning and design guidelines, including them as merely one park resource among many traditional types (such as neighborhood and community parks). The authors go on to demonstrate the considerable diversity of functions performed by greenways. Shafer, C. S., and D. Scott, et al. (2000). "A greenway classification system: Defining the function and character of greenways in urban areas." Journal of Park and Recreation Administration 18 (2) : 88-106.

2. This definition is based in part on one proposed by landscape architect Jack Ahern: "greenways are networks of land that are planned, designed and managed for multiple purposes including ecological, recreational, cultural, aesthetic, or other purposes compatible with the concept of sustainable land use." Ahern, J. (1996). "Greenways as a planning strategy." p. 131-155, in Greenways: The Beginning of an International Movement, J. Fabos and J. Ahern, ed. Amsterdam, Elsevier.

3. Little, C. (1990). Greenways for America. Baltimore, MD, Johns Hopkins University Press.

4. Randolph, J. (2004). Environmental Land Use Planning and Management. Washington, DC, Island Press, p. 98. Also see (http: //www.greeninfrastructure.net).

5. Jongman, R. H. G., M. Külvik, et al. (2004). "European ecological networks and greenways." Landscape and Urban Planning 68 (2-3) : 305-319.

6. Planner Alex Krieger wrote, "Ban the term 'open space.' When a development touts that 'forty percent of the land is devoted to open space, ' it is likely that forty percent of the land has been insufficiently considered. We actually have more trash-strewn setbacks, scraggly buffer strips, fetid retainage basins, and purposeless asphalted acreage—all 'open space'—than we know what to do with. What we can use is more parks, natural preserves, tot lots, recreational areas, baseball fields, and football fields. If space on a development plan is labeled only open space, you don't want it." Krieger, A. (2002). "Rules for designing cities." p. 105-111, in The Mayors' Institute Excellence in City Design, J. S. Russell, ed. Washington, DC, National Endowment for the Arts, p. 110.

7. Odum, W. E. (1982). Environmental degradation and the tyranny of small decisions. Bioscience 32: 728-729.

8. Thompson, I. H. (2000). Ecology, Community and Delight: Sources of Values in Landscape

Architecture. New York, E& FN Spon. Thompson adapts these three terms from the triad of the famous Roman planner, Vitruvius: economy, commodity, and delight.

9. Noss, R. F (1995). "Ecological integrity and sustainability: Buzzwords in conflict?" p. 60-76, in Perspectives on Ecological Integrity. L. Westra and J. Lemons, ed. Boston, Kluwer Academic Publishers.

10. Forman, R. T. T., (1995). Land Mosaics: The Ecology of Landscapes and Regions. New York, Cambridge University Press.

11. Leopold, A. (1933). Game Management. Madison, University of Wisconsin Press, p. xxxii.

12. Ahern, J. (2002). Greenways as Strategic Landscape Planning: Theory and Application. Ph.D. dissertation. Wageningen, Netherlands, Wageningen University.

13. Forman, R. T. T, (1995), Land Mosaics; Noss, chapter 3, this volume.

14. Soulé, M. and M. E. Gilpin (1991). "The theory of wildlife corridor capability." p. 3-8 in Nature Conservation 2: The Role of Corridors. D. A. Saunders and R. J. Hobbs, ed. Chipping Norton, NSW, Australia, Surrey Beatty & Sons.

15. Shu, J. K. (2003). "The role of understanding urban ecosystems in community development." p. 39-45, in Understanding Urban Ecosystems: A New Frontier for Science and Education. A. R. Berkowitz, C. H. Nilon, and K. S. Hollweg, ed. New York, Springer-Verlag, Inc., p. 40.

16. National Park Service Rivers Trails and Conservation Assistance. (1995). Economic Impacts of Protecting Rivers, Trails, and Greenway Corridors: A Resource Book. Washington, DC, National Park Service.

17. See, for example, Headington, L. (2003). The Other Tragedy of the Commons: Redevelopment of Denver's South Platte River and the Homeless. Ph.D. dissertation. Boulder, CO, University of Colorado.

18. U.S. Department of Agriculture, Natural Resources Conservation Service. (2001). National Resources Inventory: Summary. (http: //www.nrcs.usda.gov/technical/NRI/). Non-Federal forest land is the dominant land type being developed.

19. Forman, R. T. T, and M. Godron. (1986). Landscape Ecology. New York, John Wiley & Sons; Lowrance, R., R. Leonard, et al. (1985). "Managing riparian ecosystems to control nonpoint pollution." Journal of Soil and Water Conservation 40: 87-91.

20. Wilcove, D. S., C. H. McLellan, et al. (1986). "Habitat fragmentation in the temperate zone, " p. 237-256, in Conservation Biology: The Science of Scarcity and Diversity. M. E. Soulé ed. Sunderland, MA, Sinauer Associates; Wilcox, B. A., and D. D. Murphy. (1985). "Conservation strategy: The effects of fragmentation on extinction." American Naturalist 125: 879-887; Noss, chapter 3, this volume.

21. Mitchell, W. J. (2002). "The Internet, new urban patterns, and conservation." p. 50-60, in Conservation in the Internet Age: Threats and Opportunities. J. N. Levitt, ed. Washington, DC, Island Press.

22. 同上 .

23. 同上 , p. 59.

24. Dr. Larry Harris, professor emeritus, Department of Wildlife Ecology and Conservation, University of Florida, Gainesville, personal communication.

25. Forman and Godron, (1986), Landscape Ecology.

26. Spirn, A. W. (1984). The Granite Garden: Urban Nature and Human Design. New York, Basic Books.

27. Grey, G. W, and F. J. Deneke. (1986). Urban Forestry. New York, John Wiley and Sons.

28. Forman and Godron, (1986), Landscape Ecology.

29. For examples, see Harris, L. (1985). Conservation Corridors: A Highway System for Wildlife. ENFO. Winter Park, FL, Environmental Information Center of the Florida Conservation Foundation, Inc.; Forman and Godron, (1986), Landscape Ecology; Noss, R. E (1987). "Corridors in real landscapes: A reply to Simberloff and Cox." Conservation Biology 1: 159-164.

30. Wegner, J., and G. Merriam. (1979). "Movement by birds and small mammals between a wood and adjoining farmland habitats." Journal of Applied Ecology 16: 349-357; Merriam, G., and A. Lanoue. (1990). "Corridor use by small mammals: Field measurements for three experimental types of Peromyscus leucopus." Landscape Ecology 4: 123-131; Maehr, D. S. (1990). "The Florida panther and private lands." Conservation Biology 4: 167-170.

31. Bennett, A. (1990). "Habitat corridors and the conservation of small mammals in a fragmented forest environment." Landscape Ecology 4: 109-122.

32. Johnson, W. C, and C. S. Adkisson. (1985). "Dispersal of beech nuts by blue jays in fragmented landscapes." American Midland Naturalist 113 (2) : 319-324; Dmowski, K., and M. Kozakiewicz. (1990). "Influence of shrub corridor on movements of passerine birds to a lake littoral zone." Landscape Ecology 4: 99-108.

33. Harris, (1985), Conservation Corridors, p. 4.

34. Terminator 2: Judgment Day, 1992. Repo Man, 1984. Grease, 1978.

35. City of San José (2002). Guadalupe River Park Master Plan. San José California, City of San José Redevelopment Agency, Santa Clara Valley Water District, United States Army Corps of Engineers.

36. Louv, R. (2005). Last Child in the Woods: Saving Our Children from Nature-Deficit Disorder,

Chapel Hill, NC, Algonquin Books; Nabhan, G., and S. Trimble. (1994). The Geography of Childhood: Why Children Need Wild Places. Boston, Beacon Press.

37. Nelson, A. C, R. Pendall, et al. (2002). "The link between growth management and housing affordability: The academic evidence." The Brookings Institution Center on Urban and Metropolitan Policy.

38. Nelson, A. C. (1988). "An empirical note on how regional urban containment policy influences an interaction between greenbelt and ex-urban land markets." Journal of the American Planning Association 54: 178-184.

39. National Park Service Rivers Trails and Conservation Assistance (1995). Economic Impacts of Protecting Rivers, Trails, and Greenway Corridors: A Resource Book. Washington, DC, National Park Service.

40. Harnik, P. (2005). "History of the Rail-Trail Movement." Retrieved April 15, 2005, (http: // www.railtrails.org /about/history.asp).

41. Collins, T. (2000). "Interventions in the Rust-Belt, The art and ecology of post-industrial public space." British Urban Geography Journal, Ecumene 7 (4) : 461-467.

42. Koh, J. (2004). "Ecological reasoning and architectural imagination." Inaugural address of Prof. Dr. Jusuck Koh, Wageningen, Netherlands.

43. Ahern, (2002), Greenways as Strategic Landscape Planning.

44. Landscape architects Jusuck Koh and Anemone Beck, partners in the firm Oikos Design, speak of master "principles" rather than master "plans". They find plans frequently to be static, but principles more adaptable. Personal communication, 2005.

45. Fisher, I. D. (1986). Frederick Law Olmsted and the City Planning Movement in the United States. Ann Arbor, MI, University of Michigan Research Press; Little, (1990), Greenways for America.

46. Little, (1990), Greenways for America.

47. Zaitzevsky, C. (1982). Frederick Law Olmsted and the Boston Park System. Cambridge, MA, Harvard University Press.

48. Steiner, F., G. Young, et al. (1988). "Ecological planning: Retrospect and prospect." Landscape Journal 7 (1) : 31-39.

49. Little, (1990), Greenways for America.

50. Newton, N. T. (1971). Design on the Land. Cambridge, MA, The Belknap Press of Harvard University Press; Little, (1990), Greenways for America.

51. Litde, (1990), Greenways for America; E. Carr, personal communication.

52. Howard, E. (1902). Garden Cities of Tomorrow. London, Swan Sonnenschein and Company.

Originally published in 1898 as Tomorrow: A Peaceful Path to Real Reform, p. 24.

53. 同上.

54. Newton, (1971), Design on the Land.

55. Whyte, W. (1968). The Last Landscape. Garden City, NY, Doubleday.

56. Steiner, Young, et al., (1988), "Ecological planning: Retrospect and prospect"; Newton, (1971), Design on the Land; Little, (1990), Greenways for America.

57. MacKaye, B. (1928). The New Exploration: A Philosophy of Regional Planning. New York, Harcourt Brace, p. 179.

58. Lewis, P. H. (1964). "Quality corridors for Wisconsin." Landscape Architecture Quarterly 54: 100-107; Wisconsin Department of Resource Development. (1962). Recreation in Wisconsin. Madison, WI.

59. Wisconsin Department of Resource Development, (1962), Recreation in Wisconsin.

60. McHarg, I. (1969). Design with Nature, p. 65.

61. Steinitz, C., P. Parker, et al. (1976). "Hand-drawn overlays: Their history and prospective uses, " Landscape Architecture 66: 444-455.

62. Steiner, Young, et al., (1988), "Ecological planning: Retrospect and prospect."

63. Taking a landscape ecological perspective, Richard Forman warned of a potential shortcoming of overlay processes. An overlay analysis may put too much emphasis on the internal characteristics of a site, rather than its more important context. Such an analysis may also miss broader movements and flows over the whole landscape, which are fundamental in determining uses of the land. A simple overlay process will likely miss important aspects of landscape change, which are best considered from the perspective of a mosaic over time. Forman, (1995), Land Mosaics.

64. MacArthur, R. H., and E. O. Wilson. (1967). The Theory of Island Biogeography. Princeton, Princeton University Press.

65. Little, (1990), Greenways for America.

66. The success rate was 83 percent, with 64 of 77 local and state measures passing. Trust for Public Land. (2003). "Americans vote for open space—again." Retrieved December 15, 2005, (http: //www.tpl.org/ tier3_cd. cfm?content_item_id=13145&foIder_id= 1487).

67. President's Commission on Americans Outdoors. (1987). Americans Outdoors: The Legacy, the Challenge, with Case Studies. Washington, DC, Island Press.

68. 同上 .

69. Scenic Hudson, Inc. and National Park Service. (1989). "Building greenways in the Hudson River Valley: A guide for action." Privately printed report.

70. PKF Consulting. (1994). "Analysis of economic impacts of the Northern Central Rail Trail." Annapolis, MD, Maryland Greenways Commission, Maryland Department of Natural Resources.

71. Palmer, T. (1986). Endangered Rivers and the Conservation Movement. Berkeley, CA, University of California Press.

72. National Park Service. (2002). "River mileage classifications for components of the National Wild & Scenic Rivers System." Retrieved December 17, 2005, (http: //www.nps.gov/rivers/ wildriverstable.html).

73. Palmer, (1986), Endangered Rivers and the Conservation Movement, Stokes, S. N., A. E. Watson, et al. (1989). Saving America's Countryside: A Guide to Rural Conservation. Baltimore, MD, The Johns Hopkins University Press.

74. Stokes, Watson, et al., (1989), Saving America's Countryside.

75. Maine Revised Statutes, 38 M.R.S.A. sec. 435-449 (Article 2-B: Mandatory Shoreland Zoning).

76. Rome, A. (1991). "Protecting natural areas through the planning process: The Chesapeake Bay example." Natural Areas Journal 11 (4) : 199-202.

77. BuIlard, R. (1994). Dumping in Dixie: Race, class, and environmental quality. Boulder, CO, Westview; Dowie, M. (1995). Losing Ground: American Environmentalism at the Close of the Twentieth Century. Cambridge, MA, MIT Press.

78. Mutz, K. M., G. C. Bryner, et al., eds. (2002). Justice and Natural Resources. Washington, DC, Island Press; Headington, L. (2003). The Other Tragedy of the Commons.

79. Jongman, R. H. G., and G. Pungetti (2004). "Introduction: ecological networks and greenways, " p. 1-6, in Ecological Networks and Greenways: Concept, Design, Implementation. R. H. G. Jongman and G. Pungetti, ed. Cambridge, Cambridge University Press.

80. Rubin, B. P., and J. G. Emmerich. (1981). "Redefining the delineation of environmental corridors in southeastern Wisconsin." Southeastern Wisconsin Regional Planning Commission Technical Record, 4; Southeastern Wisconsin Regional Planning Commission. (1985). "Twenty-five years of regional planning." Waukesha, WI.

81. University of Wisconsin-Extension. (2004). "Environmental corridors: Lifelines of the natural resource base." Plan on It.

82. Alcaldia Mayor de Bogotá (1998). Plan de Desarrollo Económico, Social y de Obras Públicas para Santafé de Bogotá, D.C. 1998-2001. "Por la Bogotá que Queremos, " Bogotá, Colombia, Imprenta Distrital. Quoted in Espinosa, J. C. (2004). Enrique Peñalosa's Plan for

Bogotá: Bridging the Gap between Two Distinctive Planning Paradigms. New Haven, CT, Yale University School of Forestry and Environmental Studies; Peñalosa, E. (2004). personal communication.

83.　Translated from the Spanish by Espinosa, J. C. (2004). Enrique Peñalosa's Plan for Bogotá.

84.　Wenk Associates, Inc. (2002). High Line Canal Future Management Study. Denver, Denver Water.

第 2 章

图解说明：绿道的生态与景观完整性

在本章开始之前，我们先设想一个场景：在某个绿道项目的规划委员会中，有两位委员正在进行激烈的讨论，其中一位是相对激进的社区规划师，而另一位则是生态学家。社区规划师提出了一系列令人振奋的措施和步骤来保护他们所希望保护的绿道。在他看来，他们已经没有时间可以浪费了，因为待保护的绿道正面临着许多的威胁。另一位委员似乎总在反对他的提议，对每一个提议都进行多方面的质疑。因为，她要明确：是否任何一条绿道的选线都可以实现第一个委员所鼓吹的、那些重要的规划目标。作为一名接受过专业训练的科学家，她提出：要通过调查、研究来判定被规划的绿道是否能为具体野生生物提供庇护和活动空间。而对于另一位委员关于如何实现绿道生态功能的、宽泛的陈述，她总是重复强调"不对，这不一定"。这两个人似乎总在以迥异的方式使用同一些术语。例如，他把生物多样性视为绿道的设计目标之一，而且认为生物多样性的高低非常容易测量。而她则会追问哪种生物多样性是他所关心的，并惊呼为什么他要保护浣熊、黄鼬这些通常不需要被保护的物种。他们有着一致的规划目标，但是对于如何进行保护却无法达成共识。[1]

这位生态学家会认为"情绪化的社区规划师真是不可理喻"，而这位规划师的结论则是："科学家们总是会在明显的威胁和千载难逢的机会面前设置障碍"。

多方观点的交汇与融合

如果你不是科学家，你可能更容易发现：在时间紧迫的情况下，科学的态度会降低绿道项目的推进速度。而作为一名科学家，你会强调决策过程中科学研究的重要性，从而使绿道的初始设计和后期维护阶段的巨大投入物有所值。显然，这两种观点都没错，有时甚至同时正确。因为，在不确定性面前没有唯一正确的答案。

在本书第 3 章中，里德·诺斯（Reed Noss）指出：近几年的土地利用规划方案中明显的考虑了绿道的作用，但在具体的绿道设计过程中通常并没有准确的参考现有的生物学方面的知识。相反的，1992 年的《里约环境与发展宣言》（"地球峰会"）提出了"预先保护原则"的重要性。对于那些如果不立刻采取行动就会消失的被保护对象而言，即使目前还没有充分的科学研究表明保护的意义和有效性，我们仍然应当采取相应的保护措施。[2] 在这种情况下，生态学家经常说的生态学第一法则——"具体问题具体分析"则是一件非常不可理喻的事情。[3]

绿道的规划设计过程中的参与者们，不论科学家、社区规划师、普通市民，通常都要面对这种观点协调、融合的情况。一方面，在增加决策科学性的同时，还要考虑其他社区发展目标的实现；另一方面，也要考虑绿道方案制定和实施的紧迫性。如果对众多利益相关者和其所代表的观点进行协调本身就是绿道设计工作的一部分的话，在不同参与者之间建立沟通交流的桥梁就非常重要了。

绿道的规划设计团队中普遍缺失一种能够帮助他们理解景观要素、功能和进行有效交流的共同语境。关于这一点，景观生态学的研究可以提供帮助。

敞开心扉来超越专业的局限

绿道项目通常需要能促进沟通的协调者和具有远见的领导者。如果你能充分了解团队中每位成员的潜在贡献，以及理解如何促进相关议题达成共识，你就可以承担这一协调者和领导者的角色。但这一重要的角色往往会交给一个或几个专家，而他们通常可能无法从更大的视角来思考问题。麻省理工学院的教授安妮·史必恩（Anne Spirn）指出：那些只集中精力关注景观中的某一部分的专业人士，通常无法从一个连续的、整体的角度去理解景观。[4]

美国的艺术家和绿道设计师蒂莫西·科林斯（Timothy Collins）警告说："我们总是习惯于将生活的复杂经历和认识割裂，并分解成一系列具体的学科或彼此孤立的专业领域。"[5] 他进一步指出："在决策过程中，我们总是认为专家的定量评价方法会优于外行们的经验或定性的判断"。

如果从这种包容的视角来看，设计团队中的非科学家成员们在绿道的设计过程中也具有非常重要的作用。

为了能更好地对景观问题进行交流，绿道的规划设计过程中需要一种所有参与者都能理解和进行有效沟通的语境，而景观生态学的理论可以提供这一语境。但是，除了上述的交流基础之外，规划参与者们还要领会的是：决策过程中的科学依据固然重要，包括政治、经济在内的重要因素也需要统筹和综合考虑。

景观生态学：绿道设计的福音

不同学科的专业人员都可以为绿道设计、增加绿道连通性等提供专业支持或提出相关问题，这些学科包括：生物学、保护生物学、水生生态学和环境社会学。还有一些学科关注的是自然资源保护的问题，它们同样有助于绿道设计者开展相关工作，具体包括：植物学、生态系统生态学，以及生态系统管理学。景观生态学作为一门新兴学科，虽然目前不那么广为人知，但却非常有助于绿道的规划设计工作的开展。

景观生态学是研究景观格局和研究这些格局与生态过程之间关系的一门学科。在本书中，我们认为景观生态学的研究范畴也应当包括对社会生态过程的整合。社会生态过程指的是能够影响某些社会群体或整个社会发展的那些景观过程、景观要素间的联系等。由于它对空间问题的关注，景观生态学可以成为景观规划领域非常重要的工具。[6] 它可以帮助绿道设计者理解景观过程，以及理解绿道实施之后景观过程的运行方式等。[7]

科学家弗兰克·戈利（Frank Golley）和胡安·贝洛特（J. Bellot）认为："景观生态学是一门奇妙的综合学科"。[8] 而事实上也的确如此。景观生态学最基本的概念包括：景观结构、景观功能和景观动态[9]。这些概念关注的是：景观要素的形状和空间组合方式，与景观关联的生态和社会过程，以及景观的时空演变。

"景观生态学"这一术语早在 1939 年就被德国地理学家卡尔·特罗利（Carl Troll）所提出，但北美地区对这一领域的研究兴趣是近几十年才雨后春笋般地发展起来。景观生态学目前可以被划分为两个主要的学派或研究视角，即欧洲学派和北美学派。当然，每个学派研究人员实际所处的地域也都超出了这两个学派所提及的范围。

发展较早的欧洲学派，主要研究的是景观的类型、分类方法、概念等内容，以及主要关注人类主导的景观环境中的有关问题。这一研究途径备受欧洲的生态学家所推崇，以及受到欧洲和北美地区的景观设计师、景观规划师和其他领域设计师们的应用和推广。而北美学派则主要探讨自然或者半自然状态景观环境相关的问题，通常主要关注和侧重于对理论和模型（数学公式）的发展方面。

景观生态学：一种包容的视角

荷兰生态学家伊萨克·萨缪尔·宗纳维尔（I. S. Zonneveld）对谁能成为景观生态学家给出了一个非常全面的阐述：“任何人，只要能够用一个全面、系统的‘态度’来理解我们所处的环境，知道景观是一个无法从各自学科来全面认知的有机整体，他就是一名景观生态学家。他可以是：地理学家、地貌学家、土壤学家、水文学家、气候学家、社会学家、人类学家、经济学家、景观设计师、农学家、区域规划师、土木工程师，甚至将军、主教、部长或者总统。”[10] 宗纳维尔将景观生态学描述为一种整体分析的态度或观点，而这一点每个人都可以做到。

北美的绿道设计者可能感觉欧洲学派的理论更适用，而且认同其包容性。但是，协助他们的大多景观生态学家更可能属于北美学派。两个学派关注的分别是人工景观和数学模型，而它们之间是有互补性的。所以，两派的观点都非常有价值，同绿道设计也息息相关。[11]

景观的定义：更加广阔的视野

以“景观”的视角来考虑规划与设计过程

阅读材料 2.1——补充的文献阅读

本章提供了一个能够帮助人们理解景观以及进行有效沟通的方法。

如果读者想对景观生态学有一个全面的了解，可以关注由文克·拉姆斯塔（Wenche Dramstad），詹姆斯·奥尔森（James Olson）和理查德·福尔曼所著的《景观设计与土地利用规划中的景观生态学原则》[1]。这本专著非常精炼，而且具有很好的指导意义。如果读者想进一步了解景观生态学的具体内容，可以关注理查德·福尔曼的《土地镶嵌体》一书。[2] 对景观生态学这一学科介绍更全面的一部专著（北美学派的观点）是莫尼卡·特纳（Monica Turner），罗伯特·高登那（Robert Gardner）和罗伯特·奥尼尔（Robert O'Neill）所著的《景观生态学理论与实践：格局与过程》。[3]

[1] Dramstad, W. E., J. D. Olson, et al. (1996). Landscape Ecology Principles in Landscape Architecture and Land-Use Planning. Washington, DC, Island Press.
[2] Forman, R. T.T. (1995). Land Mosaics: the Ecology of Landscapes and Regions. New York, Cambridge University Press.
[3] Turner, M. G., R. H. Gardner, et al. (2001). Landscape Ecology in Theory and Practice: Pattern and Process. New York, Springer.

中的问题，意味着要在一个更大的空间与时间背景下来对场地进行分析。考虑可持续发展的内容也是景观视角的内在要求。

关于景观的具体内涵和其对应的范围这两个问题，人们是持有不同观点的。早期的景观生态学将景观定义为：“以相似形态不断重复的、具有异质性的、一系列相互作用生态系统所镶嵌而成的土地区域”。[12] 这一定义的核心是“景观镶嵌体”，它的要素组成和结构决定了景观的范围。这一概念还有一个观点是：景观的空间尺度最小可以只有几公里的直径范围。绿道设计者直觉上很愿意用这个定义，因为这种定义与人们感知景观的方式和感知尺度是具有直接联系的。

最近一段时间，"景观"的概念则被理解的更加宽泛，具体指：在被关注的影响因子中，至少在一个因子上存在空间异质性（或斑块镶嵌性）的一片区域。[13] 基于这一定义，景观的尺度范围会取决于野生动物的生命周期，也会取决于所关注的生态过程，例如土壤侵蚀过程等。这种定义方式的意义在于：它将我们对景观的理解从预先定义的、以人类为中心的概念，转向了一个与我们所研究的内容具有明确关联性的定义上来。有一组科学家曾经这样说过："如果我们不以人类自居，而是以生物的视角来看它们如何认知外在的景观环境，那么我们自己对景观的理解可能会被进一步拓展。我们也将考虑包含蜜蜂、昆虫、田鼠或野牛等物种对景观的需求。"[14] 以非人类中心的视角来看待和理解景观的重要性，将会在本书中许多地方反复提到。

景观的认知：亲身调查的必要性

一个相对详细的、具体的、非人类中心的景观视角对许多项目而言至关重要。但是，以一个更粗略的、更宏观的视角来作为分析景观问题的起始点也很有帮助。这在本章的后续内容中将会详细讨论。对于非学术背景的绿道设计者而言，亲身去调查和了解他们需要分析的景观环境或场地是非常重要和有帮助的。这种直接获取的信息与感受，可以作为与专家们进行交流的前提准备和补充。尽管重要，但不要错误的将这种典型人类中心的分析方法用来认知和理解那些非人类需求的景观问题。在大多数情况下，生态、生物导向的功能需求和人的需要也许是截然不同的。

图解说明：景观完整性的描述语言

规划师克里斯·迪尔克森（Chris Duerksen）和他的同事们曾经非常坦率地指出："所有模型都是有缺陷的，但有一些还是有帮助的。"[15] 科学家们通过不断的讨论和修正，构建了一系列试图反映景观现实情况的模型，其中一些模型与绿道设计是相关的。但是，从某种程度上来讲，所有这些模型都是"错误的"，因为它们无法完全反映一个复杂系统的方方面面，尤其是对景观系统而言。这些模型当中有许多也是很有帮助的。事实上，作为应对这个现实的、复杂世界的手段之一，模型是非常有效的。

绿道的设计人员需要进一步论证这些用于理解景观的模型的适用性。我们在运用模型的时候必须保持谨慎的态度，因为某些模型可能会被过度的简化或者模型设计的初衷根本与景观问题无关。这些模型和专业术语应当被证明是具有应用潜力的。首先是证明这些模型在理解景观运行和动态变化方面具有价值；其次，证明这些模型有助于实现绿道在规划、实施和管理过程中的可持续性；以及证明这些模型有助于实现绿道的结构与功能完整性。

景观要素：斑块、廊道、基质

从北美景观生态学派的角度来看，世界上任何地方的景观都可以被描述为斑块、廊道的镶嵌组合，而景观基质则是上述景观要素所处的宏观背景（参见图 2.1 和图 2.2）[16]。其他学派很少考虑这些景观要素的类别划分问题，而更多的是把景观视为不同生物所感知的一个空间。相对而言，"斑块 - 廊道 - 基质"这种景观认知的模式更容易帮助我们分析不同的景观环境，以及让我们从总体上了解绿道穿越地区的地形条件。

图 2.1

景观可以被视为由一系列斑块、廊道和基质所构成的镶嵌体。如上所述，这幅图片向我们展示了草原景观基质中林地和灌丛斑块、滨河廊道所构成的景观镶嵌体。（绘图：乔·麦克格雷）

图 2.2

这张插图中展现了两种主要的景观类型：一种是位于插图左侧相对多山的、几乎未受人类影响的自然景观；另一种是位于插图右侧的、地势相对平坦的农业景观。多山丘陵景观的土地覆盖主要是森林植被，这是它的景观基质（M1），而一些草地（P1a）、独栋民居（P1b）、小规模的农用地（P1c）等景观斑块散布其中。同样，还有一些河流（C1a）与交通（C1b）廊道穿越在景观基质之中。而插图右侧的农业景观则更多地受到人类活动的控制和影响。其景观基质是农业用地（M2），但内部也有许多其他斑块，包括：位于城市中心的一大片建成区（P2a），大小不等的郊区用地斑块（P2b），以及类似于河边砂石厂这类主要从事工业活动的用地斑块（P2c）等等。同样，景观也密布着由河流（C2a）与交通线路（C2b）构成的廊道网络。（绘图：乔·麦克格雷）

以下定义是"斑块 - 廊道 - 基质"这一景观认知方式的基本概念：

斑块是指：与其周围环境不同的、相对均质的、非线状的一片区域。[17]人工斑块可能包括与周边土地利用或土地覆盖性质不同的住宅、商业、工业、公园与广场用地等。而自然斑块的实例则包括：热带稀树草原中的林地、森林中的草甸、灌丛中的湿地等。

廊道是指：具有某一类特定用地属性且区别于两侧相邻用地性质的条带状区域。[18]而出于对野生动物问题的特别关注，里德·诺斯（详见第 3 章）将廊道定义为"可以被野生动物用来进行日常或迁移活动的条状或带状区域，尤其是指可以被用来实现在不同的栖息地间迁移的条带状区域。"

根据上述的第一个定义，廊道从广义上理解可以包括：滨水（例如，河岸）林带、公路的防护绿地、道路和步道、溪流、市政管线用地等。在这种宽泛的定义下，廊道除了具有促进野生动物迁移的作用之外，还可以具有包括提供栖息环境在内的其他功能。

基质是指：景观环境中面积最大且连通性最好的景观要素，即景观中占主导地位的土地利用或土地覆盖的类型。基质对景观功能的发挥起主导性的作用。[19]在农业地区，景观基质是农田；森林植被覆盖度较高的区域，林地是景观基质；草原的景观基质是草地；城市的景观基质是则是城市建设用地。生态学家理查德·福尔曼曾经指出：当一个人"不知身在何处"时，这个人很可能就处在景观的基质之中了。[20]在北美的东部地区和北欧地区，历史上的景观基质都是林地。美国中西部的大草原、巴西的热带高草草原或非洲的萨瓦纳草原地区的景观基质都是或曾经是草地。景观基质的环境条件也有差异。除了几乎没被开发建设的人工景观，我们通常无须担心景观基质会成为完全不利于生物生存的一片"海洋"（图 2.3）。[21]

对于一个形状细长的斑块而言，将其归类为斑块还是廊道则更多地取决于项目或研究过程本身所关注的重点。这种景观要素划分的方法是一种灵活和实用的工具，而不是十分绝对的判断标准。这一工具可以帮助我们更好地理解和谈论那些原本看似复杂的景观过程和功能。

"斑块 - 廊道 - 基质"也可以描述社会现象的空间格局

城市也是由斑块、廊道和基质这些景观要素所构成的。当然，这些要素主要是根据人工环境的特点和社会过程进行定义的，而不是根据自然过程。城市是由联排式住宅、集合式住宅、办公楼等构成的一种景观

图 2.3

基质代表的是景观的总体背景，而且也经常用作不同类型景观的广义名称。(a) 在加利福尼亚州北部以草原为基质的景观中，有许多单株的乔木或面积大小不等的林地斑块点缀其中（摄影：林恩·里茨 (Lynn Retts)）。(b) 该图展示的是美国爱荷华州东北部农业景观的场景，沿等高线带状耕作的农田景观基质中多处分布着农庄，同时农田景观也被分布其中的道路与河流廊道分割（摄影：林恩·里茨）。(c) 住宅和道路是拉斯维加斯郊区景观基质的主要构成元素。每户住宅用地中通常都有许多微小的植被斑块，而一些社区有时也会被一些面积更大的灌溉植被斑块侵入，例如照片右下角的高尔夫球场（摄影：林恩·里茨）。(d) 从美国密苏里州杰弗逊市的这张照片中我们可以看到两种景观基质。位于密苏里河左侧的区域是由城市内的林地、建筑和街道所构成的城市景观基质；而照片右侧的区域则是一大片几乎没有斑块镶嵌其中的农业景观基质。（摄影：萨拉·迈纳 (Sarah Minor)，照片由美国农业部的自然资源咨询服务中心提供）。

基质，而在这样的景观基质中同样有一些特殊的景观斑块，例如：购物中心、空地、社区公园，以及由公路、步道、城市绿道所构成的廊道网络。斑块的分布同样与人们的收入或阶层相关，因为高收入与低收入人群的社区分布通常是彼此分离的（图 2.4）。这些斑块的分布有时是与自然环境条件直接相关的。低收入人群通常居住在临近高速公路、工业区的地方，甚至居住在被污染的土地上；另一方面，滨水区、公园和绿道等环境宜人的区域，总是最终被富有阶层所占据着。

图 2.4

斑块的类型可以根据人们的财富和所属阶层的差异来加以界定。如图所示，价格较高的住宅主要集中在林地内，而低价值的住宅则沿道路分布（绘图：乔·麦克格雷）

这些例子表明了自然景观结构与社会结构综合特征之间是存在紧密联系的。正如不同类型的斑块和廊道之间存在着明显的差异一样，不同社会群体的划分也是根据它们在民族、种族、性别、年龄、阶层等方面的显著差异而进行的。这些因素与人们所在的地域范围和掌握的财富数量通常是具有相关性的。因此，社会结构和景观结构之间是具有非常紧密联系的。

景观结构：组成要素、空间格局、连通性

根据生态学家格雷·梅里亚姆 (Gray Merriam) 的观点，我们最好以"3C—composition, configuration, connectivity"的视角来理解和认

图 2.5

某一区域景观要素的构成是通过景观中所表现出来的斑块和廊道类型的多样性和相对数量的高低来决定的。图中底部所示的斑块（从左至右）分别是林地、灌丛和草地（绘图：乔·麦克格雷）。

图 2.6

景观结构的空间格局是指：景观要素的空间分布、位置关系、排列方向，以及这些景观要素形状的不规则程度等。图中的复杂地形和不同类型斑块的空间分布决定了这一地区景观的空间格局（绘图：乔·麦克格雷）。

图 2.7

景观的功能连通性是指：生物个体或生物遗传信息在不同栖息地和种群间的流动性。功能连通性的高低取决于生物在景观中活动、迁移的难易程度。因此，保护生物学家们关注的不仅仅是廊道本身，而更多的是关注其功能连通性。

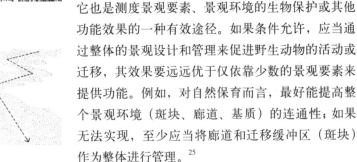

识景观结构，即景观的组成要素、空间格局、连通性这 3 个方面。[22]

景观中斑块和廊道类型的多样性和相对数量的多寡反映的是这一区域景观要素的构成情况（图 2.5）。例如，某一景观可能由山杨林和美国黄松林两种林地斑块所构成，而黄松林斑块在数量上相对较多。通常情况下，景观要素的组成结构是通过斑块类型多样性指数来进行描述和总结的。

景观要素的空间格局指的是这些元素的空间分布、位置关系、排列方向，以及这些景观要素形状的不规则程度等等（图 2.6）。[23]

景观的连通性指的是：在景观不同斑块间移动的难易程度[24]（图 2.7）。梅里亚姆将景观的连通性理解为缓解或抵消景观破碎化的一种功能。有一点需要特别指出：景观连通性的高低是针对某一物种或使用者的具体需求和偏好而言的，并不是景观的基本属性。因此，脱离具体物种或使用功能来评价景观连通性是没有意义的。城市景观可能对人和松鼠而言具有很高的功能连通性，但对大多数的野生动物而言并不是。类似的情形，美国佐治亚州的奥克弗诺基大沼泽（Okefenokee Swamp）对野生动物而言具有极高的连通性，而对大多数人来说则是无法接近或进入的，除非是那些具有探险精神和户外活动技能的人们。

这种功能上的连通性对绿道设计而言至关重要。它也是测度景观要素、景观环境的生物保护或其他功能效果的一种有效途径。如果条件允许，应当通过整体的景观设计和管理来促进野生动物的活动或迁移，其效果要远远优于仅依靠少数的景观要素来提供功能。例如，对自然保育而言，最好能提高整个景观环境（斑块、廊道、基质）的连通性；如果无法实现，至少应当将廊道和迁移缓冲区（斑块）作为整体进行管理。[25]

景观要素：形成原因与多重功能

景观要素的形成原因和存续周期

许多过程都会影响或决定斑块、廊道的产生或延续，而这些景观要素存在或持续的时限也各不相同。

斑块或廊道可能是由于：

- 景观受到的**干扰**而形成。这些干扰会改变斑块或廊道内部的植被状况，而对其周边的影响较小，例如：林火、虫害、强风等。
- 受干扰斑块或廊道自身的**生态恢复**而形成。例如，火烧迹地上快速生长和恢复的野草、野花。
- 斑块或廊道本身未受到干扰，其周边景观受到严重的干扰而形成的"**遗存**斑块或廊道"。例如，长期干旱使大部分植被退化，而相对湿润的阴坡植被则保留下来。
- **局地环境条件**差异而形成。例如，当某些区域地下水水位接近地表的时候，湿地就会形成。
- **人类活动或人为干扰**而形成。例如，林地中开辟的一片农田，人工造林形成的种植园，采用了不透水铺装的停车场。

了解景观要素的形成原因，将有助于你思考如何让它们作为绿道的组成部分，以及如何发挥其功能。例如，一个生物多样性正在逐渐降低的、残留的林地斑块是绿道设计中非常重要的资源；其他的斑块可能需要长时间的、稳定的环境条件才能存在，比如湿地。

景观要素所能发挥的多重功能

景观要素（廊道、斑块和作为背景的景观基质）可以发挥一系列的功能。例如，你也许会认为廊道只有"通道"这一种功能，而实际上这只是其诸多功能中的一项（图 2.8）。

景观要素可以具有生物栖息地的功能。例如，棉白杨和柳树的林地斑块通常会成为苍鹭的营巢之地，而人们也愿意在其附近建立社区。

景观要素可以承担通道的功能。例如，当野生动物在斑块间迁移的时候，当媒介（风、水）携带污染物的时候，或者当某些树种沿着山体

  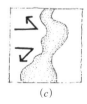 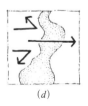 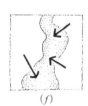

(a)　　　　(b)　　　　(c)　　　　(d)　　　　(e)　　　　(f)

图 2.8

廊道和其他景观要素的六种基本功能：(a) 栖息地；(b) 通道；(c) 屏障；(d) 过滤带；(e) "源"；(f) "汇"。

从高海拔地区向低海拔地区迁移的时候（通常经历数千年的时间），景观要素可能都在促进这些过程的进行。作为一种通道，廊道或其他景观要素，也可能会对绿道的管理或更大范围内自然保护目标的实现产生负面的影响。因为，廊道等景观要素可能会使一些干扰过程更容易发生，例如：病害、外来物种的入侵、火灾等。这些都会威胁到绿道功能的实际发挥，也可能威胁到更大范围的景观健康度的维护。

景观元素有时也会成为一种屏障。例如，一些物种生活在辽阔的草原上，但却需要一直待在郁闭度较高的林地斑块和廊道中，而草原基质对这些物种而言就是一种不可进入的屏障。如果一条公路阻断了蝾螈在不同季节所要定居的栖息地之间的迁移路径，这条公路就是一种致命的屏障。一条高速公路或大面积的城市建成区，也会成为人们接近周边自然区域的一种障碍。当某一地区具有较高犯罪率的时候，人们都不敢使用绿道，尤其是在夜晚，而这时绿道也就成了阻碍步行者的一种屏障

景观要素可以起到过滤带的作用。例如，滨河植被可以过滤来自农业用地降雨径流中携带的、过量的养分元素和杀虫剂等污染物。

景观要素具有"源"的功能，例如：

- 某些动物的幼崽会从一个区域向另一个区域迁移，从而建立远离它们父母和兄弟姐妹的、属于自己的领地。
- 污水处理厂处理后排入河流的尾水，而其水中仍含有较多的养分元素。
- 城市中的某一区域可能会是绿道的使用者的潜在来源。
- 对于公众而言，绿道是良好风景资源和休闲体验的来源，同时也是居民社区归属感和身份认同的来源。
- 而人们在绿道的建设和管理过程中所付出的努力，则是社会互动和社会财富的源泉。

景观要素同样具有"汇"的功能，即成为滞留或累积的场所。例如，当一只动物试图冒险穿越一条繁忙的公路而被撞死的时候，当建设工地上被侵蚀的土壤滞留在邻近湿地的时候，或者当人们把垃圾丢到绿道的一个偏僻角落的时候。

绿道同样具有社会功能，而这些功能与它们的空间特征之间并没有特别明显的联系。对于穿越了城市中不同社区的绿道而言，它们可能会以积极的方式增加社会互动。尤其当绿道成为草根的民权运动或资源管理的关注点时，它们会增强社区内部以及社区之间的公众参与和社区合

作，以及增强人们的社区归属感。绿道可以通过活跃商业气氛和提升房产价值来促进当地的经济发展（这反过来又带来了更加复杂的问题，即如何分配这些利益）。增加社区游园和林地等手段也可以对经济产生影响。此外，绿道也是一个具有休闲游憩、娱乐和环境教育功能的场所。

不同物种使用景观方式的差异

评价某一景观的连通性时，需要理解它的组成要素和空间格局。[26] 更重要的是，对连通性进行评价时，还需要选择合适的指示物种来判断生物在这一景观中进行活动和迁移的可行性。[27] 鹿鼠等小型哺乳动物与黑尾鹿等需要大活动范围的大型哺乳动物，对景观连通性的需求可能截然不同（图2.9）。一个需要数百年时间来完成迁移扩散的树种与需要连续休闲体验功能的行人之间，其所需要的景观连通性也没有任何的共性。此外，一位科学家曾经指出："几乎没有任何证据表明栖息在森林中的脊椎动物能同人类一样去清晰地分辨林地生长年限的长短。"[28]

图 2.9

鹿鼠等小型哺乳动物与黑尾鹿等大型哺乳动物，对景观通接性的需求可能截然不同。这些物种以及其他使用功能的需求，可以作为我们观察和理解具体景观的重要途径（绘图：乔·麦克格雷）。

边缘生境与内部生境

包括鸡鹰、山猫、红眼绿鹃等在内的一些物种被认为是"内部种"，因为他们更喜欢远离斑块或廊道外围边界的内部空间。"边缘种"正好相反，它们通常更倾向于在栖息地的边缘地带活动（图2.10）。当然，由于生命周期中阶段的不同或地理环境背景的差异，物种对上述生境类型的偏好也会有所变化。通常，狭窄的廊道主要是以边缘生境为主，有时这类廊道可能完全不具有内部生境，当然也不会有偏好内部生境的物种存在。

图 2.10

生物对生境类型的需求会随着生活史或地理环境的不同而发生变化。一些物种更加喜欢远离斑块或廊道边缘的内部生境；另一些物种通常更倾向于在栖息地的边缘地带活动（绘图：乔·麦克格雷）。

一般种与特有种

物种生态位的幅度是存在差异的。一般种对常见的干扰具有较高的适应性,并以不同的方式利用多种类型的栖息地,对人类活动的影响也不敏感。弗吉尼亚鹿和丛林狼就是典型的一般种。特有种通常会以它们特有的方式来利用某一类特殊的栖息地。例如,偏好草原环境的帝王斑豹蛱蝶和只吃竹子的大熊猫。一般种和特有种对栖息地和景观连通性的需求存在差异 (图 2.11)。某些一般种可能根本不需要绿道,而一些特有种则可能由于绿道过于狭窄而不愿意使用绿道。绿道的设计应当考虑那些生境偏好在两者之间的物种的使用需求。

环境巨变与延迟灭绝

在生存环境发生巨大变化的初期,某些寿命较长的脊椎动物仍能继续存活下去;但是,它们已经无法长期的生存与繁衍了。[29] 虽然一些地方仍能发现这些物种,这些地方实际上已无法提供该物种所需的栖息环境。这就掩盖了这些物种在未来一段时间内将会灭绝的必然事实,而这一物种延迟灭绝的现象也被称为"灭绝债务 (extinction debt)"。[30] 人们也许会因为注意到这些物种的存在而得出栖息环境仍然很好的错误结论,而实际情况却没有他们想象得那么好。

动物在景观中移动的原因

动物在景观中有三种活动或移动方式:领地范围内的活动、向外围区域的迁移扩散和远距离的迁徙。[31] 动物的取食或其他日常活动通常是在其领地范围内完成的。一只浣熊的活动范围会取决于栖息地的质量,可能会与其他浣熊的领地范围存在空间叠加。迁移扩散是动物个体一种非日常性的活动,其目的是找到新的活动区域或领地,它们也可能会在那里进行繁殖。例如,赤狐的幼崽可能会从它们所出生的家庭群体中离开,并寻找属于自己的领地。动物的季节性迁徙则是为了:在年内不同的时间段内,从两个彼此隔离的区域中寻找其生活所需的环境或资源。例如,生活在科罗拉多州落基山脉 (Rocky Mountain) 的马鹿,冬季通常栖息在低海拔地区,而夏季则会在高山草甸生活。

景观连通性:绿道设计的重点

从本质上来说,绿道的关键作用是创造或增加连通性。可以通过将一些关键节点联系在一起,或者沿着某些具有特殊功能、重要价值的线路本身来构建绿道。景观生态学帮助我们理解了如何从不同物种、不同使用功能的角度来看待某一景观环境的连通性。但是，野生动物对连通性的需求可能与人类的理解完全不同，例如下面的这个实例。

如图 2.2 所示，图中右边的景观已经成为高度人工化的农业景观，但其中仍然保留了由河流廊道和残存林地斑块所构成的生态网络。如果某一物种会利用这一网络，这部分景观就可以被认为是具有良好景观连通性的。但是，对于需要通过更宽廊道来隔绝噪声影响的物种而言，这一网络及其所在的景观环境也许就不适合进入。

当景观连通性丧失的时候，栖息地会变得破碎化。物种不能在破碎化的栖息地间迁徙，因此也就无法获取它们生存所需的资源。生境破碎化的现象在世界范围内的许多地区都在快速蔓延，而一些证据也表明它是目前生物多样性保护最大的威胁。[32] 生境破碎化会带来许多的问题；这些问题如果同时发生，往往会让情况变得更加糟糕（图 2.12），例如：[33]

- 栖息地斑块的面积和数量可能都在减少，
- 栖息地斑块间的距离可能会增加，
- 被捕食者的分布情况可能会发生改变，
- 栖息地斑块的生产力水平可能会增加，
- 生物栖息地的质量可能会降低，
- 边缘效应的影响程度可能会增加，以及
- 上述过问题中的两个或多个可能会同时发生。

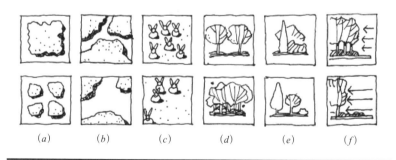

图 2.12

许多问题都与景观的破碎化相关联。例如，(a) 斑块的面积可能会减小；(b) 斑块间的距离可能会增加；(c) 被捕食者的空间分布可能会发生变化；(d) 植被生产力可能会增加（因为透光率的增加）；(e) 栖息地的质量可能会下降；(f) 边缘效应的显著性可能会增加。这些问题也可能会彼此相互叠加或同时发生。（绘图：乔·麦克格雷）

　　上述这些影响的大小与原有栖息地面积的多少并非简单的线性关系。因为，对某一物种而言，破碎化之后的斑块面积如果是之前面积的一半，其适宜栖居的面积可能小于原斑块的一半。例如，如果没有足够大的内部生境，这个斑块就是完全不适宜的。[34]

　　威斯康星州的加迪斯镇 1831 ~ 1950 年之间的林地变化情况(图 1.3)，向我们展示了人类通常是如何改变景观的，尤其是对斑块形成的影响。随着树木被不断的砍伐，原本连续的森林景观逐渐被破碎化的林地斑块所取代，而原本由自然过程形成的弯曲的林地边界也开始被规则的直线所取代。这种直线化的斑块边界的产生，通常是由于规则化的、住宅用地边界划分的结果。随着时间的推移，越来越多的林地被连片砍伐，森林总面积在持续减少的同时，斑块面积也变得越来越小，斑块的孤立化的程度也越来越高。对于那些无法穿越开敞空间物种而言，它们的活动会被局限在林地斑块之中。渐渐的，当一些或所有斑块面积都小到不再适宜某些物种生存的时候，这些物种就将从这一地区消失。

廊道、廊道缺口、缓冲斑块

　　廊道（或绿道）的宽度会极大地影响其功能的发挥。

- 对大多的使用功能或使用者而言，线状的廊道通常由于比较狭窄而不具备内部生境。绿篱、围栏、小路等都是线状廊道的典型实例。
- 带状的廊道通常比线状的廊道要宽，因此具有足够的空间来形成内部生境。
- 栖息地连接廊道（Landscape linkages）是宽度可以达到数英里的生物保护廊道。例如，佛罗里达州的平胡克（Pinhook）沼泽湿地。这些栖息地连接廊道具有足够的空间来形成巨大内部生境，以至于在其用地范围内就可以形成具有重要保护意义的生物栖息地。

缺口对廊道功能的干扰

　　廊道中有时会有一些不具有景观连通功能的缺口，而这些缺口会干扰野生动物的活动，尤其会对内部种产生较大的影响。

　　某一个体能否顺利穿越廊道的中缺口位置（图 2.13）取决于以下几个方面：

图 2.13
野生动物能否顺利的通过廊道中的缺口地带，主要取决于缺口处的一系列环境条件（绘图：乔·麦克格雷）。

- 这一个体自身对边缘效应的容忍度，
- 它移动与扩散的特点，
- 缺口本身的长度，以及
- 廊道与缺口环境条件差异的强烈程度。

缓冲斑块的景观连通性

一些人指出：在过去的几十年中，规划师们可能过于盲目的相信廊道的景观连通功能了，以至于廊道保护工作的开展速度远远超出了现有理论的认知水平；关于物种会通过廊道进行活动或迁移的前提假设，也没有得到观测或实证数据的支撑。[35] 因此，我们应当在更大的范围内来讨论景观的连通性，而不是仅仅针对廊道这一种景观要素。景观基质的潜在功能也是重要的考虑因素，我们也可以考虑以梯级的迁移缓冲斑块（stepping-stone patches）的方式来增加景观连通性。

例如，如图 2.2 所示，图中右上部分有几条自右向左延展的、树木茂密的廊道，还有几个大的林地斑块。如果某些物种能够使用那些具有一定连通功能的缓冲斑块的话，他们也许就可以通过这些斑块直接的移动到这些廊道中。

在栖息地斑块不连续的情况下，有的绿道项目可能会依靠这种迁移缓冲斑块来增加生物活动，或提升某种使用功能的景观连通性。关于这一点，加拿大温哥华市及其周边平原地区的"绿链"项目，就是一个非常成功的案例。该项目主要是在市政管线用地范围内、公园，甚至是居民的后院里种植乡土植被，来尝试增加景观连通性。这样做的目的是：增加公园和绿地之间某些关键区域的功能连通性，从而提升地区总体的生物多样性水平。[36]

斑块

斑块的形状会影响边缘生境和内部生境的比例。边界形状越是复杂的栖息斑块，内部生境的比例越小；栖息斑块的形状越是接近于圆形，内部生境的比例越接近于最大化（图 2.14）。

图 2.14
越是接近圆形的斑块（图右），其内部生境的面积越大、外部生境的面积越小；形状偏离圆形的斑块（图左）则恰好相反。

图 2.15

一个"生态最优"的斑块应该尽量接近圆形，来保证其内部生境的最大化；另一方面，还应当包括一系列与其直接相连的外围廊道。这些廊道对于促进生物从斑块中移出或迁入具有重要的意义。

理查德·福尔曼提出了一种实用的、形状上"生态最优"的斑块的概念（图 2.15）。[37] 它包括一个位于中心的圆核（使内部生境最大化），以及一系列类似于章鱼触手的外围延伸廊道。这些廊道对生物从斑块中移出或迁入具有重要的意义。

随着斑块孤立化程度的加剧，斑块中的一些自然过程会受到极大的干扰。例如，植物种子无法到达适宜其萌发的环境，帮助植物传粉的昆虫则被隔离在其他孤立斑块中而无法完成这一使命。捕食与被捕食者之间的关系也会受到干扰，它们可能被隔离在不同的斑块之中。在潜在的影响中，也有一些是我们希望看到的。降低病害的传播速度就是其中一种积极的影响。但是，多数情况还是负面影响，而它们则会极大地降低景观的生态完整性。

景观基质也具有适宜性

一些科学家已经批判了用岛屿生物学理论对景观结构进行解释和分析的弊端。该理论认为：斑块和廊道所在景观基质总是不具有适宜性的。但是，这种观点实际上是被过度简化的假设（图 2.16）。[38] 事实上，景观基质并不是对所有的物种都不适宜，而是具有一系列不同的环境梯度。这一点增加了我们对景观理解的复杂性，但它同样也增加了现实应用的意义。当然，在某些景观类型中，景观基质对大多数的野生动物而言，可能都是非常不适宜的，例如那些高度人工化的城市环境。

边界与边缘效应

早期的野生动物管理者非常了解哪些鸟类和哺乳动物喜欢边缘生境。[39] 通过增加边界的长度，他们可以增加这些物种的数量，以便进行狩猎。但是，他们没有意识到这种行为会对喜好内部生境的物种产生负面影响。"边缘效应"通常都发生在绿道的边界附近。这些效应包括：对湿度、光照强度、风向等小气候方面的影响，对物种组成的影响，以及

图 2.16

由于物种特点和基质环境存在差异，景观基质是否适宜该物种活动或进入并不确定。例如，植被覆盖度较高的居民庭院，也许就可以帮助不同斑块间的鸟类进行迁移。（绘图：乔·麦克格雷）

对栖息地边缘生境条件的影响（图 2.17）。
上述这些边缘效应影响程度的大小，取决
于它们从边界向内部景观渗透的能力。

　　一些研究的观测结果表明：边缘效应
对林地小气候的影响距离大概是树高的 1-3 倍，生物受影响的最大距离
在 50m 以内。当然，还有渗透范围更大的一些影响。此外，一篇综述研
究发现：边缘效应还会导致捕食者数量增加和病虫害的加剧，美国东部、
中西部地区的有关研究中都提到了这一点，而这些负面影响在美国西北
部地区的相关研究中却并不显著。[40]

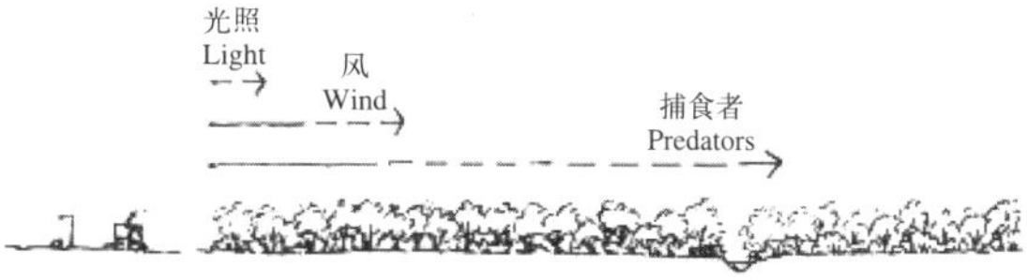

图 2.17

绿道边缘效应的大小，会因不同因子自身渗透性的差异而不同。对森林植被而言，光照、阳生植物、风、捕食者等向绿道内部渗透的能力是依次增强（绘图：简·肖普里克）。

边界形状对绿道功能的影响

　　人工景观的边界一般倾向于规则的直线而且比较突兀（图 2.18）。
通常，野生动物或风很少会穿过这些边界，而更多的是沿着边界活动或
流动。相对而言，自然的边界则更倾向于曲线化，而这更有助于穿越边
界的生态活动或流动过程的发生。凹凸相间的波浪形边界，为生态流的
发生创造了多样的条件。例如，在界面突起的位置（从边缘突出的半岛
形状的部分）可能有大量的野生动物聚居，而动物们会通过它进入廊道
或斑块之中。因为，这一突起的部分本身一定程度上就具有廊道的功能。
与临近的内凹或平直的界面相比，突起的部分具有更强的连通功能，从
而有助于生物的聚居和迁入。另一方面，通过风媒扩散的种子或灰尘可
能会被这种突起的界面所截留或过滤，并通过内凹的界面进入廊道或斑
块内部；而这些内凹的界面就是沿着廊道分布的一些缺口。

图 2.18

人工化的边界（图左）通常是规则的直线，而自然产生的边界通常是不规则的曲线。这一点具有重要的生态学意义（绘图：乔·麦克格雷）。

界面差异对生物活动的影响

　　某些景观的界面反差比较大，或
者环境梯度变化骤然程度较高。例如，
一侧是具有良好内部生境的森林景观，
而另一侧是农业或其他相对开敞的景
观基质（图 2.19）。对小气候而言，上
述的边界条件与边界变化较缓的情况
是有极大区别的。因此，临近的栖息
地对比的反差越大，边缘效应也会表
现得更加明显，例如位于草地基质上
的林地廊道。[41]

Abrupt edge　　　　Forest Interior　　　　Gradual edge
骤变的界面　　　　森林的内部生境　　　　渐变的界面

图 2.19

一个骤变的、人工化的景观界面（图片左侧）与一个缓慢渐变的景观界面（图片右侧）之间的反差是极其强烈的。对于渐变式的界面而言，它是一个具有更复杂结构的、位于森林内部生境与一片摞荒地之间的缓冲地带（景观界面和内部生境的尺寸不是按比例绘制的）（绘图：简·肖普里克）。

图 2.20

绿道设计者应当考虑廊道植被的垂直结构（地被层和林冠层）。这一结构可能会沿着绿道的长度而有着非常大的变化。图中左边部分几乎没有林下层，而右边的部分则有更复杂的垂直植被结构（绘图：乔·麦克格雷）。

某些边缘效应并不显著

森林与农业景观之间具有显著的边界反差，而其他一些景观之间的反差可能并不明显。例如，开敞度较高的不同景观之间边界的反差则相对较低。草地与灌丛之间的边界既不清晰，也不像栖息地斑块那样容易被辨识。栖息地破碎化的早期研究都是在具有清晰边界的景观环境中开展的，例如英国和北美的东部地区。但是，这些研究的结论很难用来解释北美西部森林景观中的有关问题。[42]

植被垂直分层的重要性

廊道植被的垂直（林下层和林冠层）结构（图 2.20），对鸟类或其他野生动物具有非常重要的意义。这一结构沿着绿道的长度可能会有非常大的变化。绿道的规划工作如果只是在纸面上以平面方案的方式开展的话，这一特征很可能会被忽视。人们可能更多的是考虑水平方面的问题，而不是垂直维度的内容，或者忽略了植被分层结构的有关信息。垂直结构对于绿道未来的状态和总体的管理而言也具有重要的意义。

景观结构与功能间的相互作用

景观中的生态过程或功能会影响景观的结构（斑块、廊道和基质），而且也会被景观结构所影响（图 2.21）。例如，在一场大风之后，部分树木被吹倒而在林地上形成开敞区域（斑块）；这会影响到局地风速的变化，从而引起更多的树木发生风倒的现象；最终，这一过程可能会改变这片森林的景观格局。某些物种可能会需要这种动态变化来创造他们需要的生存条件。但是，在种植园，这种风倒现象与其管理目标是不相符的。

风和其他干扰因素的影响及其对植被类型的改变，都是导致廊道植被变化的主要动因。[43] 因此，景观的结构与过程是可以随着时间的推移而改变的，而且是在一个连续的动态发展过程中彼此间相互影响。

图 2.21

景观功能的图解说明。图中展现了太阳辐射，水循环、水土流失等自然和人类活动的过程。其他景观过程还包括：植物和动物的生长和运动，以及其他类型的能量、物质流动（绘图：简·肖普里克）。

对于绿道的设计与管理而言，理解这一动态过程是至关重要的，而这恰恰也是容易被忽视的。因为，人们更倾向于将景观结构视为一种静止不变的状态。

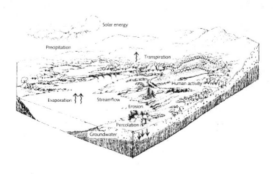

阅读材料 2.2

　　在棉白杨林的自然更新过程中，洪水是一种必要的干扰机制。在美国新墨西哥州的河流没有被大规模渠化和设置拦水坝之前，这些河流经常发生洪水。这一过程通常会冲走淤积的沙洲，从而形成适宜棉白杨幼苗生长的湿度和光照环境。但是，以新墨西哥州阿尔伯克基（Albuquerque）市的里奥格兰德（Rio Grande）河为例，自从 20 世纪 40 年代开始，该河的径流完全被一系列的大坝控制之后，棉白杨林的自然更新过程就再也没有发生过。[1]

[1] Cleverly, J. (1999). "The Rio Grande Cottonwood, Populus deltoids spp. wislizenii (Salicaceae)." Retrieved September 3, 2004, (http: //sev_leta.unm.edii/-cleverly/cw.html).

景观动态与自然干扰

　　变化对任何景观与绿道而言都是一种常态。例如，动植物的迁移扩散、水体和风的流动、水土流失、冰川移动等等。为了生存下去，生态系统中的各种生物都必须不断地适应它们周边环境的变化。

　　干扰在维护景观的结构与过程方面发挥着重要的作用，它们也是迫使物种不断进化的内在推力。有一种观点将"干扰"理解为：能够破坏生态系统、群落、种群结构或改变自然资源、栖息环境、物理空间状态的，具有时空非连续性的一系列影响事件。[44] 非连续性的特点是干扰有别于长期环境胁迫与背景环境波动的本质区别。

　　某种程度上，景观的干扰机制是其在中长期时间尺度上形成的、总体性的、稳定的干扰规律。[45] 这一机制具体包括：干扰的频率、强度、时长、重现期、影响范围、可恢复性，以及干扰后的残留物（例如，倒木）等。

　　人类会对自然的干扰机制产生影响，通常是有意识的。人的活动可以使自然干扰的范围变得更小或更大，干扰的频率变得更低或更高，干扰的程度变得弱或更强。例如，随着流域内部住宅、道路等不透水地面的不断增加，原本自然状态下的洪水过程会发生改变，洪水的影响程度会被进一步加强。同样，人类活动还会产生自然状态下不存在的干扰或长期胁迫，以及使自然景观的格局趋于均质化。

绿道的外围环境非常重要

　　景观基质对景观的过程与变化具有很大的影响。绿道也会极大的受到其周边环境的影响。这是因为：线状的栖息地非常容易受到边缘效应的影响；外界的环境条件会决定绿道边缘的景观过程。一条廊道越是狭窄，其受到边缘效应的影响越大，内部生境的面积也越小（图 2.22）。例如，

图 2.22
一条廊道越是狭窄,其内部生境的面积越小,而边缘生境占主导性的可能性也越大。

相对于绿道的内部空间而言,绿道边缘地带的光照强度、光照时间、湿度、温度、风速等环境因子通常具有较高的变异性,有时也不具有提供内部生境等绿道功能。类似的,狭窄的河流廊道与河流的水质状况,很大程度上会受到上游的景观基质的影响。

绿道应尽量适应自然干扰

风、火、虫害等自然干扰是景观过程的一部分,这些干扰会影响景观格局的形成。例如,经常受火灾或其他干扰的影响而形成的景观斑块。在这种景观环境中进行绿道的规划与建设时,绿道的最小宽度应当大于典型受干扰斑块的平均宽度。同样,绿道的规划设计过程中所关注的河流等景观要素也会经常受到干扰的影响。例如,河道开挖、洪水等影响。因此,在条件允许的情况下,绿道的设计应当考虑如何适应这些潜在的干扰或改变。

生态演替是一种景观变化

生态演替是指:某一范围内的植物和动物所组成的生物群落,被一系列组成不同且(通常)更加复杂的生物群落所替代的过程。例如,一片位于湿润地区的撂荒地会经过一系列渐进的植被生长和发展阶段,最终可能会成为达到生态顶级状态的原生林(图 2.23)。从草地到幼林的演替过程需要几十年的时间,而原生林的恢复可能需要数百年的时间才能完成。理解这些潜在

图 2.23
湿润气候下被撂荒农田经历的主要演替阶段,最终可能会达到顶级森林植被的状态
(绘图:简·肖普里克)

grasses　herbs　shrubs　young forest　　mature forest　　　　old-growth forest
草本　多年生　灌丛　幼林　　　　成林　　　　　　　　原生林
群落　草本群落

阅读材料 2.3

在绿道的目标确立过程中,应当考虑每段绿道的具体位置与绿道沿线景观环境变化的空间差异。这是从丹佛市的一个案例中获取的经验。作为提升河流廊道生态完整性目标的一部分,周边社区的居民希望能将河流中曾有过的鱼类重新引入南普拉特河(South Platte River)。渔业专家则指出:某些物种确实曾经生活在这条河里,但那是城市大规模建设开发之前的情况;河道本身和其所在的背景环境如今已经完全不是原来的状态了。他们进一步指出:南普拉特河已经无法提供那些鱼类生存所需的栖息环境和实现相应的渔业发展目标了。基于当前的城市环境背景来考虑问题,才是更加切合实际的。

的演替过程，有助于我们在绿道的规划中考虑景观变化方面的影响。

科学家们过去普遍认为：植被演替最终都会达到一个处于动态平衡的、顶级植被群落（例如，原生林）的发展阶段。大多数的科学家如今反而更加强调景观的动态性和非平衡状态。这个实例同样反映了我们之前提到的一点：受欢迎的、过于简化的模型（此处指顶级的均衡态的观点）往往会忽略了问题的复杂性（此处指生态演替过程）。

人类对景观影响的梯度差异

传统意义上，人们将自然视为荒野的、与人隔绝的地方。这种观点忽略了一个事实：至少在一定程度上，人类塑造了这个星球上的大部分景观；另一方面，城市中也有一些自然的景观要素。[46] "景观的干预梯度模型（landscape modification gradient）"，是能够很好反映人与自然这种关系的一个实用的模型（图 2.24）。[47]

由于人们对景观开发和利用的强度存在差异，不同地方应当设定差异化的生态目标。例如，在城市建成区与重要栖息地之间建立联系可能是没有意义的，因为被关注的物种可能根本无法在城市中生存。

景观干预梯度的概念，可以帮助我们理解人类对景观改造的相对激烈程度，以及这些改造对确立绿道的规划目标的影响。例如，图 2.24 中不同片区之间的环境条件具有非常大的反差。从图片前端的溪流、到位于中部的河流、再到上部的城市地区，人类对环境的干扰和影响程度依次增加。图中海拔最高的地方几乎没有开发建设存在（也许会有低干扰的步道），也不会对临近溪流的水质产生影响。当溪流到达图片的中部片区时，溪流的周围是道路、建筑和农业用地。自然过程在该片区仍然占主导地位，但人类活动在这已经产生了更大的影响。例如，河流的水

图 2.24

识别人类对景观改造的影响梯度可以帮助我们因地制宜地确定不同地方的生态目标。从城市（图片的顶部），到郊区、农业地区，再到受人类影响较低的片区（图片底部），体现了一系列的人类影响的变化梯度。这些梯度的变化包括了一系列不同的生态条件，而这也要求每个片区根据实际情况设置绿道的规划目标（绘图：乔·麦克格雷）。

质已经恶化，滨水的栖息地也呈现出破碎化的趋势。当河流经过城市的时候，自然过程受到了极大的限制，而其表现形式也因高密度的城市建设而发生改变。显然，自然是蕴藏于城市之中的，不过是与人文因素一起以协同方式而表现出来的。因此，在城市环境中，自然要素和自然过程的存在仍然有助于提升城市的宜居性，还能成为那些已经远离我们的、原生态自然的一种符号象征。

一直以来，在认知与实践的过程中，人们总是严格地将城市与自然划分为截然不同的两种事物，但事实上并非如此。城市中也存在自然过程，其在人工环境中也能发挥作用。另一方面，在远离城市的地方，也总是会存在人类活动的迹象。这些地方也许只是受到空气污染的影响；更多情况下，这些地方可能是城市居民经常拜访的游乐场地。

景观干预梯度模型非常实用，但这一模型也会产生许多的误导，因为有些问题被过度简化了。例如，它将景观视为一种处于已开发建设和未开发建设状态之间的连续统一体，而这忽视了真实景观中非连续性和复杂性的特点。同样，它认为景观是一种自然与文化的二元对立状态，而这忽视了景观中人与自然相互交织的属性。景观干预梯度的概念还可能会使我们产生一些错误的认识。例如，在用地的集约性方面，集中式的大规模城市发展模式优于无序、分散、蔓延式的郊区发展模式；在生物多样性保护方面，城市内部的自然景观比乡村地区的农田或人工林可能具有更高的适宜性。但是，如果从景观干预梯度出发，受人类活动干扰较小的郊区开发模式和农业景观才是更优选择。

岛屿生物地理学理论

尽管近几年的影响正在减弱，岛屿生物地理学理论曾经一度在推动景观生态学和保护生物学发展的过程中发挥了相当重要的作用。目前，它仍然是用来提出和描述许多保护性策略的理论基础。

麦克阿瑟和威尔逊这两位岛屿生物地理学理论的创立者曾经指出：岛屿上的物种丰富度、多样性，在地质年代的时间尺度上来看取决于几个主要特征，例如：岛屿面积的大小，岛屿和大陆之间的距离（决定物种重新迁入、定居的潜力），以及岛屿和大陆隔离的时间长度。[48]

保护生物学家们并没有把岛屿生物地理学理论局限在四周被海洋环绕的自然岛屿的情况。他们也把该理论应用在了栖息地斑块的保护方面，而这些斑块可以被认为是位于其他土地覆盖所形成的"海洋"（例如，基质）中的"孤岛"。保护生物学家指出，如果被保护区域具有以下特征，物种的丰富度会更高（图 2.25）：

- 被保护区域面积越大，物种丰富度越高，
- 大斑块比总面积相等的、几个小斑块的总和的物种丰富度高，
- 斑块间彼此距离越近，物种丰富度越高，
- 斑块间连通性越大、孤立化程度越低，物种丰富度越高，
- 岛屿形成时间越短，物种丰富度越高。

种群隔离与集合种群

　　在进一步阐释岛屿生物地理学理论的过程中，麦克阿瑟和威尔逊实际上描述了一个早期的"集合种群模型（metapopulation model）"。集合种群模型很大程度上取代了岛屿生物地理学模型，因为其理论框架考虑了破碎化生境的问题。[49]

　　集合种群（或译作复合种群）是指：在一定区域范围内，由一系列局域种群（local population）所构成的集合体，这些局域种群彼此间通过个体迁移、交换而进行联系。"它是一个种群的种群"。[50] 保持景观基质的连通性或通过构建廊道建立新的连通性，对于集合种群的存活和延续具有重要的意义，同时也是绿道的一个重要功能（图 2.26）。道路会对某些物种的种群形成空间上的分割，从而造成种群间的隔离或形成局域种群（图 2.27）。

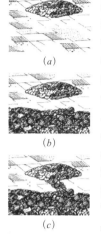

图 2.25

基于岛屿生物地理学理论，保护生物学家们对可能影响栖息地斑块物种丰富度的一些特征进行了说明。最糟的情况是处于被孤立状态的栖息地斑块 (a)；稍好的情况是临近可以提供新物种迁入机会的"源"，这种情况更容易维持物种的丰富度 (b)；更好的情况是斑块不仅临近"源"，而且是直接与"源"相连接 (c)。

图 2.26

绿道具有维护集合种群内部联系的功能，而且有助于集合种群的生存和繁衍。集合种群指的是彼此间通过个体随机迁移、交换而进行联系的一系列局域种群的集合。这些局域种群可能会经历周期性的局域灭绝，以及随时间变化而出现"兴旺与消亡"交替的动态过程。图中的箭头表示个体在迁出和迁入斑块之间扩散、迁移的路径。图中右下角的斑块正处于局域灭绝的状态，而指向它的箭头表明了该斑块被重新定居的可能。

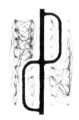

图 2.27

道路可能会成为某些物种活动、迁移的一种屏障，造成物种种群的彼此隔绝。如果这种阻隔并非完全不可穿越，道路则会将原有种群分隔为集合种群中一系列"藕断丝连"的局域种群。图中的连线是通过标记和重新捕获方式而反映出的某种甲虫的移动路径。（改绘自 Mader, H. J. [1984]. "Animal habitat isolation by roads and agricultural fields." Biological Conservation 29；81-96. Used with permission of Elsevier.)

图 2.28

如何区分不同的景观格局，取决于它们被观察和分析的尺度。例如，从飞机上看到的一条宽阔的廊道，在地面上观察时，可能是一系列小斑块的组合。（绘图：乔·麦克格雷）

一个孤立斑块如果与其他斑块临近或直接相连，这些临近或相连斑块中会有物种不断的迁出，并扩散、定居到孤立斑块之中。因此，孤立斑块中濒临灭绝的物种可能就会被"拯救"，其种群规模也得以延续。[51] 这些斑块一直会处于"兴旺与消亡"交替的动态变化之中，因为斑块中的物种经常会经历局域灭绝和重新定居的过程。

空间尺度的重要性

景观格局是具有尺度效应的。这种尺度效应指的是：由于观察距离的不同，景观格局的表现形式或显著性会呈现出极大的差异（图 2.28）。例如，飞机上看到的一条宽阔的廊道，在地面上观察时，则可能是一系列小斑块的组合。类似的，当使用不同比例的地图来分析同一处景观的斑块镶嵌程度时，结果可能会截然不同。

对某一物种而言，景观连通性的高低，取决于这个物种在哪一尺度上来感知景观的结构（斑块大小与镶嵌的组合方式）。[52]

空间的尺度具有两方面的主要特征：幅度和粒度（图 2.29）。幅度是指地图或研究区域的范围。粒度涉及的是这一研究范围内细节显现的精细程度。例如，在地理信息系统的帮助下，两种数据虽然覆盖了同样的范围，却有着不同的分辨率（1 公顷与 10 公顷之间的差距）。不同分辨率的数据，可能会对同一区域给出不同的景观格局分析或描述的结果。[53]

时间尺度的重要性

另一个需要重点考虑的问题是时间的尺度，即时间的长短如何影响人对景观的感知。对于某一景观而言，通过一天的观察而获得的印象，可能与年内其他时段的情况截然不同，更不用提 100 年前景观的状况了。"时空关联"的原则告诉我们：待研究的空间范围越大，需要考虑的时间尺度也应该越长。[54] 这一基于时间尺度的视角，对我们理解绿道的各个部分可能发生的变化至关重要。

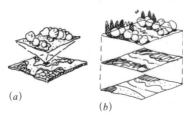

(a)

(b)

图 2.29

幅度和粒度是空间尺度的两个重要方面。幅度 (a) 指的是视野的宽度或范围，而粒度 (b) 指的是在一视野范围内所能看到的细节程度（绘图：乔·麦克格雷）

景观破碎化过程的引导

威廉·劳伦斯（William Laurance）和克劳德·加斯孔（Claude Gascon）提出了"创造性的景观破碎化过程（creative landscape fragmentation）"的概念，而景观生态学可以成为引导这一过程的重要导则。[55] 基于这一策略，绿道的设计者们可以识别出景观的核心结构，并将其作为绿道网络保护下来。尽管其他景观可能会发生剧烈的改变，被保留的绿道网络仍然能够发挥重要的功能。如果没有采用这一策略，破碎化的栖息地的分布很可能是随机和分散的。这个理念就是丹佛市西南部郊区的、查特菲尔德流域保护网络（Chatfield Basin Conservation Network）的最基本的策略之一。这一区域的自然资源虽然相对丰富，但未来也面对着被大规模开发、建设的可能。因此，该项目的发起者们正在努力识别潜在的核心要素，并希望在大规模开发建设活动开始前完成绿色基础设施网络的构建（详见第 6 章）。

空间格局何时最为重要

当被保护的栖息地已经破碎化或栖息地类型非常稀缺时，在规划过程中对景观格局的考虑就特别重要了。理论研究和实证数据都表明：当适宜某些物种生存的栖息地只占到了景观覆盖的 20%-30% 的时候，空间格局的影响就会非常显著。此外，当边缘效应是研究考虑的重点，或者当物种在斑块间的扩散和移动存在限制，以及当集合种群动态可能会影响到栖息地使用的时候，对空间格局问题的考虑也非常关键。

通过对这一章相关概念的理解，绿道的规划设计者们可以更好地与不同学科的专家们交流，以及讨论绿道有关的重要问题。当熟悉了这些术语之后，你将更加精通绿地和绿道的设计语言。这些都会提升你的能力，并获取绿道项目设计的成功。

参考文献

1. For a similar discussion that actually took place in a New England town, see Pollan, M. (1991). Second Nature: A Gardener's Education. New York, Dell Publishing.

2. Principle 15 of the Rio Declaration states: "In order to protect the environment, the precautionary approach shall be widely applied by States according to their capabilities. Where there are threats of serious or irreversible damage, lack of full scientific certainty shall not be used as a reason for postponing cost-effective measures to prevent environmental degradation." See: (http://www.unep.org/Documents. multilingual/Default.asp?DocumentID

=78&ArticleID=1163).

3. Perlman, D. L., and J. C. Milder. (2004). Practical Ecology for Planners, Developers, and Citizens. Washington, DC, Island Press, p. 12.

4. Spirn, A. W. (1998). The Language of Landscape. New Haven, CT, Yale University Press.

5. Collins, T. (2000). Interventions in the Rust-Belt, The art and ecology of post-industrial public space. British Urban Geography Journal, Ecumene 7 (4): 461-467, p. 464.

6. Ndubisi, F. (2002). Ecological Planning: A Historical and Comparative Synthesis. Baltimore, Johns Hopkins University Press.

7. Ahern, J. F. (2002). "Greenways as strategic landscape planning: Theory and application." Ph.D. Dissertation. Wageningen, Netherlands, Wageningen University.

8. Golley, F. B., and J. Bellot (1991). "Interaction of landscape ecology, planning, and design." Landscape and Urban Planning 21: 3-11.

9. Ndubisi, (2002), Ecological Planning.

10. Zonneveld, I. S. (1982). "Presidential address." International Association for Landscape Ecology Bulletin 1, p. 1.

11. Cook, E. A., and H. N. van Lier, eds. (1994). Landscape Planning and Ecological Networks. Amsterdam, Elsevier.

12. Forman, R. T. T., and M. Godron. (1986). Landscape Ecology. New York, John Wiley & Sons.

13. Turner, M. G., R. H. Gardner, et al. (2001). Landscape Ecology in Theory and Practice. New York, Springer.

14. 同上

15. Duerksen, C. J. (1997). Habitat Protection Planning: Where the Wild Things Are. Chicago, IL, American Planning Association.

16. Forman, R. T. T. (1995). Land Mosaics: The Ecology of Landscapes and Regions. New York, Cambridge University Press.

17. 同上

18. 同上

19. Forman and Godron, (1986), Landscape Ecology.

20. Forman, (1995), Land Mosaics.

21. Jules, E. S., and P. Shahani. (2003). "A broader ecological context to habitat fragmentation: Why matrix habitat is more important than we thought." Journal of Vegetation Science 14: 459-464.

22. Merriam, G. (1995). Movement in spatially divided populations: Responses to landscape

structure, pp. 64-77, in Landscape Approaches in Mammalian Ecology and Conservation. J. William Z. Lidicker, ed. Minneapolis, University of Minnesota Press.

23. O'Neill, R. V., J. R. Krummel, et al. (1988). "Indices of landscape pattern." Landscape Ecology 1: 153-162.

24. Taylor, P. D., L. Fahrig, et al. (1993). "Connectivity is a vital element of landscape structure." Oikos 68: 571-/3.

25. Bennett, A. (1999). Linkages in the Landscape: The Role of Corridors and Connectivity in Wildlife Conservation. Gland, Switzerland, IUCN.

26. Interestingly, the word "landscape" can be traced back to its Dutch root (landschap), which meant "a place on the land where a community had formed." J. Albers. (2000). Hands on the Land; A History of the Vermont Landscape, Cambridge, MA, MIT Press, p. 12. Later the word came to describe a picture of a scene, rather than the scene itself. This perceptual sense of the word may be useful if we turn it around and accept a wide range of species, in addition to humans, as possible perceivers of the landscape. The key here is that functions associated with landscape pattern need to be evaluated for specific species and uses, and certainly not solely in some generic or anthropocentric way.

27. Stamps, J., M. Buechner, et al. (1987). "The effect of edge permeability and habitat geometry on emigration from patches of habitat." American Naturalist 129: 533-552; Taylor and Fahrig, (1993), "Connectivity is a vital element of landscape structure."

28. Bunnell, F. L. (1999). "What habitat is an island?" pp. 1-31, in Forest Fragmentation: Wildlife and Management Implications. J. A. Rochelle, L. A. Lehmann, and J. Wisniewski, ed. Leiden, Netherlands, Brill.

29. Doak, D. F. (1995). "Source-sink models and the problem of habitat degradation: general models and applications to the Yellowstone grizzly bear." Conservation Biology 9: 1370-1379.

30. Tilman, D., R. M. May, et al. (1994). "Habitat destruction and the extinction debt." Nature 371 (6492): 65-66.

31. Swingland, I. R., and P. J. Greenwood, ed. (1983). The Ecology of Animal Movement. Oxford, Clarendon Press.

32. Ferraz, G., G. J. Russell, et al. (2003). "Rates of species loss from Amazonian forest fragments." Proceedings of the National Academy of Sciences (PNAS Online). (http: //www.pnas.org/cgi/content/full/100/24/l4069).

33. Oksanen, T., and M. Schneider. (1995). "The influence of habitat heterogeneity on predator-prey dynamics." pp. 122-150, in Landscape Approaches in Mammalian Ecology and

Conservation. W. Z. J. Lidicker, ed. Minneapolis, University of Minnesota; Johnson, C. W. (1999). "Conservation corridor planning at the landscape level: Managing for wildlife habitat." USDA National Biology Handbook, Part 614.4. 190-vi-NBH.

34. Johnson, C. W. (1999). "Conservation corridor planning at the landscape level."

35. Bennett, A. (1999). Linkages in the Landscape: The Role of Corridors and Connectivity in Wildlife Conservation.

36. Rudd, H. (2004). "Green links." Retrieved March 14, 2004, (http: //www.stewardshipcentre. bc.ca/ caseStudies/cs_builder.asp?request_no=132).

37. Forman, (1995), Land Mosaics.

38. With, K. A. (1999). "Is landscape connectivity necessary and sufficient for wildlife management?" pp. 97-115, in Forest Fragmentation: Wildlife and Management Implications. J. A. Rochelle, L. A. Lehmann, and J. Wisniewski, ed. Leiden, Netherlands, Brill, p. 99.

39. Leopold, A. (1933). Game Management. Madison, University of Wisconsin Press.

40. Kremsater, L., and F. L. Bunnell. (1999). "Edge effects: Theory, evidence and implications to management of western North American forests, " pp. 117-153, in Forest Fragmentation: Wildlife and Management Implications. J. A. Rochelle, L. A. Lehmann, and J. Wisniewski, ed. Leiden, Netherlands, Brill. This supports the observation of Rochelle et al. that fragmentation may be a useful conceptual tool, but may have limited value as a generalizable phenomenon. Rochelle, J. A., L. A. Lehmann, et al., eds. (1999). Forest Fragmentation.

41. Harris, L. D. (1988). "Edge effects and the conservation of biotic diversity." Conservation Biology 2: 330-332.

42. Flaspohler, D. J. (2000). "Simple concepts, elusive clarity." Conservation Biology 14 (4): 1216-1217; Rochelle, Lehmann, et al., eds. (1999). Forest Fragmentation.

43. Johnson, C. W (1999). "Conservation corridor planning at the landscape level."

44. White, P. S., and S. T. A. Pickett. (1985). "Natural disturbance and patch dynamics: An introduction, " pp. 3-13, in The Ecology of Natural Disturbance and Patch Dynamics. S. T. A. Pickett and P. S. White, eds. Orlando, Academic Press.

45. Turner, M. G., R H. Gardner, et al. (2001). Landscape Ecology in Theory and Practice.

46. Swafield, S. (2003). "New urbanism, old nature? Transforming cities in Australia and New Zealand." Auckland, New Zealand, Urbanism Downunder 2003, 2nd Australasian Congress for New Urbanism, NZ Institute of Landscape Architects 2003 Conference; Spirn, A. W. (1984). The Granite Garden: Urban Nature and Human Design. New York, Basic Books.

47. Forman, (1995), Land Mosaics.

48. MacArthur, R. H., and E. O. Wilson. (1967). The Theory of Island Biogeography. Princeton,

NJ, Princeton University Press.

49.　Turner, M. G., R. H. Gardner, et al. (2001). Landscape Ecology in Theory and Practice.

50.　Lidicker, W. Z. J. (1995). "The landscape concept: Something old, something new." pp. 3-19, in Landscape Approaches in Mammalian Ecology and Conservation. W. Z. J. Lidicker, ed. Minneapolis, University of Minnesota Press.

51.　Brown, J. H., and A. Kodric-Brown. (1977). "Turnover rates in insular biogeography: Effect of immigration on extinction." Ecology 58 (2): 445-449. But this is not always the case. Michael Soulé (1991). "Conservation: Tactics for a constant crisis." Science 253: 744-750. Soulé found in studying isolated chaparral fragments in San Diego, California, that the distance between patches didn't matter because chaparral-requiring bird species dispersed poorly, if at all, through nonnative habitat and that recolonization following local extirpations appeared to be rare. He found a slight benefit of patch proximity for rodents, rabbits, and hares. For most nonflying animals in most places, however, he concluded that proximity of habitat remnants will not slow the loss of species unless there are corridor connections to other patches.

52.　With, K. A. (1999). "Is landscape connectivity necessary and sufficient for wildlife management?"

53.　Turner, Gardner, et al., (2001), Landscape Ecology in Theory and Practice.

54.　Forman, (1995), Land Mosaics.

55.　Laurance, W. E, and C. Gascon. (1997). "How to creatively fragment a landscape." Conservation Biology 11 (2) : 577-579.

第 3 章
绿道
与生物保护

里德·诺斯

Reed F. Noss

当学院派的生物学家们还在热衷于讨论生物廊道的利弊时，世界范围内的规划师们早已开始积极的尝试将生物廊道这一理念融入土地利用规划的编制之中了。这些规划师在开展工作的过程中，有的时候会依据已有的、具体的科研成果来指导规划的编制，但其他时候他们并不考虑哪些物种会使用或不会使用这些廊道。近些年，绿道显然已经成为土地利用规划的重要组成部分之一，但这些规划通常并没有依据已有的生物学知识。某些被吹捧为对野生动物保护有利的绿道，实际上更多的是产生负面影响。例如，市政管线的隔离与防护带就是这种弊大于利的廊道，至少它对森林里的物种而言具有更大的负面影响。[1]正如本内特（Bennett）所指出的："廊道作为生物多样性保护的一种理念而言，许多已经被人们普遍接受的作用或功能，事实上超出了现有的科学观察和实验数据对其结论的支撑"。[2]

那么，廊道和绿道会不会只是被人们所追捧的一种短暂的潮流？它们在生物保护方面是否真的有积极作用，还是只会产生更多的负面影响？这些问题都是本章将要讨论的重点内容。此外，土地利用规划中绿道、连通性方面的重要议题还包括：

- 对某一特定的物种而言，什么情况下它需要使用廊道？
- 哪些物种更可能受益于某一特定类型的廊道，而哪些则不会？
- 建立一条狭窄的、"杂草丛生"的或人类活动、干扰较多的廊道，是否一定会比根本没有廊道要好？

- 在一个特定区域，是否存在某些重要的物种，以至于不论它们出现在哪里，那里就要规划相应的廊道，以满足它们的活动或迁徙的需要？

如果希望通过绿道来进行生物多样性保护和提供生态系统服务，我们就必须逐一回答上述的这些关键问题。

同许多生物学家一样，我坚信生物多样性的丧失是我们这个时代最大的危机。这些消失的多样性具体包括：物种的灭绝，物种自然种群数量和基因资源的减少，栖息地质量的降低和生态系统的退化等等。如果希望减缓或者终止这一全球尺度上的、大规模的生物灭绝进程，我们就必须改变现有的土地规划和土地利用模式。基于这种改变，物种才能在人类主导的景观环境下或自然环境中保持足够的种群数量，从而存活和繁衍下去。许多被人工环境所包围的自然景观正在不断的破碎化（面积变小，斑块间隔离程度更高），而上述的这种改变可以为动植物在不同斑块间的移动提供便利和机会，从而维持一个基因交流频繁、规模更大的健康种群。但是，问题的关键是我们如何在具体的细节层面上能够真正地做到这一点。

保护生物学家们所关心的并不是廊道本身，而是廊道所具有的"功能连通性"（functional connectivity），即不同栖息地或种群之间的个体流动、基因交换等。[3]这种连通性的评价，可以通过生物在不同景观中实现移动的难易程度来进行衡量。[4]连通性的高低通常取决于生物的日常行为方式、生命史不同阶段的生活习性，以及景观的结构功能等。因此，功能连通性的高低会因物种、景观类型的差异而有所不同。[5]

一些实证研究表明：廊道确实可以为待保护的物种提供连通性。[6]但是，对一条结构已经确定的具体绿道而言，大多情况下它无法为所有的物种提供连通功能。对某一种物种而言是廊道，而对于另一种物种可能会是迁移的屏障。

廊道也可以是不连续的线状景观要素，例如绿篱或者滨河林带；也可以是更宽广的、内部均质化的成片区域。这些廊道使得物种在不同栖息地斑块、景观中移动成为可能，或者在长时期内实现区域尺度上的迁移。[7]

传统意义上，野生生物（wildlife）的概念仅仅是指动物，尤其是脊椎动物。最近一段时间，它的定义范围逐渐扩大为："自然界中各种形式的生物"[8]，而且同生物多样性的概念（地球上生存的、各种各样的生命）具有紧密的联系。生物迁徙廊道被定义为：能够促进和保护野生生物进

图 3.1

尽管都可以被称为廊道，一条典型的英国灌木绿篱（*a*）和巴拿马地峡（*b*）对于生物的需求和保护意义而言，具有非常大的差异。

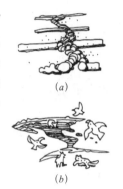

行活动、迁移的条状或带状景观要素，尤其是指促进生物在栖息地斑块间移动的廊道。由于廊道对植物扩散影响的研究相对较少，[9]本章给出的多数实例都是针对动物而言的。

　　在讨论生物廊道时，空间与时间尺度是重要的考虑因素。尽管都可以被称为廊道，一条典型的英国灌木绿篱和巴拿马地峡（Isthmus of Panama）的生物保护意义却具有巨大的差异（图3.1）。本章中，我们对廊道功能的讨论更多的是基于绿道规划所涉及的空间尺度（即景观与区域范围，数百或数百万英亩），而涉及的时间尺度则限定在生态系统的时间尺度上（几天或者数十年）。在这一章里，我们将对生物廊道和生物活动相关的主要概念进行综述；我们将重点介绍廊道如何在促进动物的日常性、季节性和迁移性的活动方面所发挥的作用；此外，我们还将介绍廊道在支持种群生存繁衍和长距离迁移方面所扮演的角色。在此基础上，我们要讨论廊道的潜在问题和设计方面的考虑，以及为绿道设计过程中如何考虑动物的活动和迁徙提供建议。当然，在应用本章所讨论要点时，大家应当考虑和比较绿道项目的特殊性、地域差异等。总体而言，生物多样性保护可能是绿道和土地利用规划最有价值的功能，但这些生物廊道的经济、游憩、美学等价值对人也同等重要。如果设计合理，这些目标与保护目标是可以同时达到的。[10]

生物的活动与廊道的作用

　　为了更好地理解和促进野生动物的活动，保护生物学家提出了许多关于景观运行机制的概念模型。其他景观要素虽然也可以促进野生动物的活动、迁移，但廊道在这方面的功能尤其显著。

生物活动与迁移的重要性

　　生物在景观中的活动是最重要的景观过程之一。它会影响物种种群的生存和繁衍、物种和基因资源的分布、生物群落的组成、干扰的扩展，以及其他的生态学现象。[11]不同物种会使用不同类型的迁移路径，一种是具有栖息功能的生物廊道，另一种则是一组与周边景观基质截然不同的迁移缓冲斑块。[12]后面这种类型在人工景观中比较常见，在自然环境中也同样存在。

廊道对功能连通性的提升

本内特曾经指出[13]：在某些情况下，具有栖息功能的生物迁移廊道，可能是提供功能连通性最有效的方式，例如：（1）当大面积的景观被人类改变，或者景观的变化无法保障当地乡土物种的生存、繁衍；（2）当关注的物种是某一特定生境类型的特有种，或者对干扰极为敏感；（3）当所关注的物种无法在现存的自然栖息斑块间进行长距离迁移，所以必须在廊道中定居和繁殖；（4）当廊道的设计目标是保持栖息斑块内的种群稳定性，而不仅仅是支持个体在斑块间的随机迁移；（5）当设计目标是维持整个动物群落的稳定性，或者（6）当需要通过保持稳定的栖息环境来维护关键的生态过程的时候。

野生动物管理人员很早就察觉到生物迁移廊道对狩猎活动的重要价值。因为，某些可被猎杀的哺乳动物和鸟类通常会使用廊道，例如松鼠和鹬鹑。[14] 自从 20 世纪 70 年代中期开始，廊道就被推崇为实现生物多样性保护的重要措施；保护生物学家们当时发表了一系列自然保护区设计原则方面的重要论文。[15] 在北美地区，廊道和连通性问题最近已经成为景观生态学和集合种群理论研究的主要内容。[16]（详见第 2 章的相关背景介绍）

廊道与岛屿生物地理学理论

20 世纪 70 年代，保护生物学家们提出了包括生物廊道在内的一系列保护区设计的建议。这些以及后续一段时期内的建议，主要都是基于岛屿生物地理学中的物种平衡理论而给出的。[17] 岛屿生物地理学的理论指出：面积较小、被隔绝程度越高的岛屿（斑块栖息地类似于岛屿）相比面积稍大、更接近物种来源地的岛屿而言，将要经历更高的物种灭绝率和更低的物种迁入率。因此，廊道通常被视为一种可以增加自然保护区或斑块栖息地的物种迁入率的有效手段，从而保持较高的物种丰富度（图 2.25）。[18]

景观认知理论的新发展

伴随着实证研究数据的不断增加和景观生态学的理解日渐成熟，岛屿生物地理理论的局限性已经显现。栖息地斑块并不是位于均质化环境中的、纯粹的"岛屿"。相反，栖息地斑块周边的基质也可以扮演"源"的角色，具有为斑块提供迁入物种的可能（通常都是极具入侵性的杂草）。另一方面，景观基质的生境结构也会影响物种的通过能力。例如，路网密度很高的景观环境（尤其是繁忙的高速公路），对于急于通过的物种而言是不可穿越的，这些物种在尝试穿越的时候可能会丧命。[19]

岛屿生物地理学理论十分重要，因为它促使了保护生物学家对斑块大小和孤立化问题的思考，而这些都是保护规划中的核心问题。许多的案例研究都证明，栖息地斑块的面积和破碎化程度是可以用来预测物种数量和分布的重要参数（例如，美国南加州地区的哺乳动物捕食者）。[20]但是，景观生态学家现在对景观有了更现实的理解，即将其视为一系列具有异质性的景观斑块的镶嵌组合。一种景观对某些物种而言是可穿越的，而对于其他物种则可能是不可进入的。对于一些活动范围较大的物种，农田、人工林、牧场都可能具有廊道的功能。这一点在考虑区域尺度上问题的时候更为明显。例如，当一只狼需要穿越数英里的人工景观而迁移到另一片自然区域时，它往往会避免进入人类活动频繁、开发密度较高的区域。

狭窄的廊道也有意义

狭窄的廊道有时也会被一些物种所使用，从而保障它们在景观中相对安全地穿行。以北美冠蓝鸦为例，在秋季，它们会迁移数英里的距离来收集和储存橡果和山毛榉坚果，以备后续食用。当在威斯康星州进行这些活动时，北美冠蓝鸦表现出了在绿篱灌丛上空飞行的一种强烈的倾向性。当有鹰（尤其是正在迁徙的鹰，例如条纹鹰或鸡鹰）接近的时候，冠蓝鸦会立即飞入绿篱中。[21]韦格纳（Wegner）和梅里亚姆也发现：相对于开敞的农田景观而言，某些物种更倾向于在绿篱中飞行。[22]对于在景观中活动、迁移的物种而言，植被状况较好的廊道，则更能成为它们在遭遇捕食者时可以遁入的庇护所。

廊道具有的多重功能

生物廊道领域的文献主要关注的是：廊道如何发挥"通道"的作用，即如何实现某一物种的个体从 A 点到 B 点之间运动或迁移。但是，真实景观中的廊道具有更多的功能，对许多物种都有影响。对于土地利用的总体规划，某些情况下，廊道的设计关注的是某一特定的物种；但实际上我们还要考虑廊道对其他物种和生态过程的综合影响，从而比选出最优的设计方案。此外，生物廊道在生物保护方面两个潜在的重要的功能是：(1) 为动植物提供栖息和繁衍的生存环境，(2) 作为一种"通道"，促成物种在不同栖息地斑块间的迁移（详见第 2 章）。

其中，通道功能可以进一步被细分为以下几个方面：（1）保障动物日常性的活动和季节性的迁徙；（2）让不同种群间的个体扩散和基因交换变得更容易，从而避免小规模种群的灭绝；（3）使大范围内的物种扩散和分布范围的迁移成为可能，例如植被对全球气候变化的响应。本章没有深入讨论廊道在维护生态过程方面的作用，例如：林火、风、洪水等自然过程，以及与之联系的物质和个体的传输过程。洪水及相关问题的内容将在第 4 章中详细讨论。

廊道的栖息地功能

廊道（即使很窄）可以作为某些物种生活和繁殖的栖息场所。在许多的景观环境中，自然植被大多已经被破坏，残留的部分要么以被隔离斑块的形式存在，要么作为连接农田或沿河流、铁路、高速公路等市政用地分布的线状要素的形式存在。对一些物种而言，廊道作为栖息地的价值远大于其具有的通道功能。例如，在美国中西部地区，喜欢生活在绿篱中的棉尾兔。事实上，廊道作为栖息地和通道的功能可以同时发挥，从而实现更高的效益。实际上，效果最好的生物迁移廊道，很可能是为那些能在廊道中定居、繁衍的物种而设计的廊道（详见稍后关于生物扩散部分的讨论）。[23]

滨河绿道对乡土植物的意义

滨河林带是天然形成的线状或蜿蜒连续的景观要素。它作为野生动物栖息地的价值是众所周知的。在世界上的许多地区，这些林地成为在人工景观中仅存的自然植被。滨河林带生物多样性较高是因为以下几个因素：（1）处在水域和陆地生态系统动态交互的界面，具有复杂的生态系统结构；（2）在较近的范围内可以提供水生和陆生两类栖息地，这种相邻栖息地的组合是某些物种完成其生命周期过程所必需的，例如水生昆虫、两栖类以及湿地鸟类；（3）相对肥沃的土壤和充足的水分供给，这使得滨河林带具有很高的生产力。[24]

美国南部的低地阔叶林带就表现出了这些特征。这些廊道具有肥沃的土壤、较高的植物生产力；充足的水分形成了湿润小气候；昆虫和植物有充足的食物或养分；大量的树洞可以成为鸟类或哺乳动物的巢穴。[25]这些阔叶林的面积一直在急剧的减少，但一部分林地还是被无声地保留了下来。在不修建水坝的情况下，这部分林地经常会被洪水淹没，因而不适宜开发。[26]没有筑坝的滨海平原河流，能够形成非常宽阔的滨河廊道，并与其两侧的农业用地形成的鲜明的景观对比。例如，佛罗里达州的萨旺尼河（Suwannee River）和它的支流。

滨河林带中脊椎动物的种群密度通常很高。例如，在美国爱荷华州，调查发现河漫滩的林地平均每百英亩（40公顷）中有506对处于抚育期的鸟。相比而言，同一区域的山地森林中只有339对。[27] 另一方面，某些种类的动植物只在滨水区出现；相比其他类型的陆地生境，滨水区也具有更高的物种多样性。[28] 滨水林带通常也会给邻近的水生群落带来许多益处。它们有助于提供以下功能：保持水体的水质；产生倒木、枯落物，从而为水生生物提供食物和栖息环境；通过遮阴来调节水温；以及缓解洪水的影响等。

在许多的国家、州或省，森林保护的有关法规都会有类似的要求：在可以进行森林采伐的地区，必须保留河流、溪流两侧的植被带，特别是有鱼类在其中繁殖的河流。通常情况下，保留这些林带的首要目的是保持水质，但它们同样也为野生动物提供了栖息与活动的空间，尤其是当周边的自然植被已经被人类破坏的时候。

在加拿大纽芬兰的某片森林被皆伐之前，有5种哺乳动物在森林中的活动迹象要远高于滨水区，而这5种动物分别是白鼬、赤狐、松鼠、美洲兔和濒危的纽芬兰貂。[29] 但是，当该片森林被全部砍伐之后，相对于被砍伐的林区和其他开敞地带而言，这些物种在滨水植被带中出现的频率却大幅增加。这一点对于纽芬兰貂而言更为明显；貂能够主动避开森林砍伐负面影响的特点，在其他研究中已早有发现。[30] 因此，对某些物种而言，在受人类干扰的景观中，滨水廊道具有"避难所"的功能，即某些生物在这里可以避免致命威胁或意料之外的干扰。

滨河廊道的价值在美国西部的干旱和半干旱地区体现的更为突出。因为，只有这些低海拔地区才能生长树木和高大灌木。西南部的滨河地带简直就是"线性的绿洲"。[31] 亚利桑那和新墨西哥州的所有脊椎动物中，至少有80%的物种在它们生命周期的某个阶段会使用或依赖滨水栖息地。[32] 在有人定居之前，美国西南部滨水生态系统的面积占该地总区面积的2%；但在过去的一个世纪里，亚利桑那和新墨西哥州的这些非常稀有与重要的生态系统，已经丧失掉了90%。[33] 所以，在亚利桑那州和新墨西哥州的濒危脊椎动物名录中，分别有70%和73%的濒危物种非常需要或完全依赖滨水生境的现象是不足为奇的（图3.2）。据报道，美国西南部地区以棉白杨为建群种的滨水植被带，也是北美地区鸟类繁殖密度最高的地方。[34]

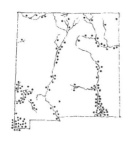

图 3.2

该图展示了新墨西哥州濒危脊椎动物在滨河栖息地中出现的空间格局。每个点代表的是联邦濒危物种名录中某一具体物种的分布位置。在全州境内的 94 种濒危物种中，有 69 种完全依赖或与滨水生境有关联（引自 A. S. Johnson. [1989]. "The thin green line：Riparian corridors and endangered species in Arizona and New Mexico," pp. 34-36, in Preserving Communities and Corridors. G. Mackintosh，ed. Washington DC，Defenders of Wildlife.）

类似脊椎动物偏好滨水区域的现象也同样发生在美国西部相对湿润的地区。在美国俄勒冈州和华盛顿州东部的蓝山（Blue Mountains）地区，378 种陆生脊椎动物中有 285 种（75%）会依赖于或非常倾向于滨水栖息地的环境。[35] 因此，滨河绿道具有为大量乡土物种提供栖息环境的潜力。

关于滨水廊道和其功能更全面的讨论将在第 4 章中展开。

陆域的栖息环境也同等重要

在某些景观中，许多被保护的物种与陆域的栖息地有关，而与滨水区没有关系。这一点在佛罗里达州非常明显，因为位于山地上的长叶松和灌丛群落包含了该州许多特有的、受威胁的或濒危的物种。[36] 滨河绿道能为多少乡土物种提供栖息环境，取决于不同物种在景观中的分布特点。一种有效的生物保育策略可能是：开始先保护滨河廊道，然后通过对廊道周边地区的生态恢复来逐步扩大其保护范围（图 3.3）。这最终也许能够重建一个具有完整生境梯度的栖息环境，从而全面的支撑滨河与陆生群落的生存和繁衍。

图 3.3

如果滨河廊道被保护了下来而且邻近的山地生态系统也进行了生态恢复。那么，这也许能够重建一个具有完整梯度的生物栖息环境，从而支撑滨水与陆生群落的生存和繁衍。

农业用地的边缘效应

在农业景观地区，篱笆、灌木绿篱、防风林带甚至路边的乡土或半乡土的植被都会与周边单调的农耕景观产生显著的对比（图 3.4）。在爱荷华州，贝斯特（Best）发现：在由连续树木和灌木所构成的绿篱中，有多种鸟在其中生活。[37] 这些绿篱虽然在维持农业景观中鸟类的种群数量方面是有价值的，但绿篱中最常见的鸟类大多是以杂草为食、对人工环境适应性强的种类。例如，褐头牛鹂、麻雀、啄木鸟（扑动䴕）、

图 3.4

在农业景观中，灌木绿篱可能是仅有的林地栖息斑块。

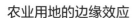

哀鸽、旅鸫。这些种类的鸟被认为是边缘种（相对于内部种而言），因为它们通常生活在对比强烈的栖息环境的界面，例如森林与田地的边缘地带。

这些廊道不仅是边缘种的典型栖息地，它们可能还会成为非乡土物种的迁移通道。同样，这些廊道也可能会让捕食者更便利的在景观中移动，并在廊道中捕食鸟巢中的雏鸟或鸟蛋。

森林的边缘通常比其内部要更干燥和明亮；而树篱和灌木绿篱则完全是边缘生境。北美地区的绿篱通常主要生长的是林缘物种，包括许多的非乡土物种。[38] 波拉德（Pollard）指出：英国的绿篱只能作为一种林地的边缘地带，而不能算作真正的林地。[39] 在破碎度较高的人工景观中，边缘物种的数量通常会增加。因此，树篱、绿篱和其他狭窄的廊道在保护乡土物种方面的价值比较有限；另一方面，在大面积的自然栖息地不复存在的景观环境中，狭窄的廊道也确实可以为原本单调的乡村景观增添生物多样性。一些喜好边缘生境的鸟类有助于控制虫害。农田的边缘地带和绿篱同样可以为包括昆虫、蜘蛛在内的肉食性无脊椎动物提供重要的栖息环境，而这些物种会有助于控制农业害虫。[40] 刘易斯（Lewis）在其研究中发现：英国灌木绿篱中昆虫的种类比它附近的大豆田地和草场上要多许多。[41]

欧洲的学者非常关注绿篱有关的生态问题，而且也完成了系统性的研究。研究结果证明：农业景观中许多特有的动物都要依赖于绿篱，或者至少在它们生命史的某个阶段是这样的。[42] 如果树篱或植被较好的绿篱不存在，世界范围内的许多农业景观在生物多样性方面可能是贫乏的，而且也不会受到科学家们的过多关注（图3.5）。

尽管种植的首要目标是保护人及其财产免受大风、雪灾的影响，美国明尼苏达州的农场防风林带同样也为鸟类提供了营巢和觅食的栖息环境。[43] 当然，同上面提到的情况一样，受益的物种基本上也都是常见的

图 3.5
如果不存在树篱或植被较好的绿篱，世界范围内的许多农业景观在生物多样性方面可能是贫乏的。(a) 一片位于美国中

(a)　　　　　　　　(b)

西部的、没有绿篱网络的农业景观；(b) 通过照片模拟技术，在同一景观中加入了绿篱的视觉效果。（图片提供：美国农业部自然资源保护中心）

边缘物种。高压电线的防护廊道，也向森林景观中引入了一些类似的物种[44]；研究还发现，当防护廊道的灌木植被（例如，黑莓）的密度较高时，鸟类的物种多样性会达到较高的水平（图3.6）。[45]美国的罗德岛上有一条灌木繁茂、结构多样的输电线的防护廊道。由于连续七年没使用除草剂，相比附近的一个植被覆盖堪比公园的居住区而言，这条廊道具有一个生物多样性更高的鸟类群落。[46]这种以边缘生境为主的廊道，

在生态价值方面虽低于相对宽阔的、由成熟植被构成的绿道；但相比城市和郊区景观中其他的土地利用方式而言，它们仍然具有更高的生物多样性。

物种会避开边缘地带或狭窄的廊道

　　森林内部种通常会避免接近栖息地的边缘，而且需要宽阔的、植被状况较好的廊道。弗吉尼亚州的一项关于鸟类如何使用松树种植园中残留林带的研究表明[47]，内部种通常只会出现在至少50m（165 英尺）宽的廊道里。绿蚊霸鹟也几乎很难在宽度小于50m的廊道内发现；长嘴啄木鸟和北美黑啄木鸟所需的最小廊道宽度是50-61m（165-200 英尺）；北森莺通常则严格的限定在81m（265 英尺）或更宽的廊道中活动。如果周边栖息地的植被全被砍光，而不是现在的松树种植园，上述物种也许会需要更宽阔的植被带。因为，栖息环境的反差越大，边缘效应的影响也会变得更大。[48]

狭窄的廊道会增加动物被捕食的概率

　　猎人和其他捕食者都知道，要将精力集中在动物通常活动的路径或轨迹上。因此，越是狭窄的廊道，动物被猎杀的概率越高。[49]例如，有研究报道指出，捕食者会在用于野生动物穿越道路的地下通道处进行捕食。[50]进一步的研究尚有待深入，但现有的证据表明：高速公路穿越口和其他生物廊道，并不会成为这些廊道使用者被捕食的"陷阱"。[51]在人工景观中开动物通道的设计和与管理时，要为那些需要大活动范围的物种提供足够的遮蔽，而且应避免人类活动带来的干扰。在更加荒野的景观中，应当保留那些相对完好的、没有道路影响的生物廊道。如果可能的话，应当建设封闭式的廊道来减少人的进入和干扰，从而降低人类与野生动物之间的冲突。

图 3.6

通常而言，输电线路的防护廊道向森林景观中引入了常见的边缘物种，但是当这些防护廊道中具有密度较高的、诸如黑莓这样的灌木时，它可能会具有更高的生物多样性。（照片提供：美国农业部）

狭窄的廊道也能保育重要的植物群落

图 3.7
美国的东部大平原和中西部地区，有许多高质量的高草草原植被的残留斑块是沿着古老的铁路线分布的。这些地方从来没有被耕作过，由于蒸汽机车产生的火星而带来的、频繁的火烧干扰，使得这些草原斑块不断的进化。（绘图：简·肖普里克）

在美国东部的大平原和中西部地区，许多高质量的、草原植被的残留斑块都是沿着古老的铁路线分布的。这些地区从来没有被耕作过，而由燃煤蒸汽机车产生的火星而带来的、频繁的火烧干扰，使得这些草原斑块的植物群落能够不断的演替（图 3.7）。对于这些地区而言，结合"废弃铁路 - 游步道"改造项目来建设绿道，并在绿道范围内进行草原植被的恢复与管理是完全可行的。[52] 在这种情况下，应当采用计划性的火烧管理、重新引入灭绝的草原植物等措施，来实现植被恢复的目标。[53] 尽管如此，在这种狭窄的绿道中，原生草原群落中的动物种类通常是很不完整的；但通过精心的管理，植物种群可能会非常的繁荣。

廊道的宽度必须达到多少才能形成良好内部生境条件，取决于许多复杂的因素。生活在未受干扰的、原始森林中的某些植物，也可以在农田里的绿篱中继续存活。但是，绿篱这种光照强度和干燥度都很高的林地边缘生境，通常是阳生植物所喜好的，而不是森林的内部种。因此，在威斯康星州的东南部地区，狭窄的林带主要是由阳生树种占主导，例如山楂树、栎树、山核桃、黄桦、鼠李、柳树、美洲山杨、白胡桃、铁木以及黑樱桃。当廊道的宽度达到 30m 时，美洲糖槭才能生长；而当廊道宽度超过 100m 时，山毛榉种群才能定居和繁衍。[54] 这两种树都是耐阴的树种，而且需要相对湿润的水分条件。

狭窄和宽阔廊道在物种构成方面的差异，促使福尔曼和戈登[55] 总结了线状廊道（全部是边缘生境）和带状廊道（具有真正意义上的内部生境）之间的差别（图 3.8）。在破碎化的景观中，就乡土物种的保护而言，带状廊道比线状廊道具有更高的价值。

公路对动物影响的两面性

在世界范围内，道路都是生物多样性保护最大的威胁[56]（详见本章后续内容）。但是，道路边缘残存的植被斑块通常也会让某些乡土物种受益。比莱斯（Viles）与罗齐尔（Rosier）[57] 曾建议：通过相应的管理，整个新西兰的道路网络可以被用来维护野生动物的栖息环境，而这方面的益处可以部分缓解道路自身的负面效应。

澳大利亚道路两旁的残存斑块的保护价值尤为明显。[58] 在澳大利亚西部的小麦种植区，残存的自然植被通常主要集中在道路两侧的小面积

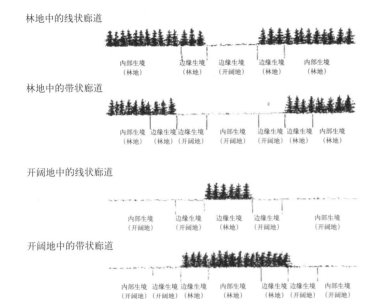

林地中的线状廊道

内部生境（林地）　边缘生境（林地）　边缘生境（开阔地）　边缘生境（林地）　内部生境（林地）

林地中的带状廊道

内部生境（林地）　边缘生境（林地）　边缘生境（开阔地）　内部生境（开阔地）　边缘生境（开阔地）　边缘生境（林地）　内部生境（林地）

开阔地中的线状廊道

内部生境（开阔地）　边缘生境（开阔地）　边缘生境（林地）　边缘生境（开阔地）　内部生境（开阔地）

开阔地中的带状廊道

内部生境（开阔地）　边缘生境（开阔地）　边缘生境（林地）　内部生境（林地）　边缘生境（林地）　边缘生境（开阔地）　内部生境（开阔地）

图 3.8

线状廊道完全是边缘生境，而带状廊道则同时具有边缘和内部两种生境条件。由于周边景观基质的不同，带状廊道的内部生境可以是植被覆盖度高的森林，也可以是开敞的农田或草地。（引自 R. T. T. Forman. [1983]. "Corridors in a landscape：Their ecological structure and function," Ekologia 2：375-387.）

斑块和狭长（5-50m）的条带中。[59] 该地区大部分的鸟类都会使用这些栖息地。在澳大利亚的东南部，有 18 种哺乳动物栖居在路边的条带之中，占到该地区全部哺乳动物的 78%（除蝙蝠之外）。[60] 在这些残存的线状斑块中，像鼠袋鼯这些物种，目前还具有稳定的、高密度的种群规模。但是，这些物种能否长时期的存活与繁衍下去，是值得怀疑和讨论的。因为，这些残留斑块过于狭窄、容易破碎化，同时也正受到环境退化的影响。[61]

在英国，道路的边缘地带同样被证明是许多物种繁衍的重要栖息地，包括：全国 50 种哺乳动物中的 20 种，200 种鸟类中的 40 种，所有的 6 种爬行动物，6 种两栖类当中的 5 种，以及 60 种蝴蝶中的 25 种。[62] 爱荷华州道路旁边的植被带，同样为蝴蝶提供了有价值的栖息地。道路边缘的残留斑块通常被杂草或外来植物所占据，当它们被恢复为原生的草原植被后，斑块内对生境要求敏感的蝴蝶种类增加了 2 倍，而蝴蝶总的个体数量也增加了 5 倍。[63] 另一方面，关于道路边缘是否也会成为某些物种的"汇"（即死亡率大于繁殖率），则需要通过种群统计学的具体研究来进行验证。

在南加州，残余植被带和高速公路的防护绿地，通常会被那些对破碎生境不敏感的鸟类和许多啮齿类动物所使用；但是，高速公路的防护绿地，几乎不会被那些对破碎生境敏感的物种所使用。[64] 这些场地是否是某些物种的"汇"，目前还尚无定论。

图 3.9

因为城市和郊区景观中的绿道通常比较狭窄而且边缘效应明显，来自绿篱、路缘等线状廊道的生态研究和实践经验，可以被借鉴和应用到绿道的设计与管理之中（© 图片由美国明尼苏达大学大都市设计中心授权使用）

景观背景是保护价值评价的重要因素

上述的研究总结并指出了线状栖息地在人工景观中的价值，但是同样也指出了廊道宽度和边缘效应方面的问题。景观背景是评价栖息地斑块和廊道保护价值方面的一个非常重要的考虑因素，涉及的内容包括：所在区域的生物区系，栖息地周边的景观基质，被保护斑块的栖息地质量，以及某些敏感物种的活动和迁移的动态过程等。[65] 城市和郊区景观中的绿道通常比较狭窄而且边缘效应明显。因此，来自绿篱、路缘等线状廊道的生态学研究和实践经验，可以被借鉴和应用到绿道的设计与管理之中（图 3.9）。

城市绿道的效益评价方面研究的缺失

相比其他方面，对"城市绿道"的生物保护功能进行直接评价的研究几乎完全缺失。但是，瑞典最近的一项研究发现：有 7 种"红色名录（极度濒危、濒危、受威胁物种的名录）"中的森林鸟类会在城市绿地中繁殖。[66] 论文作者还建议：保留廊道中成林、倒木和落叶针叶林斑块，这样会使对环境敏感的物种更多受益；而这些廊道还可以被连接成为网络，网络中应当包括大面积的自然植被斑块。

廊道对动物的日常活动与季节性迁徙的意义

廊道的另一项功能是允许动物在景观中安全的穿越，从而来寻找食物、水、居所或者配偶。这种活动要么是日常的，要么是季节性的。例如，郊区景观中的一只狐狸，会在夜间通过绿篱在它的领地范围内进行活动；而自然景观中的大型哺乳动物，会通过廊道来进行夏季和冬季栖息地之间的迁徙。

马鹿通常进行季节性的迁徙来应对冬季食物短缺的问题。[67] 在迁徙的过程中，以及在其冬季、夏季栖息的领地范围内，帮助它们躲藏或逃跑的遮蔽物非常重要。[68] 在落基山地区，通过使用草甸景观中的林带，马鹿可以更有效的在这种镶嵌景观中生活。[69] 在俄勒冈州的蓝山地区，当马鹿要穿越不同的峡谷时，林地廊道可以为它们提供连续的植被覆盖和遮蔽。[70] 为马鹿提供安全的迁徙路径能够很大程度上避免它们被人类猎杀，而这通常又与道路的可达性和人的活动范围有关。许多其他的大型食草动物也会按着既定的路径完成其规律性的迁徙活动。保护这些物种的迁徙廊道应当是野生动物保护工作的首要任务。舍恩（Schoen）和基希奥夫（Kirchoff）[71] 针对美国阿拉斯加州东南部的原始森林提出以下建议：应当保留从海平面到亚高山地区都有延伸的、足够宽阔的林带，这样锡特卡黑尾鹿可以更好地进行垂直方向上的迁移，从而应对降雪带来的问题。因此，宽阔的、连续的、未破碎化的林带是那些对人类干扰敏感的大型哺乳动物最佳的廊道选择。大多已开发区域虽然不再具有这样的条件。但是，对正在被开发或进行资源开采的自然区域而言，应当采取措施来预先保留宽阔的廊道。

增加连通性有助于绕开障碍

某些大型哺乳动物需要较大的活动范围。为这些动物提供连通性，是帮助它们绕开障碍的一种措施。这种障碍包括高速公路、城市建成区，以及由人类活动引起的动物死亡，例如猎杀、交通事故等。大型捕食者更需要高安全性的迁徙廊道。由于过大的体型和食物需求，它们往往需要大的活动范围。[72] 限制人类对廊道的接近非常有必要，从而保障这些物种可以安全的在不同栖息地斑块间迁移。[73] 美洲狮（亦称美洲豹）通常的活动范围在 1.25-50 万英亩（5059-202343 ha）之间；对美洲狮而言，进行 75-100 英里（121-161 公里）直线距离的迁移是不常见的。[74] 在翻越山体或通过平原、谷地的时候，美洲狮通常会沿着河流活动，以便在滨水林带中进行隐蔽。[75]

在南加州地区，即使是在高度城镇化的区域，美洲狮也会使用滨河廊道和其他残留的线状植被带来满足他们的需求。[76] 在这些区域，美洲狮是对生境破碎化最为敏感的食肉动物，同时也是景观尺度上对功能连通性进行评价的最佳指示物种。相对而言，短尾猫属于中等敏感性的物种，因此也是对破碎化景观指示的重要物种，而丛林狼、负鼠、家猫等中型肉食动物具有最低的敏感性。[77]

研究表明，短尾猫也会沿着自然滨水廊道活动。生活在河里的水獭可能也需要几英里的、线状的滨水栖息地，而这些栖息地有时可能就是它们全部的活动空间。佛罗里达州的黑熊在某种程度上也使用河流廊道来进行他们日常和季节性的活动。[78] 这些活动的范围非常的广阔，因为雄性黑熊的典型活动范围是 50-120 平方英里（130-311km²），而雌熊的活动范围总体上也在 10-25 平方英里（26-65km²）的范围内。[79] 灰熊偏好的食物类别非常宽泛，它会经常沿着海拔梯度进行季节性的移动。接近成年的雄性灰熊，会选择远离其父母的活动区域，从而建立自己的领地范围。灰熊通常使用的迁徙廊道是山脊顶部、山体鞍部和底部的溪流。[80]

几乎所有物种都需要多重生境

除了大型肉食动物和那些需要在不同栖息地间进行周期性迁徙的动物之外，许多非迁徙性的物种在其所处的环境中也会需要不同类型的栖息地斑块。某些通常被认为是典型的湿生或陆生的物种，有时也可能会需要不同的生境来满足他们在食物、避险、繁殖、冬眠等方面的需求。这一类物种包括：浣熊、弗吉尼亚鹿、水獭、沼泽棉尾兔、短尾猫、灰狐、火鸡等[81]。许多种类的乌龟都需要水生环境，但也需要在河岸两侧砂质的陆地环境中来产卵，而有时这些栖息地会离河道数百米远。另一方面，在发生干旱的时候，多种栖居在山地上的动物会向低处迁移，并选择在滨河廊道附近生活。廊道的这一功能在干旱区景观中尤为重要。许多脊椎动物会周期性或至少季节性的依赖于它们领地或巢穴附近的水源地。在破碎化的景观中，动物所需的多种栖息环境之间（日常或季节性的）通常缺乏连通性，但廊道可以重建或修复这些斑块之间的连通功能。

许多物种原有的栖息地都被打散成了一系列的斑块。例如，在北美东部地区，黑啄木鸟的分布就不再完全的限定在面积较大的成林之中，它们已经适应了将几个不同的林地斑块一起纳入其取食、活动的领地范围了。植被较好的树篱则成了这些啄木鸟进行活动、迁移的重要廊道。[82] 大型食肉动物和以水果为食的大型动物，通常需要在较大范围内觅食来满足它们对食物的需求。在澳大利亚西部，短嘴黑凤头鹦鹉会在林地中筑巢，而在石楠或桉树灌丛等生境中来获取食物[83]。宽阔的、沿路的植被带能够帮助凤头鹦鹉在景观中不同的斑块间移动。[84] 当廊道不完整或者生境质量较低的时候，这些鸟类的幼雏成活率会明显下降。

廊道与其他景观要素的生物扩散作用

生物扩散是指生物个体远离其出生地的一种迁移行为[85]，它是所有生物过程中最为关键的一种。[86] 如果动物个体或植物种子能够沿着廊道在不同种群间迁移，则廊道可以促进这种扩散过程的发生；对栖居在廊道

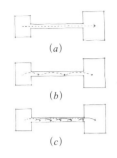

图 3.10

廊道有 3 种方式可以促进不通栖息斑块间物种个体和基因的流动与交换：(*a*) 通过单个个体的直接、长距离的移动；(*b*) 通过单个个体的周期性移动，个体会在廊道内停歇；(*c*) 通过栖息在廊道内的一个繁殖种群的基因流动。(引自 A. F. Bennett. [1990]. Habitat Corridors：Their Role in Wildlife Management and Conservation. Melbourne，Australia；Arthur Rylah Institute for Environmental Research，Department of Conservation and Environment.)

中的物种而言,廊道可以使基因从廊道的一端扩散到另一端[87]（图 3.10）。

自然选择是促使动植物扩散的一种强烈的外在压力。个体离父母的距离过近，往往会导致亲代和子代之间的竞争；由于外界环境总是动态变化的，探索新领地的种群或个体通常是具有优势的。鸟类和哺乳类幼年个体的扩散，通常具有性别差异和非均衡性的特点（某一性别迁移的距离相对更远）。这种机制能够降低近亲繁殖的概率，同时也促进了基因在不同种群间的扩散与交换。在区域和洲际尺度上，生物扩散帮助我们解释了物种地理分布格局形成的原因。理解过去的扩散模式与过程，会有助于我们对物种未来扩散和分布的趋势进行预测，例如物种对全球气候变化趋势的响应。

生物扩散在破碎化的景观中是一个正在消失的过程。这种栖息斑块被孤立、被分散的格局会限制许多物种的迁移和扩散。因此，在这种景观环境下，单单依靠被分割的斑块本身是无法维持生物的种群健康和长远发展的。小面积的林地主要是边缘生境，只有极少数偏好森林内部生境的鸟类能在其中生存，例如某些鸣禽。[88] 对于被限制在残余斑块中的内部种而言，只有当斑块间迁移个体的数量足够多时，某些斑块内的局域灭绝过程才不会构成威胁，否则区域范围内集合种群的灭绝将是必然发生的事情。[89] 破碎景观中的物种种群如何繁衍、廊道如何促进这些物种繁衍等问题，将在本章后续内容中进行讨论。

植物扩散的多种途径

植物可以借助风、水或动物进行扩散。所有的上述机制都是被动的，但最后一种途径显然依赖于活跃的动物。许多植物的果实会依附或粘在哺乳动物皮毛上进行扩散，例如：山蚂蝗、鬼针草、豚草；而肉质果实的植物，其果实则会被动物吃掉并携带到别的地方，最终通过粪便排出体外，完成扩散过程，例如：樱桃、黑莓、欧刺柏。栎树、山核桃、山毛榉等坚果类的树木，其果实则会被松鼠、冠蓝鸦和其他的以坚果为食的动物所收集、储藏；这些被储存的坚果可能从来不会被吃掉，而是会在环境适宜的时候萌发和生长。因此，伴随着动物在景观中的移动，被这些动物直接或间接携带的植物种子同样也完成了迁移、扩散。

被动扩散的植物也受益于廊道

图 3.11

由动物协助扩散的植物也能从廊道中受益。例如，蓝冠鸦可以帮助山毛榉和栎树完成长距离的扩散。这也许可以解释为什么山毛榉和栎树这种质量较大的种子（图左）在更新世之后向北扩散的速度会大于杉木等树种，而杉木通常具有更轻的、容易随风扩散的种子（图右）。（绘图：乔·麦格雷恩）

由动物协助扩散的植物也能从廊道中受益。灰熊和黑熊是能够协助肉质果实植物的种子扩散的典型动物代表。它们也会在活动过程中经常使用廊道，例如滨河廊道。[90] 鸟类也是促进植物扩散主要的载体。在高度破碎化的景观中，蓝冠鸦可以将山毛榉的果实扩散到 1.6-3.2 公里（1-2英里）以外的地方，而且可能是在不同的林地斑块间扩散。蓝冠鸦在这些迁移过程中通常会使用树篱。[91] 蓝冠鸦协助山毛榉和栎树的果实实现长距离扩散的机制，也许可以解释戴维斯（Davis）的发现：山毛榉和栎树这类种子质量较大的树种，在更新世之后向北扩散的速度要大于杉木等树种，而杉木具有更轻的、容易随风扩散的种子（图 3.11）。[92]

精心规划的绿道或其他廊道，有助于延续或加强陆生动物的活动和与之相关的植物扩散过程。通过一项令人信服的实证研究，图克斯伯里（Tewksbury）等人展示了廊道在促进不同物种保护方面的价值。[93] 在研究中，相对于没有被连接的情况而言，当栖息地斑块通过廊道连接时，两种被研究的大型灌木的种子通过鸟类扩散的效率更高了。此外，蝴蝶的活动也会优先选择通过廊道进行，而这极大地促进了花粉的传授。这些作用的综合结果是：在有廊道连接的斑块中，花的结果率要显著地高于没被廊道连接的斑块。[94]

当然，并不是所有的物种都要依赖廊道而进行扩散。风媒传播的植物，通过蛛网飞行的蜘蛛，以及宽阔原野上生活的鸟类都是具体的实例。菜粉蝶的长距离扩散显然是随机选择方向的，而且它们也不会从远处判断某一栖息斑块是否适宜。[95] 但是，廊道确实促进了许多其他种类蝴蝶在不同斑块间的活动和迁移。[96]

景观基质也可以提供连通性

功能性的连通并不是一定要依赖于长距离的线状廊道。在区域尺度上考虑某些物种的保护问题时，位于两个或多个大型栖息地斑块之间的景观基质也会决定这些斑块间的功能连通性，从而影响生物在不同斑块间的迁移（图 3.12）。正如先前提到的，大型食肉动物的保护需要在较大的区域范围内进行考虑，而这一区域很可能已经被具有不同连通性的景观要素所分割。[97]威恩斯（Wiens）[98]指出：在区域尺度上，破碎斑块本身的结构与斑块的镶嵌组合方式，都会影响到物种在斑块间的迁移概率和某些敏感种的灭绝。

一项针对 3 种两栖动物的实验表明：小口钝口螈在离开池塘的时候似乎具有不确定的移动方向，但幼年期的美洲蟾蜍和斑点钝口螈则会避免通过没有树木荫蔽的环境；相比直接进入开敞的农田而言，它们有时会不惜多走数倍的距离而进入森林之中。[99]农业发展而导致森林景观破碎化，会影响这些物种长期的生存与繁衍。亚马孙流域的景观破碎化实验，也证明了景观基质对连通性和森林斑块功能发挥的重要影响。[100]

对某些物种迁移扩散的限制

提高景观通接性的策略，并不是促进所有物种的迁移、扩散。事实上，有一些物种（例如外来物种和病害）的扩散必须要给予主动的阻隔，从而保证乡土物种数量、结构的稳定。人类对栖息地的改造会使某些物种的活动更容易，以至于远远超出其原有的分布范围；但是，这种人为干扰也会形成新的障碍，并限制其他物种的迁移。外来入侵物种是本地乡土物种最大的威胁，在一些重要的保护区内部和整个景观中都是如此。[101]动植物区系大范围的混合，会导致区域内生物种类构成的均质化；而这会使区域丧失其特色，许多本地的乡土物种也会因竞争力下降而灭绝。

道路会加剧生物入侵的发生

道路是人工景观中的一种典型廊道，而道路及其附近的用地会加剧生物入侵的发生。[102]研究表明：外来植物、有害昆虫、霉菌病害等问题，许多都是由道路和车辆扩散到自然栖息地中的。[103]道路两旁较好的光照条件通常会成为杂草的天堂，而这些杂草可能会沿道路扩散到周边的林地或其他生境之中。车辆通过道路运输还会将植物的种子或孢子沿道路进行长距离的扩散，扩散距离有时长达上千英里。树篱和绿篱等边缘生境主导的廊道，同样可能会帮助某些机会种（opportunistic species）入侵，从而对一些敏感种产生影响；这些机会种既包括褐头牛鹂等美国本土的物种，也包括紫翅椋鸟等外来物种。[104]因此，景观中的任何廊道应当给予全面的评估，从而判断哪些物种可能会从中受益，而哪些物种可能会受到伤害。

图 3.12
功能性的连接不一定非要依赖于长距离的线状的廊道。当在区域尺度上考虑某些物种的保护问题时，位于两个或多个大型栖息地斑块之间的景观基质也会提供功能连通性。这一郊区景观中镶嵌了一系列的植被斑块，而这些植被可能就会提高某些物种迁移过程中的功能连通性。（© 图片由美国明尼苏达大学大都市设计中心授权使用）

扩散廊道在种群保护方面的作用

先前章节中讨论了异质性景观中的物种扩散和廊道在促进扩散方面的作用。本小节要讨论的是物种在不同种群间的扩散和个体交换是如何降低物种灭绝风险的，具体将通过种群统计学（种群过程相关的内容）和基因效应两个方面进行讨论。

廊道对种群结构的影响

种群是指生活在某一特定地域范围内的同一物种的所有个体的总和，这一种群中的任意个体与种群内部的任意异性个体之间都具有交配的可能。另一方面，有一些物种是以集合种群的形式存在的；集合种群是由局域种群所构成的种群集合体，这些局域种群之间存在偶然的物种扩散过程。[105] 这些局域种群通常都会经历周期性的灭绝过程，或者种群规模会随着时间呈现出周期性的兴盛和衰退的变化（图 2.26）。局域灭绝通常是因为一些偶然（随机的）事件对种群结构的影响所致。例如，个体数量较少的种群往往会发生性别比例、出生率、死亡率的异常变化等。小规模的局域种群会由于干扰（包括人类的干扰）、极端天气或其他环境因子的改变而发生灭绝，而这些是更为常见的情况。

局域种群灭绝的现象时有发生。但是，伴随着物种个体在景观中的穿梭、活动和迁移，发生局域灭绝的栖息地或其他适宜栖息地会有物种重新定居，这使得集合种群作为一个整体可以延续下去（图 2.26）。如果城市的开发建设使这些栖息地被分割或破碎化，这一扩散过程就会遭到干扰，从而降低集合种群存续的可能。对于某一具体物种而言，在小面积的、孤立化的栖息斑块中，其种群规模通常会很小；从种群结构和遗传的角度来说，即使外部种群的个体不断的迁入，这一种群最终走向灭绝的命运也是无法改变的。[106] 此外，一个没有某物种定居的孤立斑块，即使适宜性再高，其被定居或重新定居的概率也是非常低的。

当栖息斑块间的连通性受到严重的破坏时，集合种群的整体稳定性将会降低，而且也不可能繁衍下去。在这样的环境下，局域种群可能会逐一的灭绝，而这也就成了该集合种群或这一物种整个种群一步步走向灭亡的前兆。[107] 因此，集合种群能否存续下去，很大程度上取决于局域种群的灭绝速率和物种在斑块间的迁移速率；而这反过来却又受到斑块间连通性的影响。[108] 尽管如此，在有些情况下，斑块面积的大小和被孤立化程度并不是决定集合种群动态变化最主要的影响因子。例如，弗莱什曼（Fleishman）等人发现：栖息地质量的高低可以很好地指示出哪些斑块是被诺科米斯斑豹蛱蝶所占据的，以及反映其种群完成一次灭绝和再定居过程的频率。[109] 这一发现在那些变数较高的种群中尤为明显；这些变数可能源自自然干扰，也可能来自人类活动的影响。

廊道可以防止局域种群的灭绝

廊道能以放大种群的规模和增加种群增长速率的方式来降低小规模局域种群的灭绝的概率。[110] 加拿大安大略省林地中的白足鼠种群，在越冬的过程中会面临极高的死亡率，甚至发生种群灭绝。这些林地斑块如果通过绿篱彼此相连，斑块间物种交流、扩散会加强，种群增长率也会提高；因此，白足鼠的种群规模在初冬会保持在较高的水平，整个种群也更有可能会等到第二年春天的到来。[111]

廊道能够帮助物种在个体数为零的斑块内重新定居，从而逆转局域种群灭绝的过程。这反过来又会增加整个集合种群存活的概率。几十年前，鲍姆加特纳（Baumgartner）[112] 就发现：俄亥俄州的绿篱可以作为黑松鼠活动或迁徙的通道，这些通道会把它们引入到那些已经被猎人们"扫荡"过的林地斑块中并重新定居。安大略省也有类似的实例：得益于绿篱为林地斑块间创造的良好连通性，发生局域灭绝的斑块会被来自其他斑块的个体重新定居；花栗鼠的局域灭绝过程，通常会很快地发生反转。[113] 在这样的景观中，某片林地中的种群动态过程只具有斑块内部的重要性。观察和分析整个景观镶嵌体，才能制定出富有成效的生物保护策略。

最近，一项对澳大利亚西部的蓝胸细尾鹩莺的研究，很好的证明了廊道在促进破碎化景观中物种种群生存、繁衍方面所蕴含的巨大价值。研究表明：一个种群是否能够延续，很大程度上取决于处在向外迁移阶段的一岁幼鸟的死亡率。迁移幼鸟的死亡率在连通性较差的栖息地中可以达到18%；而在具有很好连通性的残余斑块中，死亡率只有4%左右。[114] 论文作者的结论是：没能在破碎景观中构建或维持一个具有充分连通性的廊道网络，也许是导致某些物种的数量下降的重要因素之一。

廊道有助于某些鸟类的生存与繁衍

鸟类所具有的飞行能力似乎让它们看起来并不需要任何廊道的帮助，但实际上许多鸟类迁移、扩散的能力非常弱。例如，林地被大片农田包围的现象在荷兰非常普遍，而这些农田对于鸟类的活动具有显著的隔离作用，甚至会导致物种迁入的速度跟不上物种灭绝的速度。[115] 偏好森林内部生境的鸟类的物种数量与同栖息地相连的廊道数量是正相关的。类似的例子在澳大利亚也可以找到[116]。在南加州地区，当处在被城市建成区所包围的斑块中时，这些适宜栖居在密林中的鸟类具有非常高的灭绝率。因为，这些物种不愿意穿越那些不适宜的栖息环境，即使是非常窄的一段距离也不例外。对于另一些物种而言，即使只有1-10m宽的迁移廊道，也能很好的帮助这些物种维持一个健康的种群状态。[117]

遗传过程对物种种群延续的重要意义

对于某一种群的最终命运而言，基因遗传过程可能与种群结构同等重要，尤其是在长时间尺度上来考虑种群的生存、繁衍问题的时候。在现实当中，当某物种的栖息环境被隔离后，该物种种群的基因在很短的时间内就会发生退化[118] 小规模、被隔离的种群倾向于受到两类遗传退化过程的影响，即近亲繁殖和随机遗传漂变。

物种的迁移扩散可以避免近亲繁殖

"近交退化"（Inbreeding depression）是指：具有亲缘关系的个体之间发生交配繁殖而导致的种群衰退现象。正常情况下，应当是种群内一定比例的个体同来自其他种群的个体进行交配。近交退化通常发生在被孤立的种群之中；因为，种群中的个体此时无法扩散或找到来自其他种群的配偶。由于基因多样性的降低、隐性有害性状的表达，近亲繁殖会增加种群的死亡率（尤其是未成年的个体），以及降低个体的健康度、活力和繁殖力等。近亲繁殖总体上还只是一个理论假说，所以一度并没有受到足够的重视；但是，最近一些研究的数据表明，近亲繁殖的种群通常都会经历种群衰退的过程，而种群的灭绝概率也大幅增加[119]。

个体迁入可以提高种群的基因多样性

随机遗传漂变（Random genetic drift）是：由于随机过程本身而导致的某一等位基因在整个种群中出现频率的改变。在规模较大的种群中，随机遗传漂变的影响并不明显。但是，在规模小的种群中，随机遗传漂变会导致基因多样性的丧失。对于基因多样性逐渐降低的种群，其存活性和繁殖力都会下降（遗传漂变和近亲繁殖的影响很难区分）；从长远角度，它们也很难适应动态变化的环境条件。物种进化过程本身也会由于基因多样性的下降而受到危害。[120]

到目前为止，几乎没有直接的证据可以表明：物种个体的迁入会对小规模种群的基因变化产生很大的贡献。但是，间接的证据和数学模型则表明：一定程度上的物种迁入和基因流动有助于种群维持其基因多样性，而且会减少近亲繁殖引发的有害性状的表达。阿伦多夫（Allendorf）曾指出：不同种群之间，如果平均每一代都至少有一个具有繁殖能力个体迁入并成功交叉繁殖的话，随机遗传漂变造成的基因型丢失也许就可以避免。[121] 他同样还指出：这一交换也能促进不同种群的分化，从而在自然选择的过程中适应局部环境变化的影响。最近的一些研究完全证明了阿伦多夫这些观点的合理性。另一方面，种群模型的分析也表明：如果平均每代迁入个体的数量小于一个的话，种群的可延续性就会被大大的减弱。[122]

　　某些时候，即使只有一个迁入个体也会从本质上改变种群的基因多样性，从而降低种群灭绝的风险 [123]。最近一项对水蚤的实验表明：对于一个处于近亲繁殖状态的种群，种群内的个体同迁入个体交配的子代会表现出"杂种优势"（hybrid vigor），而这反过来又会增加个体的迁移率，继而增加基因的流动性。[124] 就廊道促进种群间的个体交换的作用而言，这一点有助于保持物种种群遗传学意义上的繁衍能力。本内特 [125] 曾经指出：如果被关注的物种会栖息在廊道中，那么种群间的基因流动过程会被加强。因此，廊道作为栖息地和迁徙通道的作用可能是彼此互补的。

应当避免的基因流动或遗传干扰

　　当然，一些学者也在讨论这种由廊道来促进基因交换过程的必要性；因为，这一措施也会对种群的遗传特性和环境适应性方面产生影响。[126] 对于某一物种而言，通常有两个层面的遗传变异，即某一种群内部不同个体之间的基因信息的变化，而另一个层面则是不同种群之间遗传信息的变化。当某一个体在两个种群间发生迁移的时候，这两个种群之间就产生了基因流动。这种流动有助于保持每个种群的基因多样性，但同时也使得这两个种群的基因构成产生了一定的相似性，从而降低了种群间基因构成的差异。如果两个种群间有足够多的基因信息被交换，这两个种群最终可能会变成具有相同遗传信息的一个种群。一些生物学家认为：同一物种不同种群间的遗传特殊性和差异性的丧失，是与物种灭绝同样严重的问题。[127]

　　对局域种群而言，尤其是那些位于分布区域范围边缘的种群，在自然选择的过程中已经适应了局地的环境条件，或者由于一些随机因素（例如随机遗传漂变或突变）而在遗传信息上同其他局域种群存在显著的差异。具有遗传特殊性或较大差异性的种群，可能正处于一个新物种形成的早期阶段。基因流动会增加不同种群间的基因相似性，而这可能会干扰到原有物种进化的过程。另一方面，如果通过廊道连接的是遗传亲缘关系较远的两个种群，"远交衰退（Outbreeding depression）"（两个基因背景极其不同的种群个体繁殖的子代适应性减弱的倾向）则是一个更需要给予重视和考虑的问题。[128]

力求维护或恢复本底的自然连接

种群连接在遗传和生态影响方面是具有不确定性的。因此，在保持或者重建景观连通性的过程中，选择与自然接近的形式和程度是比较谨慎的做法。此外，要避免在以前并不存在连通性的景观中构建这种连接。例如，维持一个连续的、森林植被的廊道网络，对于曾经就是森林的景观环境是一种理性的策略；而建立一个以野草为主的公路防护绿带的网络，并不会有助于这一地区生物保育目标的实现（例如，网络可能将原本彼此孤立的草地斑块连接在了一起）。

廊道在促进生物长距离扩散时的作用

到目前为止，生物保护活动的一个明显缺陷是我们没能预判和顺应自然环境的改变。生物保护策略有一个隐含的假设，即自然群落是不变的、稳定的实体。[129]因此，我们没有做好应对变化的准备。我们总是错误的试图为子孙后代们来永远留住一幅壮丽景色的美好瞬间，试图"保护"本应被自然林火烧毁或被风吹倒的森林，以及试图将那些在进化历程中早已分化的物种继续归为同一种属。自然保护是一个重要的理念，但我们一直以来都在关注静止的格局，而没有过多的关注其动态的过程。

群落物种组成的时空动态过程

北美目前大部分地区的植物群落都是在近 4000-8000 年的时间内发展起来的。[130]许多现在发现的具有伴生关系的物种，在那之前都是地理隔离的；许多我们今天看到的植物群落，过去也都并不存在。在某些区域，现代的植被分布和植物区系仅仅是在过去几百年间发展起来的。例如，大约 430 年前威斯康星州的西南部[131]，以及 300 年前明尼苏达州的中南部[132]。从 1000 多年前更新世（冰期）结束至今，许多种植物的分布范围已经发生了 1000 多公里的大幅移动。由于不同物种向北迁移的速率和路径不同，植物群落的构成在时间和空间上也一直处于动态的变化过程之中。[133]不同种类的动物对气候变化的反应也是彼此各不相同的，而冰期物种的种间关联关系同今天观察到的情况也是截然不同的。[134]

气候变化可能会超出物种的响应能力

作为物种应对以往气候变化的首要方式，生物的迁徙过程通常要完成一段令人惊讶的、超长距离的移动。[135] 因此，在全球变暖的背景下，依靠我们目前所构建的自然保护区（大部分是孤立的）体系来维持生物多样性可能是相当无力的。[136] 这些保护区是为了保护某些特定类别物种而设立的；而一旦气候规律发生变化，这些自然保护区也就不再具有适宜性了。即使气候变化是以缓慢的、自然的速率进行，这种变化也会对自然保护区中物种的生存与繁衍产生极大的负面影响。随着温室气体排放和气候变化问题的不断加剧，除了多数移动或扩散能力较强的物种之外，大部分物种都会灭绝。移动性比较低的物种可能无法顺应快速变化的气候条件。

在区域和洲际尺度上，有许多自然障碍会对生物的迁徙或扩散产生影响，例如山脊、沙漠、湖泊、河流等。另一方面，人类活动又会叠加一些新的人工障碍，包括：城市建成区、高速公路、农田和森林的采伐迹地等。这些障碍的影响会彼此累加，而对于迁徙或扩散的物种而言，面对一个个接踵而来的障碍，长距离的迁徙则变得更加艰难了。

生物地理尺度的廊道在以往气候变化中的作用

生物廊道能否在区域和洲际尺度上发挥作用，以及让物种调整其分布范围以适应新的气候条件？我们知道：大尺度的、生物地理廊道在过去的气候变化过程中曾经非常重要。在更新世，有几条主要的扩散通道沿着北美地区的河流分布，尤其是密西西比河谷。[137] 东北 - 西南走向的阿巴拉契亚山脉，对于向南迁徙来摆脱冰川和相对寒冷气候影响的物种而言，并没有成为一个主要的障碍。但是在欧洲，物种扩散被东西走向的阿尔卑斯山脉（Alps）和比利牛斯山脉（Pyrenees）所阻挡。在全新世之前，这两个次大陆区域具有相似程度的物种丰富度，但由于物种在迁徙机遇方面的巨大区别，今天美洲东部的植物种类的丰富度要远高于欧洲。就美国的大烟山（Smoky）山脉而言，其所具有的乔木种类几乎与全欧洲一样多。[138]

洲际尺度的绿道在快速气候变化面前的局限

令人遗憾的是，廊道在以往气候变化中曾发挥过作用的历史证据，并不能确保廊道可以用于全球变暖情况下的物种迁徙。根据预测，未来50年全球增温的速率至少要比过去10万年气候变化的平均速率大10倍。根据全球大气环流模型的估计，到下个世纪末，山毛榉适宜的栖息环境可能将会向北移动700-900km。在历史上，山毛榉分布区域每个世纪的平均移动速率只有19km（但有的时候会更快，可能与鸦科鸟类的协助扩散有关）。现有已知树木中，扩散速率最快的是云杉；大约每一百年可以迁移200km。长距离的迁移、扩散事件不常发生；但如果发生，云杉扩散的距离可能更远。由于迁移的速度相对缓慢，许多类型的动物通常具有较低的扩散能力，例如：栖息于森林中的无脊椎动物。其他一些动物理论上具有可以适应全球变暖的快速迁移、扩散的能力；但它们对有些特殊植物的依赖，可能使他们无法快速移动。所以，如果对下个世纪全球变暖速率的预测是准确的，不可避免的结论就是：南北走向的廊道对绝大多数物种而言都将是毫无作用的。因为，能适应全球快速变暖节奏的、为数不多的物种，将会是野草等不需要通过廊道、自然栖息地就能完成扩散的物种；而这些物种也是保护生物学家们所不需要担忧的物种。[139]

有待验证的生物保护的重要策略

如果上述全球气温变化模型的预测过于悲观，而未来几十年间全球变暖的速率同过去气候变化的速率基本相似的话，宽阔的廊道对生物多样性的保护仍会是非常有效的。变暖的速率即使比过去大多的气候变化要快一些，廊道仍然可以在山区发挥作用。因为，在这些区域所需的扩散距离相对较短。假如温度上升3℃，换算成纬度距离的变化将是249公里；但是，对于高度的变化范围而言，只有500m的距离。大约4000年前，在全新世中期的一次间冰期（暖季），铁杉和北美乔松在山区的分布范围比今天的分布海拔高351m。因此，可以考虑：通过保留这种山体上的廊道，以及保护这种包含大量微生境的、具有较好连通性的、异质性较高的景观，来更好的应对未来气候变化的影响。[140]

不确定性是所有气候预测的核心主题。唯一的确定性是气候会向某一方向和在一定程度上发生改变。无论未来气候变化的情景如何，通过保持栖息地间的功能连通性来保障物种的迁移，都会是一种稳妥的策略。因此，宽阔的、连续的、平行于已有气候变化梯度（海拔和纬度）的廊道，会最大限度地促进物种的迁移或扩散。就应对全球气候变化而言，这就是廊道设计的一条基本原则。当然，廊道在气候快速变化的情况下促进物种迁移或扩散的效用并没有被证明，"但对于有限的应对气候变化的措施而言，廊道增加了一种新的选择"。[141]

绿道设计中的关键问题

在绿道的设计过程中，同时实现生物保护与休闲游憩的功能并不是一项简单的任务。在生物保护廊道设计的过程中，有两个主要问题需要先行明确。首先，被保护的、敏感乡土物种对比于外来物种或机会种的相对价值何在？其次，廊道应当是关注于一个或几个目标物种还是整个生物群落？我们无法假定某条具体的绿道对本地生物多样性保护是完全有利的。绿道所代表的栖息地类型会符合某些物种生活和扩散条件，但也许不能满足其他物种的要求。某些情况下，从绿道受益的物种可能是机会种或杂草，它们的定居或繁殖可能是以牺牲其他敏感种为代价的。因此，对于廊道效果的评价必须是根据乡土物种的需求来进行的。廊道内部的植被有时是需要进行管护的，从而降低廊道与周边栖息地之间的相互影响，例如路缘和农田之间的相互作用。[142]

戴蒙德（Diamond）曾经指出："生物保护并不是平等地对待所有物种，而是必须关注那些受到人类活动所威胁的物种或栖息地"。[143] 这一原则在全球或区域尺度上都是适用的，但也必须要考虑实际的背景来加以应用。如果能够通过宽阔的廊道来连接大型的自然栖息地，从而进一步保护大型肉食动物和环境敏感的内部种，我们就应当努力去实现它。但在许多农业或城市景观环境中，受干扰的栖息地（例如，绿篱、路边的防护植被）和野草可能是仅存的自然景观要素。这些自然景观要素对于生硬且单调的人工景观而言是受欢迎的，而且通过相应的管理措施，我们完全可以提高乡土物种的丰富度和重建自然环境的质量。[144]

无论我们关注的是具体物种还是整个群落，绿道和其他类型的廊道都具有提供不同栖息环境的潜力，而且会对使用这些廊道的物种产生不同的影响。即使一条廊道的设计初衷仅是考虑某个物种，但规划者必须考虑廊道对其他物种和生态过程潜在的影响，尤其是无法预期的负面影响。在绿道的设计过程中，规划者应当力图为确实存在或潜在的乡土物种提供一个安全的廊道，尤其是那些对人类活动最为敏感的物种。

栖息地质量的重要性

对任何景观和任何物种而言，廊道内部栖息环境的质量是极为重要的。质量较差的廊道比没有廊道的情况可能更糟，因为它诱使动物进入了威胁他们生存的环境。赫耐恩（Henein）和梅里亚姆的计算机模型分析表明：如果白足鼠在通过廊道时具有较高的死亡率，其整个集合种群就会渐渐消亡。[145] 相反，在模拟过程中，高质量的廊道会使集合种群的个体数量不断增加，种群规模最终也会稳定的高于初始状态。高郁闭度、植被结构复杂的廊道更受白足鼠的欢迎，比较明显的原因是较高的植被覆盖度降低了白足鼠被捕食的风险。目前，没有任何研究能证明：出于保护目的而建的廊道会对野生动物保护产生绝对的负面影响。但是，在廊道变窄或周边被大片人工景观包围的情况下，廊道的负面效应会变得更加突显或严重。

廊道的宽度至关重要

绿道设计所要考虑的一个核心参数是廊道的宽度。廊道的宽度问题一直非常麻烦，因为这方面的实证研究几乎是完全缺失的。当被绿道的规划师问及廊道应设置多宽时，保护生物学家们可能没有任何回答的依据，但他们的答案往往是："越宽越好"。但是，索莱（Soulé）和吉尔平（Gilpin）却对宽廊道持警告和反对的态度。[146] 他们认为：宽阔的廊道会使物种相对不受限制地从廊道一侧向另一侧移动，但这反而会减缓它们到达最终目的地的速度。这一观点是基于"迟钝的扩散者"假设和相应模型而给出的，而这些"迟钝的扩散者"被认为是几乎没有方向感的。但是，这一假设明显低估了许多脊椎动物对它们周边景观的感知或认知能力。在面对季节的变化或性激素的驱动下，一只正在迁徙的马鹿或一头正在迁移的熊不太可能会在廊道里徘徊而浪费时间；因为，它们本能的知道要去哪里。宽阔的廊道更多的是会为这些生物提供保护而不是分散其注意力。

宽阔的廊道的潜在效益

更宽阔的生物廊道会在 3 个主要方面产生效益：（1）降低廊道的边缘效应，同时增加了廊道的内部生境；（2）形成一个更大的保护区域，从而提高了物种和栖息地类型的多度和多样性；（3）增加了那些对领地范围需求较大的物种使用廊道的可能，而这些物种通常对栖息地的破碎化最为敏感。[147]

边缘效应的渗透和影响

边缘效应的影响是许多廊道设计中最重要的考虑因素。绿篱等狭窄的廊道都是完完全全的边缘生境，而使用这些廊道的敏感种一般会有较高的死亡率。一些机会种和中型捕食者在这些廊道中可能会有很高的数量，例如，冠蓝鸦、乌鸦、负鼠、浣熊、狐狸、臭鼬，以及宠物狗和家猫；而这些物种会减少某些筑巢位置较低的鸟类的种群数量。[148]

许多杂草在边缘生境中生长良好，但却是以敏感种的种群数量减少为代价的。罗宾斯（Robbins）警告说：通过廊道来将一系列小型林地斑块和一个更大面积的森林栖息地相连，可能会诱使森林中的鸟类进入到以边缘效应主导的林地斑块中。这些鸟类在那里可能没法成功的繁殖；因为，卵或幼鸟被捕食、巢穴被寄生鸟类侵占、与边缘物种竞争等风险都会显著增加。另一方面，狭窄的廊道可能会成为一个"漏斗"，即驱使那些偏好边缘生境的机会种进入森林的内部。例如，普通拟八哥（捕食巢中幼鸟或卵）、褐头牛鹂（巢寄生）。这些观点抛出了许多目前科学研究尚未回答的问题，而同时也指出了：要根据项目自身的实际情况来慎重决定是否使用廊道这种措施。[149]

边缘效应的影响范围从几米到几百米的范围不等，往往取决于森林的类型和所测量的参数（图 2.17）。其中，比较重要的是物理、小气候方面的影响（增加光照、风、干燥度）；其次，是由上述变化带来的植被类型的改变；而更深远的影响则是偏好边缘生境的鸟类和哺乳类的机会种向森林内部的渗透。生长在边缘生境的植被，通常偏好更长的光照时间和相对干燥的水分条件；而这些植物通常只是占据一个相当狭窄的条带。兰尼（Ranney）等人在针对威斯康星州某阔叶林的研究过程中发现：从森林边界向森林内部延伸 10-30m 距离的范围内，植被的组成和结构方面存在着显著的差异。[150]一块林地中风倒现象发生频率较高的地方主要集中在距离林地边缘 2-3 倍树高的范围内。因此，在俄勒冈州，对于林冠层乔木树高可以达到 81m 的成熟花旗松林而言，廊道至少需要 0.5km 的宽度来形成一个相对适中的、200m 宽的内部生境。在北美东部地区的森林中，大多乔木的高度不及花旗松的一半；所以，近似于 351m（1150英尺）宽的廊道可能就足够大了，从而实现风倒问题的影响最小化。[151]

但是，东部地区的一项针对落叶林的研究则表明：巢穴被捕食的现象从森林边缘向内一直到距离边界 607m（2000 英尺）的范围内都是非常高的。[152]巢穴被捕食和巢寄生的行为是偏好森林内部生境的鸟类最大的威胁；因此，如果想让绿道具有一个宽 200m（656 英尺）的、稳定的森林内部栖息环境，廊道的宽度应当至少是 1.5km，从而避免上述问题的发生。除了增加廊道宽度这一方式之外，目前似乎没有应对廊道边缘效应问题更有效的措施了。在有些案例中，可以沿着廊道的边缘规划一个相对较密的缓冲区（例如针叶树），这会缓解小气候方面的影响，从而阻止了某些边缘物种的定居。[153] 在没找到更完善的解决办法之前（例如，增加廊道宽度），我们需要通过具体的场地分析和对当地、区域环境保护目标的解读，来判断狭窄廊道的预期效益是否会高于其潜在的成本。显然，对于绿道的规划者而言，向生态学家咨询上述问题绝对是非常重要的。

狭窄的廊道对大型动物保护的局限

体型较大的动物可能不会直接受到物理和生物方面边缘效应的影响（事实上，大型的捕食者会从边缘效应带来的更多猎物中受益），而那些胆怯和对人类影响敏感的物种可能需要宽阔的廊道来为他们提供足够的植被覆盖和隐蔽。廊道究竟需要多宽取决于：栖息地的结构和廊道内部环境的质量，栖息地周边环境的属性，人们使用的模式，廊道的长度，以及使用廊道的潜在物种的类别等等。[154]

在高度人工化的景观基质中或人类活动影响频繁的情况下，廊道可能需要数公里的宽度，从而避免大型动物被人类猎杀或骚扰。[155] 另一方面，绿道中通常会布置游步道等游憩设施，而这一现象非常普遍；在这种情况下，廊道也应设定足够的宽度以防止廊道内的敏感种被人类活动所干扰。

数英里宽的绿道是否有必要

连接区域尺度上的自然保护区的长距离廊道，在理想条件下应当具有足够的宽度，以便被保护物种的种群可以在廊道内定居和繁衍。在这种情况下，栖息地间基因的流动、交换过程，也就不需要通过某一个体穿越廊道两端这种漫长旅行的方式来完成了；而是可以通过廊道内的种群繁衍与个体逐步扩散、传递的过程来实现（图 3.10）。哈里斯和舍克（Scheck）指出："当考虑某一物种的整体迁移的时候，以及（或者）当我们对待保护物种的情况了解较少的时候，以及（或者）当我们期望廊道能在数十年的时间里发挥作用的时候，那么比较合适的廊道宽度必须是以公里为单位来进行衡量的。"[156]

平胡克沼泽湿地廊道就是具备足够宽度来实现上述功能的一个绝佳的实例。这条廊道的一部分用地已经被美国林业局购买，用来连接佛罗里达州北部的奥西奥拉国家森林公园（Osceola National Forest）和位于佐治亚州南部的奥克弗诺基国家野生动物保护区（Okefenokee National Wildlife Refuge）。购买这些用地的目的是希望为佛罗里达美洲狮提供栖息地（但是，由于当地政客和特殊利益集团的反对，

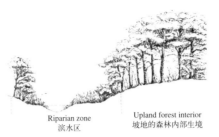

Riparian zone
滨水区

Upland forest interior
坡地的森林内部生境

图 3.13

理想情况下，河流廊道应当向河道两侧的坡地进行扩展，从而使廊道范围也包括部分的坡地内部生境。

还没有引入该物种）。平胡克湿地廊道的总面积为 8903ha，[157] 大约有 4.8-10km 宽，而廊道长度只有其宽度的两倍左右。

　　有一种确保廊道具有足够宽度的方法是：以河流为中心，同时将廊道的保护范围沿着河道一侧或两侧向外围的坡地延伸，这样整个坡地和相应的植被带都被包括进来了。一条狭窄的河流廊道可能对许多的陆生物种的意义不大；而如果发生洪水，还可能会迫使陆地野生动物迁移到周边相对不适宜他们生活的区域。福尔曼[158] 指出："河流廊道应当覆盖整个河漫滩，包括两侧的堤岸，以及一定面积的坡地（两侧或至少一侧），而这在一定程度上就会超出边缘效应的影响范围"（图 3.13）。

廊道网络的生物多样性保护意义

　　由于城市的开发建设，有时可能无法建立宽阔的、内部结构多样的廊道，而且短期内可能也无法进行生态恢复。在这种情况下，多条廊道所构成的网络可能是连接区域中不同类型栖息地的最佳的措施（图 3.14）。网络同样也为生物提供了备选的或多重的活动、迁移路径，而这会降低由于灾难性干扰导致某一条廊道被破坏所带来的影响。[159]

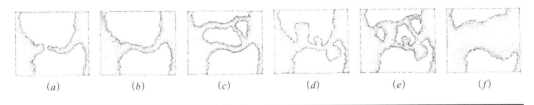

(a)　　　　(b)　　　　(c)　　　　(d)　　　　(e)　　　　(f)

图 3.14

廊道及其网络结构设计过程中的可选方案。最基本的考虑因素是：(a) 避免连接的中断；(b) 构建连续的结构性连接。(c) 而多条并行的廊道可以提供备选的迁移路线；(d) 廊道上设置放大的节点则可以为活动、迁移的物种提供间隙的栖息场所。(e) 将并行的廊道与放大的节点组合在一起便可形成一个具有栖息、迁移功能的网络；(f) 但宽阔的带状廊道在保护栖息地和物种活动、迁移路径方面是最有效的。

当我们建议要构建多样化的廊道内部生境时，我们指的是通过乡土植物来实现这一过程。当然，这些植物所构成的群落本身也一直处于动态的演替之中。我们通常并不建议在景观中引入外来物种；例如，由野生动物管理者或园艺师引入的非乡土的果树。因为，这些物种具有无序蔓延、取代乡土植被的潜在可能。但是，如果是作为保护濒危物种而采取的紧急措施，引入外来植物也并不是绝对不可取的。正如诺普夫（Knopf）[160] 所指出的：在美国的大平原地区，曾为抵御自然的洪水-干旱周期而在河岸上种植的外来植被，并没有使本地的乡土鸟类从中收益，反而让东部森林中的鸟类入侵到这个地区。

"缓冲斑块"的景观连通功能

除了廊道这一基本概念之外，规划师们最好扩大他们的视野，从而更好地理解哪些景观要素可以提升物种活动、迁移的景观连通性。例如，许多物种迁移、活动所需的景观连通性可以由一系列的"缓冲斑块"所构成的系统来提供（图 3.15）。缓冲斑块可能在以下情况中最为有效：(1) 动物能够在其所栖息的保护区或其他"源"中发现缓冲斑块；(2) 动物不受栖息地的边界限制或引导；(3) 动物不情愿进入以边缘生境为主的廊道中；或者 (4) 它们在廊道中会面临较高的被捕食风险。[161]

最近，一项关于英格兰北部和苏格兰地区松鼠的研究表明：在一系列具有缓冲作用森林斑块的帮助下，松鼠可以移动相当长的距离，并顺利穿越破碎化程度较高的景观。[162] 通过在外围种植针叶林的方式，这些缓冲斑块的面积得到了进一步的扩大，从而降低了景观的破碎化程度（从松鼠的角度而言），而且在近 100km 的范围内实现了种群内遗传信息的广泛而有效的交换。对于这个研究区域而言，在景观破碎化之前，区域内的松鼠种群就是通过不同片区个体间的广泛杂交而实现遗传信息流动的。在连通性被重建之后，个体间遗传信息的交换又被恢复了，而整个种群的遗传结构也正朝向其原有的状态发展。此外，关于不同物种利用缓冲斑块研究的其他文献也表明：生物的活动、迁移过程并不一定非要依靠连续的线状廊道。但是，从

图 3.15

除了廊道这一基本概念之外，规划师们最好扩大他们的视野，从而更好地理解还有哪些要素可以提升物种活动、迁移的景观连通性。如图所示，许多物种迁移、活动所需的景观连通性可以由一系列的"缓冲斑块"所构成的系统来提供。（© 图片由美国明尼苏达大学大都市设计中心授权使用）

一个更大的空间视角来看，由缓冲斑块所提供的连通功能与廊道是很相近的。

道路是野生动物活动的最大威胁

道路是人类众多土地利用方式中最具破坏性的，它们往往要穿过许多原本连续的栖息地。特龙布拉克（Trombulak）和弗里塞尔（Frissell）在研究中列出了道路最普遍的 7 种影响：（1）道路施工导致的动物个体死亡，（2）与机动车相撞导致的个体死亡，（3）对于动物行为的改变，（4）对物理环境的改变，（5）对于化学环境的改变，（6）加速外来物种的扩散，（7）人类用地和活动范围的扩大。[163]

当道路设置了阻碍动物活动的护栏时，动物的行为可能会被改变，而这是景观破碎化的一种直接表现。[164] 一些动物通常并不穿越道路，或者这种情况微乎其微。当绿道与道路相交时，交叉口如果没有针对野生动物进行设计，这条绿道可能就不具有生物廊道的功能了。

动物的某些个体在一条公路面前犹豫是否穿越时，这条公路可能就会将这一种群隔离成多个小的种群单元，而这些种群单元更容易灭绝（图2.27）。许多研究都已经表明：道路会成为某些啮齿类动物活动、迁移的障碍，尤其是宽阔的、铺装的道路，而狭窄的、没有铺装的道路有时也是一样。在德国，有几种甲虫和啮齿动物，几乎或从不穿越两车道以上的道路。一条狭窄的、没有被铺装的林间小路，即使只是接近公共交通繁忙的地带，也会成为动物活动的障碍。[165]

在缅因州，穿越森林景观的公路几乎不影响青蛙和蟾蜍的栖息与活动。但是，蝾螈在道路附近的数量非常少，而且从来不穿越道路。许多其他的研究已经证明了道路的屏障效应，即使是像黑熊这样庞大的动物与活动性看似很强的鸟类也是如此。当野生动物确实在试图穿越道路时，他们往往会死掉。伴随着某些地区交通发生量的增加，公路已经成为许多脊椎动物死亡的主要原因；另一方面，公路也会导致某些常见的两栖类物种数量的降低。在美国东北部、东南部和中部地区，目前的道路网络正在制约旱龟种群的发展，而对体型更大的水龟的影响也开始逐渐显现。[166]

对绿道与道路交叉口的关注

道路是绿道的规划者应当考虑的一个主要方面。许多绿道都会与道路发生交叉，有时这种交叉出现的非常频繁。被道路干扰的绿道可能无

(a)

(b)

图 3.16

对于被道路穿越的绿道，可以通过相应的设计手段来维护廊道的连通性，同时减少道路导致的动物死亡。具体可以通过隧道、地下通道、天桥等设施的设计来帮助动物通过；或者其他有助于动物通过的交叉口设施的设计与绿道的规划设计相结合，来保障动物通过交叉口，从而实现动物活动和迁移过程的连续性。(a) 这条位于德国萨尔茨韦德尔附近的地下通道是为水獭而设计的，其目的是让水獭安全地穿过这一公路，从而可以沿着铁幕绿带（绿道）进行迁移。（摄影：保罗·黑尔蒙德）(b) 在荷兰，主要高速公路上都建立了一系列为辅助野生动物通过而设计的天桥或跨越桥（ecoducts）。摄影：埃德加·范德·格里夫特（Edgar van der Grift）

法促进某些物种的活动和迁移，使其生物保护功能的发挥大打折扣。但是，对于被道路穿越的绿道而言，可以通过相应的设计手段来维护廊道的连通性，同时减少道路导致的动物死亡。例如，可以通过隧道、地下通道、天桥等设施的设计，来帮助动物通过交叉口，从而保障动物活动和迁移过程的连续性（图 3.16）

在科罗拉多等西部的州，迁徙过程中的黑尾鹿往往在尝试穿越高速公路时被撞死。鹿和车辆间的交通事故同样会使驾驶者受伤。1970 年，科罗拉多州高速公路管理部门在韦尔（Vail）镇以西的 70 号州际公路下面建设了一个 3m×3m 的混凝土地下通道，供黑尾鹿使用。他们设置了栅栏来防止鹿接近道路，同时引导它们逐渐接近地下通道的位置。科罗拉多野生动物保护部门的研究，证实了成百上千头的黑尾鹿使用了这一地下隧道；同时，研究也指出：更大、更加开敞的地下通道将会更加有助于吸引和促成鹿的迁移活动。[167]

自从科罗拉多的试验之后，野生动物地下通道已经在世界范围内的许多案例中被成功地应用了。在澳大利亚，一个漏斗形的、石质的廊道和一条道路下面的两条隧道重新恢复了原本处于濒危状态的山袋貂的活动和迁移过程。在一些欧洲国家，小型的"蟾蜍隧道"被用来帮助两栖类安全的穿越道路，美国近来也开始逐步推广这一措施。关于如何分析与选择这些穿越设施的适宜位置，以下信息或方式可以用来参考。例如，通过基于地理信息系统的栖息地适宜性模型的分析，通过因穿越道路而死亡的动物记录地点的实际数据，通过对动物的无线电跟踪的记录、遥感照片，通过已知的迁移路径，以及通过动物的活动迹象，如足迹和粪便等。[168]

当绿道和道路的相交在所难免时，绿道的设计应当同已有的、成熟的生物通道的设计经验相结合，从而满足相关物种实际的使用需求。

　　国际生态与交通大会可以为生物通道的相关问题提供信息。来自这一会议的相关会议资料可以在 www.icoet.net 上查找。

结论

　　景观本身是不同类型生境动态的、差异化的镶嵌组合。但是，在这些景观镶嵌体的内部，许多生境基本上是彼此相连的。当人们对景观进行改造或产生影响的时候，生境斑块间的连通性会降低，而且自然生境变得更加的孤立化。[169] 具有促进野生动物活动、迁移功能的绿道，是土地利用规划和土地管理人员在人工景观环境中维护或恢复栖息地间连通性的有效措施之一。

参考文献

1.　Hay, K. G. (1994). Greenways: Wildlife and Natural Gas Pipeline Corridors. New Partnerships for Multiple Use. Arlington, VA, The Conservation Fund.

2.　Bennett, A. F. (1999). Linkages in the Landscape: The Role of Corridors and Connectivity in Wildlife Conservation. Cambridge, UK, IUCN.

3.　Noss, R. F., and A. Cooperrider. (1994). Saving Nature's Legacy: Protecting and Restoring Biodiversity. Washington, DC, Defenders of Wildlife and Island Press; Beier, P., and R. F. Noss. (1998). "Do habitat corridors provide connectivity?" Conservation Biology 12: 1241-1252; Bennett, (1999) , Linkages.

4.　Tischendorf, L., and L. Fahrig. (2000). "On the usage and measurement of landscape connectivity, " Oikos 90: 7-19.

5.　Bennett, (1999) , Linkages.

6.　Beier and Noss, (1998) , "Habiuat corridors."

7.　Brown, J. H., and M. V. Lomolino. (1998). Biogeography, 2nd ed. Sunderland, MA, Sinauer; Bennett, (1999) , Linkages.

8.　Hunter, Jr., M. L. (1990). Wildlife, Forests, and Forestry. Englewood Cliffs, NJ, Prentice Hall.

9.　But see Tewksbury, J. J., et al. (2002). "Corridors affect plants, animals, and their interactions in fragmented landscapes, " Proceedings of the National Academy of Sciences USA 99: 12923-12926; Kirchner, F., et al. (2003). "Role of corridors in plant dispersal: An example with the endangered Ranunculus nodiflorus, " Conservation Biology 17: 401—410.

10.　For example, Florida Greenways Commission. (1994). Creating a Statewide Greenways System. Tallahassee, FL, Report to the Governor.

11.　Wiens, J. A., et al. (1993). "Ecological mechanisms and landscape ecology, " Oikos 66:

369-380; Ims, R. A. (1995). "Movement patterns related to spatial structures, " Mosaic Landscapes and Ecological Processes. London, Chapman and Hall.

12. Forman. R. T. T. (1995) Land Mosaics: The Ecology of Landscapes and Regions. Cambridge: Cambridge University Press; Bennett, (1999) , Linkages.

13. Bennett, (1999) , Linkages.

14. Sumner, E. (1936). A Life History of the California Quail, with Recommendations for Conservation and Management. Sacramento, California State Printing Office; Allen, D. (1943). "Michigan fox squirrel management, " Game Division Publication 100. Lansing, Department of Conservation; L. Baumgartner. (1943). "Fox squirrels in Ohio, " Journal of Wildlife Management 7: 193-202; for a review, see Harris, L. D., and K. Atkins. (1991). "Faunal movement corridors, with emphasis on Florida, " pp. 117-134, in W. Hudson, ed. Landscape Linkages and Biodiversity: A Strategy for Survival. Washington, DC, Island Press.

15. Willis, E. O. (1974). "Populations and local extinctions of birds on Barro Colorado Island, Panama, " Ecological Monographs 44: 153-169; Diamond, J. M. (1975). "The island dilemma: Lessons of modern biogeographic studies for the design of natural preserves, " Biological Conservation 7: 129-146; Sullivan, A. L., and M. L. Shaffer. (1975). "Biogeography of the megazoo, " Science 189: 13-17; Wilson, E. O., and E. O. Willis (1975). "Applied biogeography, " pp. 522-534, in M. Cody and J. Diamond, ed. Ecology and Evolution of Communities. Cambridge, MA, Belknap Press of Harvard University Press; Diamond, J. M., and R. M. May. (1976). "Island biogeography and the design of natural reserves, " pp. 163-186, in R. M. May, ed. Theoretical Ecology: Principles and Applications. Philadelphia, W. B. Saunders.

16. Forman, R. T. T., and M. Godron. (1983). "Corridors in a landscape: Their ecological structure and function, " Ekologia 2: 375-387; Forman, R T. T., and M. Godron. (1986). Landscape Ecology. New York, John Wiley and Sons; Forman, R. T. T., and M. Godron. (1981). "Patches and structural components for a landscape ecology, " BioScience 31: 733-740; Forman, (1995) , Land Mosaics; Noss, R. F. (1982). "A regional landscape approach to maintain diversity, " BioScience 33: 700-706; Fahrig Hansson, L. L., and G. Merriam. (1995). Mosaic Landscapes and Ecological Processes. London, Chapman and Hall; Hanski, I. (1999). Metapopulation Ecology. Oxford, UK, Oxford University Press.

17. MacArthur, R. H., and E. O. Wilson. (1967). The Theory of Island Biogeography. Princeton, NJ, Princeton University Press.

18. Harris, L. D. (1994). The Fragmented Forest. Chicago, University of Chicago Press; Noss and Cooperrider, (1994) , Saving Nature's Legacy.

19. Trombulak, S. C., and C. A. Frissell. (2000). "Review of ecological effects of roads on terrestrial and aquatic communities, " Conservation Biology 14: 18-30; Forman et al. (2003). Road Ecology: Science and Solutions. Washington, DC, Island Press.

20. Crooks, K. R. (2002). "Relative sensitivities of mammalian carnivores to habitat fragmentation, " Conservation Biology 16: 488-502.

21. Johnson, W. C., and C. S. Adkisson. (1985). "Dispersal of beechnuts by blue jays in fragmented landscapes, " American Midland Naturalist 113: 319-324.

22. Wegner, J. F., and G. Merriam. (1979). "Movements of birds and small mammals between a wood and adjoining farmland habitat, " Journal of Applied Ecology 16: 349-357.

23. Bennett, A. F. (1990). Habitat Corridors: Their Role in Wildlife Management and Conservation. Melbourne, Australia, Arthur Rylah Institute for Environmental Research, Department of Conservation and Environment; Noss and Cooperrider, (1994) , Saving Nature's Legacy.

24. Bennett, (1999) , Linkages.

25. Harris, L. D. (1984). Bottomland Hardwoods: Valuable, Vanishing, Vulnerable. University of Florida Cooperative Extension Service, University of Florida Special Publication 28: 1-20; Harris, L. D., "The faunal significance of fragmentation of southeastern bottomland forests," in Proceedings of the Symposium: The Forested Wetlands of the Southern United States, General Technical Report SE-50, D. D. Hook and R. Lea, ed. Asheville, NC, USDA Forest Service, Southeastern Forest Experiment Station.

26. Korte, P. A., and L. H. Frederickson. (1987). "Loss of Missouri's lowland hardwood ecosystem, " Transactions of the North American Wildlife and Natural Resources Conference 42: 31-41; Harris, (1984) , Bottomland Hardwoods.

27. Stauffer, D. A., and L. B. Best. (1980). "Habitat selection by birds of riparian communities: Evaluating effects of habitat alterations, " Journal of Wildlife Management 44: 1-15.

28. Harris, (1984) , The Fragmented Forest.

29. Forsey, S. E., and E. M. Baggs. (2001). "Winter activity of mammals in riparian zones and adjacent forests prior to and following clear-cutting at Copper Lake, Newfoundland, Canada," Forest Ecology and Management 145: 163-171.

30. Potvin, F., L. Belanger, and K. Lowell. (2000). "Marten habitat selection in a clearcut boreal landscape, " Conservation Biology 14: 844-857.

31. Johnson, A. S. (1989). "The thin green line: Riparian corridors and endangered species in Arizona and New Mexico, " pp. 34-36, in Preserving Communities and Corridors. G. Mackintosh, ed. Washington, DC, Defenders of Wildlife.

32. 同上

33. 同上

34. Strong, T. R., and C. E. Bock. (1990). "Bird species distribution patterns in riparian habitats in southeastern Arizona, " Condor 92: 866-885.

35. Thomas, J. W., C. Maser, and J. E. Rodiek. 1979. "Riparian zones," pp. 40-47, in Wildlife Habitats in Managed Forests: the Blue Mountains of Oregon and Washington. J. W. Thomas, ed. Washington, DC, USDA Forest Service Agricultural Handbook No. 553.

36. Noss, R. F. (1988). "The longleaf pine landscape of the Southeast: Almost gone and almost forgotten, " Endangered Species Update 5: 1-8.

37. Best, L. B. (1983). "Bird use of fencerows: Implications of contemporary fencerow management practices, " Wildlife Society Bulletin 11: 343-347.

38. Forman, R. T. T., and J. Baudry. (1984). "Hedgerows and hedgerow networks in landscape ecology, " Environmental Management 8: 495-510.

39. Pollard, E., M. D. Hooper, and N. W. Moore. (1974). Hedges. London, W. Collins Sons.

40. Bennett, (1999) , Linkages.

41. Lewis, T. (1969). "The diversity of the insect fauna in a hedgerow and neighboring fields, " Journal of Applied Ecology 6: 453-458.

42. Bennett, (1999) , Linkages.

43. Yahner. R. H. (1982). "Avian use of vertical strata and plantings in farmstead shelterbelts, " Journal of Wildlife Management 46: 50-60.

44. Anderson, S. H., K. Mann, and H. H. Shugart. (1977). "The effect of transmission-line corridors on bird populations, " American Midland Naturalist 97: 216-221.

45. Kroodsma, R. L. (1982). "Bird community ecology on power-line corridors in east Tennessee," Biological Conservation 23: 79-94.

46. Geibert, E. H. (1980). "Songbird diversity along an urban powerline right-of-way in Rhode Island, " Environmental Management 4: 205—213.

47. Tassone, J. F. (1981). "Utility of hardwood leave strips for breeding birds in Virginia's Central Piedmont, " Master's thesis. Blacksburg, Virginia Polytechnic Institute and State College.

48. Harris, L. D. (1988). "Edge effects and the conservation of biotic diversity, " Conservation Biology 2: 330-332.

49. Simberloff, D., and J. Cox. (1987). "Consequences and costs of conservation corridors, " Conservation Biology 1: 63-71.

50. Foster, M. L. and S. R. Humphrey. (1995). "Use of highway underpasses by Florida panthers

and other wildlife, " Wildlife Society Bulletin 23: 95-100.

51. Beier and Noss, (1998) , "Do Habitat Corridors Provide Connectivity?"; Little, S. J., R. G. Harcourt, and A. P. Clevenger. (2002). "Do wildlife passages act as prey-traps?" Biological Conservation 107: 135-145.

52. Grove, N. (1990). "Greenways: Paths to the future, " National Geographic, June: 77-99.

53. Jordan, W. R., R. L. Peters, and E. B. Allen. (1988). "Ecological restoration as a strategy for conserving biological diversity, " Environmental Management 12: 55-72.

54. Ranney, J. W, M. C. Bruner, and J. B. Levenson. (1981). "The importance of edge in the structure and dynamics of forest islands, " pp. 67-95, in Forest Island Dynamics in Man-Dominated Landscapes. R. L. Burgess and D. M. Sharpe, ed. New York, Springer-Verlag, 1981.

55. Forman and Godron, (1981) , "Patches and structural components for a landscape ecology"; Forman and Godron, (1986) , Landscape Ecology.

56. Noss and Cooperrider, (1994) , Saving Nature's Legacy; Trombulak and Frissell, (2000) , "On the usage and measurement of landscape connectivity."

57. Viles, R. L., and D. J. Rosier. (2001). "How to use roads in the creation of greenways: case studies in three New Zealand landscapes, " Landscape and Urban Planning 55: 15-27.

58. Bennett, (1999) , "Linkages in the Landscape."

59. Saunders, D. A., and J. A. Ingram. (1987). "Factors affecting survival of breeding populations of Carnaby's cockatoo Calyptorhynchus funereus latirostris in remnants of native vegetation," pp. 249-258, in Nature Conservation: The Role of Remnants of Native Vegetation. D. A. Saunders, G. W. Arnold, A. A. Burbridge, and A. J. M. Hopkins, ed. New South Wales, Australia, Surrey Beatty and Sons.

60. Bennett, A. F. (1988). "Roadside vegetation: A habitat for mammals at Naringal, south-western Victoria, " Victorian Naturalist 105: 106-113.

61. Van der Ree, R. (2002). "The population ecology of the squirrel glider (Petaurus norfolcensis) within a network of remnant linear habitats, " Wildlife Research 29: 329-340.

62. Way, J. M. (1977). "Roadside verges and conservation in Britain: A review, " Biological Conservation 12: 65-74.

63. Ries, L. D. M. Debinski, and M. L. Wieland. (2001). "Conservation value of roadside prairie restoration to butterfly communities, " Conservation Biology 15: 401-411.

64. Bolger, D. T, T. A. Scott, and J. T. Rotenberry. (2001). "Use of corridor-like landscape structures by bird and small mammal species, " Biological Conservation 102: 213-224.

65. Noss, R. F., and L. D. Harris. (1986). "Nodes, networks, and MUMs: Preserving diversity at all scales, " Environmental Management 10: 299-309.

66. Mortberg, U., and H.G. Wallentinus. (2000). "Red-listed forest bird species in an urban environment: Assessment of green space corridors, " Landscape and Urban Planning 50: 215-226.

67. Adams, A. W. (1982). "Migration, " pp. 301-321, in Elk of North America: Ecology and Management. J. W. Thomas and D. E. Toweill, Harrisburg, PA, Stackpole Books.

68. Skovlin, J. M. (1982). "Habitat requirements and evaluations, " pp. 369-413, in Elk of North America: Ecology and Management. J. W Thomas and D. E. Toweill, Harrisburg, PA, Stackpole Books.

69. Winn, D. S. (1976). "Terrestrial vertebrate fauna and selected coniferous habitat types on the north slope of the Uinta Mountains, " Wasatch National Forest Special Report. Salt Lake City, UT, USDA Forest Service.

70. Pederson, R. J., and A. W. Adams. (1976). "Rocky Mountain elk research project progress report, " Project No. W-70-R-6. Portland, Oregon Department of Fish and Wildlife.

71. Schoen and Kirchoff, (1990) , "Seasonal Habitat Use."

72. McNab, B. K. (1963). "Bioenergetics and the determination of home range size, " American Naturalist 97: 133-140.

73. Noss, R. F., H. B. Quigley, M. G. Hornocker, T. Merrill, and P. C. Paquet. (1996). "Conservation biology and carnivore conservation in the Rocky Mountains, " Conservation Biology 10: 949-963.

74. Anderson, A. E. (1983). "A critical review of literature on puma (Felis concolor) , " Special Report No. 54. Denver, Colorado Division of Wildlife.

75. Young, S. P. (1946). "History, life habits, economic status, and control, Part 1, " pp. 1-173, in The Puma, Mysterious American Cat. S. P. Young and E. A. Goldman, ed. Washington, DC, The American Wildlife Institute.

76. Beier, P. (1993). "Determining minimum habitat areas and habitat corridors for cougars," Conservation Biology 7: 94-108; P. Beier. (1995). "Dispersal of juvenile cougars in fragmented habitat, " Journal of Wildlife Management 59: 228-237.

77. Crooks, (2002) , "Relative sensitivities."

78. Harris, L. D. (1985). "Conservation corridors: A highway system for wildlife, " ENFO Report. Winter Park, Florida Conservation Foundation.

79. Florida Fish and Wildlife Conservation Commission, unpublished.

80. LeFranc, M. N., M. B. Moss, K. A. Patnode, and W. C. Sugg, ed. (1987). Grizzly Bear Compendium. Washington, DC, National Wildlife Federation and Interagency Grizzly Bear Committee.

81. Frederickson, L. H. (1978). "Lowland hardwood wetlands: Current status and habitat values for wildlife, " pp. 296-306, in Wetland Functions and Values: The State of Our Understanding. Proceedings of the National Symposium on Wetlands. P. E. Greeson, J. R. Clark, and J. E. Clark, ed., Minneapolis, American Water Resources Association.

82. Merriam, G. (1991). "Corridors and connectivity: Animal population in heterogeneous environments, " pp. 133-142, in Nature Conservation: The Role of Corridors. D. A. Saunder and R. J. Hobbs, ed. New South Wales, Australia, Surrey Beatty and Sons.

83. Saunders, D. A. (1990). "Problems of survival in an extensively cultivated landscape: The case of Carnaby's cockatoo (Calyptorhynchus funereus latirostris) , " Biological Conservation 54: 111-124.

84. Saunders, D. A., and J. A. Ingram. (1987). "Factors affecting survival of breeding populations of Carnabys' cockatoo Calyptorhynchus funereus latirostris in remnants of native vegetation," pp. 249-258, in Nature Conservation: The Role of Remnants of Native Vegetation. D. A. Saunders, G. W. Arnold, A. A. Burbridge, and A. J. M. Hopkins, ed., New South Wales, Australia, Surrey Beatty and Sons.

85. Brown and Lomolino, (1998) , Biogeography.

86. Bullock, J. M., R. E. Kenward, and R. S. Hails, ed. (2002). Dispersal Ecology. Oxford, UK, Blackwell Science.

87. Bennett, (1990) , "Habitat corridors: Their role."

88. Whitcomb, R. F., et al. (1981). "Effects of forest fragmentation on avifauna of the eastern deciduous forest, " pp. 125-205, in Forest Island Dynamics in Man-Dominated Landscapes. R. L. Burgess and D. M. Sharpe, ed. New York, Springer-Verlag.

89. Wiens, J. A. (1989). The Ecology of Bird Communities, Vol. 2, Processes and Variations. New York, Cambridge University Press.

90. LeFranc et al., (1987) , Grizzly Bear Compendium; Harris, L. D., and P. B. Gallagher. (1989). "New initiatives for wildlife conservation: The need for movement corridors, " pp. 11-34, in Preserving Communities and Corridors. G. Mackintosh, ed. Washington, DC, Defenders of Wildlife.

91. Johnson and Adkisson, (1985) , "Dispersal of beechnuts."

92. Davis, M. B. (1981). "Quaternary history and the stability of forest communities, " pp. 132-153, in Forest Succession. D. C. West, H. H. Shugart, and D. B. Botkin, ed. New York, Springer-Verlag.

93. Tewksbury et al., (2002) , "Corridors affect."

94. 同上

95. Fahrig, L., and J. Paloheimo. (1988). "Effect of spatial arrangement of habitat patches on local population size, " Ecology 69: 468-475.

96. Haddad, N. M. (1999). "Corridor and distance effects on interpatch movements: A landscape experiment with butterflies, " Ecological Applications 9: 612-622.

97. Singleton, P., W. Gaines, and J. Lehmkuhl. (2002). Landscape Permeability for Large Carnivores in Washington: A Geographic Information System Weighted-Distance and Least-Cost Corridor Assessment. Research Paper PNW-RP-549. Portland, OR, USDA Forest Service, Pacific Northwest Research Station; Carroll, C., R. F. Noss, P. C. Paquet, and N. H. Schumaker. 2004. "Extinction debt of protected areas in developing landscapes." Conservation Biology 18 (4) : 1110-1120.

98. Wiens, (1989) , "Ecology of bird communities."

99. Rothermel, B. B., and R. D. Semlitsch. (2002). "An experimental investigation of landscape resistance of forest versus old-field habitats to emigrating juvenile amphibians, " Conservation Biology 16: 1324-1332.

100. Laurance, W. F., T. E. Lovejoy, et al. (2002). "Ecosystem decay of Amazonian forest fragments: A 22-year investigation, " Conservation Biology 16: 605-618.

101. Elton. C. S., (1958). The Ecology of Invasions by Animals and Plants. London, Methuen.; Mooney, H. A., and J. Drake, ed. (1986). The Ecology of Biological Invasions of North America and Hawaii. New York, Springer- Verlag; Usher, M. B. (1988). "Biological invasions of nature reserves: A search for generalizations, " Biological Conservation 44: 119-135.

102. Huey, L. M. (1941). "Mammalian invasion via the highway, " Journal of Mammalogy 22: 383-385; Getz, L. L., F. R. Cole, and D. L. Gates. (1978). "Interstate roadsides as dispersal routes for Microtus pennsylvanicus, " Journal of Mammalogy 59: 208-212.

103. Schowalter, T. D. (1988). "Forest pest management: A synopsis, " Northwest Environmental Journal 4: 313-318; Wilcox, D. A. (1989). "Migration and control of purple loosestrife (Lythrium salicaria) along highway corridors, " Environmental Management 13: 365-370; Tyser, R. W., and C. A. Worley. (1992). "Alien flora in grasslands adjacent to road and trail corridors in Glacier National Park, Montana (USA) , " Conservation Biology 6: 253-262.; Wilson, J. B., G. L. Rapson, M. T. Sykes, A. J. Watkins, and P A. Williams. (1992). "Distributions and climatic correlations of some exotic species along roadsides in South Island, New Zealand, " Journal of Biogeography 19: 183-193; Lonsdale, W. M., and A. M. Lane. (1994). "Tourist vehicles as vectors of weed seeds in Kakuda National Park, northern Australia, " Biological Conservation 69: 277-283; Parendesm, L. A. and J. A. Jones. (2000).

"Role of light availability and dispersal in exotic plant invasion along roads and streams in the H.J. Andrews Experimental Forest, Oregon, " Conservation Biology 14: 64-75.

104. Ambuel, B., and S. A. Temple. (1983). "Area-dependent changes in the bird communities and vegetation of southern Wisconsin forests, " Ecology 64: 1057-1068; Simberloff and Cox, (1987) , "Consequences and costs."

105. Levins, R. (1970). "Extinction, " pp. 77-107, in Some Mathematical Questions in Biology: Lectures on Mathematics in the Life Sciences, Vol. 2. M. Gerstenhaber, ed. Providence, RI, American Mathematical Society; Gilpin, M. E., and I. Hanski, ed. (1991). Metapopulation Dynamics: Empirical and Theoretical Investigations. London, Linnaean Society of London and Academic Press; Hanski, 1999, Metapopulation Ecology.

106. Brown, J. H., and A. Kodric-Brown, (1977) , "Turnover rates in insular biogeography: Effect of immigration on extinction, " Ecology 58: 445-449.

107. Harrison, S. (1994). "Metapopulations and conservation, " pp. 111-128, in Large-Scale Ecology and Conservation Biology. P. J. Edwards, R. M. May, and N. R. Webb, ed. Oxford, UK, Blackwell Science.

108. den Boer, P. J. (1981). "On the survival of populations in a heterogeneous and variable environment, " Oecologia 50: 39-53.

109. Fleishman, E., C. Ray, P. Sjögren-Gulve, C. L. Boggs, and D. D. Murphy. (2002). "Assessing the roles of patch quality, area, and isolation in predicting metapopulation dynamics, " Conservation Biology 706-716.

110. Merriam, G. (1988). "Landscape dynamics in farmland, " Trends in Ecology and Evolution 3: 16-20.

111. Fahrig, L., and G. Merriam. (1985). "Habitat patch connectivity and population survival, " Ecology 66: 1762-1768.

112. Baumgartner, (1943) , "Fox squirrels."

113. Henderson, M. T., G. Merriam, and J. Wegner. (1985). "Patchy environments and species survival: Chipmunks in an agricultural mosaic, " Biological Conservation 31: 95-105.

114. Brooker, L., and M. Brooker. (2002). "Dispersal and population dynamics of the blue-breasted fairy-wren, Malurus pulcherrimus, in fragmented habitat in the Western Australian wheatbelt, " Wildlife Research 29: 225-233.

115. Opdam, P., G. Rijsdijk, and E Hustings. (1985). "Bird communities in small woods in an agricultural landscape: Effects of area and isolation, " Biological Conservation 34: 333-352; Van Dorp, D., and P. F. M. Opdam. (1987). "Effects of patch size, isolation and regional abundance on forest bird communities, " Ecology 1: 59-73.

116. Saunders, D. A., and C. P. de Rebeira. (1991). "Values of corridors to avian populations in a fragmented landscape, " pp. 221-240, in Nature Conservation: The Role of Corridors. D. A. Saunders and R. J. Hobbs, ed. New South Wales, Australia, Surrey Beatty and Sons.

117. Soulé, M. E., D. T. Bolger, A. C. Alberts, J. Wright, M. Sorice, and S. Hill. (1988). "Reconstructed dynamics of rapid extinction of chaparral-requiring birds in urban habitat islands, " Conservation Biology 2: 75-92.

118. Gerlach, G., and K. Musolf. (2000). "Fragmentation of landscape as a cause for genetic subdivision in bank voles, " Conservation Biology 14: 1066-1074; Williams, B. L., J. D. Brawn, and K. N. Paige. (2003). "Landscape scale genetic effects of habitat fragmentation on a high gene flow species: Speyeria idalia (Nymphalidae) , " Molecular Ecology 12: 11-20.

119. Keller, L. F., and D. M. Waller. (2002). "Inbreeding effects in wild populations, " Trends in Ecology and Evolution 17: 230.

120. Frankel, O. H., and M. E. Soulé. (1981). Conservation and Evolution. Cambridge, UK, Cambridge University Press; Schonewald-Cox, C. M., S. M. Chambers, B. MacBryde, and W. L. Thomas, ed. (1983). Genetics and Conservation: A Reference for Managing Wild Animal and Plant Populations. Menlo Park, CA, Benjamin/Cummings.

121. Allendorf, F. W. (1983). "Isolation, gene flow, and genetic differentiation among populations, " in Genetics and Conservation: A Reference for Managing Wild Animal and Plant Populations. C. M. Schonewald-Cox et al., ed. Menlo Park, CA, Benjamin/Cummings.

122. Couvet, D. (2002). "Deleterious effects of restricted gene flow in fragmented populations, " Conservation Biology 16: 369-376.

123. Ingvarsson, P. K. (2002). "Lone wolf to the rescue, " Nature 420: 472.

124. Ebert, D., C. Haag, M. Kirkpatrick, M. Riek, J.W. Hottinger, and V.I. Pajunen. (2002). "A selective advantage to immigrant genes in a Daphnia metapopulation, " Science 295: 485-488.

125. Bennett, (1990) , "Habitat corridors: Their role."; Bennett, A. F. (1990). "Habitat corridors and the conservation of small mammals in a fragmented forest environment, " Landscape Ecology 4: 109-122.

126. Simberloff, D., and J. Cox. (1987). "Consequences and costs of conservation corridors," Conservation Biology 1: 63-71; Noss, R. F. (1987). "Corridors in real landscapes: A reply to Simberloff and Cox, " Conservation Biology 1: 159-164.

127. Ehtlich, P. R. (1988). "The loss of diversity: Causes and consequences, " pp. 21-27, in Biodiversity. E. O. Wilson, ed. Washington, DC, National Academy Press.

128. Edmands, S., and C. C. Timmerman. (2003). "Modeling factors affecting the severity of outbreeding depression, " Conservation Biology 17: 883-892.

129. Hunter, Jr., M. L., G. L. Jacobson, and T. Webb. (1988). "Paleoecology and the coarse-filter approach to maintaining biological diversity, " Conservation Biology 2: 375-385.

130. Davis, (1981) , "Quaternary history."; Webb III, T. (1987). "The appearance and disappearance of major vegetational assemblages: Long-term vegetational dynamics in eastern North America, " Vegetatio 69: 177-187.

131. Kline, V. M., and G. Cottam. (1979). "Vegetation response to climate and fire in the driftless area of Wisconsin, " Ecology 60: 861-68.

132. Grimm, E. C. (1984). "Fire and other factors controlling the Big Woods vegetation of Minnesota in the mid-nineteenth century, " Ecological Monographs 54: 291-311.

133. Davis, (1981) , "Quaternary history."

134. Graham, R. W. (1986). "Response of mammalian communities to environmental changes during the Late Quaternary, " pp. 300-313, in Community Ecology. J. Diamond and T. J. Case, ed. New York, Harper and Row.

135. Coope, G. R. (1979). "Late Cenozoic fossil Coleoptera: Evolution, biogeography, and ecology, " Annual Review of Ecology and Systematics 10: 247-267; Prothero, D. R., and T. H. Heaton. (1996). "Faunal stability during the early Oligocene climatic crash, " Palaeogeography Palaeoclimatology Palaeoecology 127: 257-283.

136. Peters, R.L., and J. D. S. Darling. (1985). "The greenhouse effect and nature reserves, " BioScience 35: 707-717; Peters, R. L. (1988). "Effects of global warming on species and habitats: An overview, " Endangered Species Update 5 (7) : 1-8.

137. Delcourt, H. R., and P. A. Delcourt. (1984). "Ice Age haven for hardwoods, " Natural History, Sept.: 22-28.

138. Whittaker, R. H. (1972). "Evolution and measurement of species diversity, " Taxon 21: 213-251.

139. Peters, (1988) , "Effects of global warming"; L. Roberts. (1989). "How fast can trees migrate?" Science 243: 735-737; Clark, J. S. (1998). "Why trees migrate so fast: Confounding theory with dispersal biology and the paleorecord, " American Naturalist 152: 204-224; Mader, J. H. (1984). "Animal habitat isolation by roads and agricultural fields, " Biological Conservation 29: 81-96.

140. Peters, (1988) , "Effects of global warming"; R. H. MacArthur. (1972). Geographical Ecology: Patterns in the Distribution of Species. Princeton, NJ, Princeton University Press; M. B. Davis. (1983). "Holocene vegetational history of the eastern United States, " in Late-

Quaternary Environments of the United States: Vol. 2, The Holocene. H. E. Wright, ed. Minneapolis, University of Minnesota Press; Noss, R. F. (2001). "Beyond Kyoto: Forest management in a time of rapid climate change, " Conservation Biology 15: 578-590.

141. Hobbs, R. J., and A. J. M. Hopkins. (1991). "The role of conservation corridors in a changing climate, " pp. 281-290, in Nature Conservation: The Role of Corridors. D. A. Saunders and R. J. Hobbs, ed. New South Wales, Australia, Surrey Beatty and Sons; Noss, (2001) , "Beyond Kyoto."

142. Panetta, F. D., and A. J. M. Hopkins. (1991). "Weeds in corridors: Invasion and management, " pp. 341-351, in Nature Conservation: The Role of Corridors. D. A. Saunders and R. J. Hobbs, ed. New South Wales, Australia, Surrey Beatty and Sons.

143. Diamond, J. M. (1976). "Island biogeography and conservation: Strategy and limitations, " Science 3: 1027-1029.

144. 同上

145. Henein, K., and G. Merriam. (1990). "The elements of connectivity where corridor quality is variable, " Landscape Ecology 4: 157-170; Merriam, G., and A. Lanoue. (1990). "Corridor use by small mammals: Field measurement for three experimental types of Peromyscus leucopus, " Landscape Ecology 4: 123-131; Beier and Noss, (1998) , "Do habitat corridors provide."

146. Noss, R. F., (1987) , "Corridors in real landscapes"; Hunter, 1990, Wildlife, Forests, and Forestry; Soulé, M. E., and M. E. Gilpin. (1991). "The theory of wildlife corridor capability, " pp. 3-8, in Nature Conservation: The Role of Corridors. D. A. Saunders and R. J. Hobbs, ed. New South Wales, Australia, Surrey Beatty and Sons; M.E. Soulé, personal communication.

147. Bennett, (1999) , Linkages.

148. Wilcove, D. S., C. H. McLellan, and A. P. Dobson. (1986). "Habitat fragmentation in the temperate zone, " pp. 237-256, in Conservation Biology: The Science of Scarcity and Diversity. M. E. Soulé, ed. Sunderland, MA, Sinauer Associates; Soulé et al., (1988) , "Reconstructed dynamics"; Crooks, K., and M. E. Soulé. (1999). "Mesopredator release and avifaunal extinctions in a fragmented system, " Nature 400: 563-566.

149. Robbins, C. S. (1979). "Effect of forest fragmentation on bird populations, " pp. 198-212, in Management of North Central and Northeastern Forests for Nongame Birds. R. M. DeGraaf and K. E. Evans, ed. Washington, DC, USDA Forest Service General Technical Report NC-51; Ambuel and Temple, (1983) , "Area-dependent changes."

150. Ranney et al., (1981) , "The importance of edge."

151. Harris, (1984) , The Fragmented Forest.

152. Wilcove, D. S. (1985). "Forest fragmentation and the decline of migratory songbirds, " Ph.D. dissertation. Princeton, NJ, Princeton University.

153. Ranney et al., (1981) , "The importance of edge."

154. Noss, (1987) , "Corridors in real landscapes"; Bennett, (1990) , "Habitat corridors: Their role"; Bennett, 1999, Linkages.

155. Noss, (1987) , "Corridors in real landscapes"; R. F. Noss. (1992). "The Wildlands Project: Land conservation strategy, " Wild Earth, Special Issue: 10-25.

156. Noss and Cooperrider, (1994), Saving Nature's Legacy; Bennett, (1990) , "Habitat corridors: Their role"; A. F. Bennett, (1990) , "Habitat corridors and the conservation of small mammals in a fragmented forest environment, " Landscape Ecology 4: 109-122; Harris, L. D., and J. Scheck. (1991). "From implications to applications: The dispersal corridor principle applied to the conservation of biological diversity, " pp. 189-200, in Nature Conservation: The Role of Corridors. D. A. Saunders and R. J. Hobbs, ed. New South Wales, Australia, Surrey Beatty and Sons.

157. Nature Conservancy. (1990). "Florida: Corporations make a trio of bargain sales, " Nature Conservancy, May/June, 25.

158. Forman, (1983) , "Corridors in a landscape."

159. 同上.

160. Knopf, F. L. (1986). "Changing landscapes and cosmopolitism of the eastern Colorado avifauna, " Wildlife Society Bulletin 14: 132-142.

161. Haddad, N. (2000). "Corridor length and patch colonization by a butterfly, Junonia coenia, " Conservation Biology 14: 738-745.

162. Hale, M. L., et al. (2001). "Impact of landscape management on the genetic structure of red squirrel populations, " Science 293: 2246-2248.

163. Noss and Cooperrider, (1984) , Saving Nature's Legacy, Bennett, A. F., "Roads, roadsides, and wildlife conservation: A review, " pp. 99-118, in Nature Conservation: The Role of Corridors. D. A. Saunders and R. J. Hobbs, ed. New South Wales, Australia, Surrey Beatty and Sons; Trombulak and Frissell, (2000) , "Review of ecological effects"; Forman et al., (2003) , Road Ecology.

164. Noss, R. F., and B. Csuti. (1997). "Habitat fragmentation, " pp. 269-304, in Principles of Conservation Biology, 2nd ed. G. K. Meffe and R. C. Carroll, ed. Sunderland, MA: Sinauer Associates; Baker, W. L., and R. L. Knight. (2000). "Roads and forest fragmentation in the Southern Rocky Mountains, " pp. 97-122, in Forest Fragmentation in the Southern Rocky

Mountains. R. L. Knight, F. W. Smith, S. W. Buskirk, W. H. Romme, and W. L. Baker, ed. Boulder, CO, University Press of Colorado.

165. Oxley, D. J., M. B. Fenton, and G. R. Carmody. (1974). "The effects of roads on populations of small mammals, " Journal of Applied Ecology 11: 51-59; Wilkins, K. T. 1982. "Highways as barriers to rodent dispersal," Southwestern Naturalist 27: 459-460; Adams, L. W, and A. D. Geis. (1983). "Effects of roads on small mammals, " Journal of Applied Ecology 20: 403-415; Garland, T., and W. G. Bradley. (1984). "Effects of a highway on Mojave Desert rodent populations, " American Midland Naturalist 111: 47-56; Swihart, R. K., and N. A. Slade. (1984). "Road crossing in Sigmodon hispidus and Microtus ochrogaster, " Journal of Mammalogy 65: 357-360; Gerlach and Musolf, (2000) , "Fragmentation of landscape"; Mader, (1984) , "Animal habitat isolation."

166. deMaynadier, P. G., and M. L. Hunter, Jr. (2000). "Road effects on amphibian movements in a forested landscape, " Natural Areas Journal 20: 56-65; A. J. Brody and M. P. Pelton. (1989). "Effects of roads on black bear movements in western North Carolina, " Wildlife Society Bulletin 17: 5-10; Develey, P. F., and P. C. Stouffer. (2001). "Effects of roads on movements by understory birds in mixed-species flocks in central Amazonian Brazil, " Conservation Biology 15: 1416-1422; Lalo, J. (1987). "The problem of road kill, " American Forests, Sept./Oct.: 50-53, 72; Baker and Knight, (2000) , "Roads and forest fragmentation"; Fahrig et al., 1995, "Habitat patch connectivity"; Gibbs, J. P., and W. G. Shriver. (2002). "Estimating the effects of road mortality on turtle populations, " Conservation Biology 16: 1647-1652.

167. Reed, D. F., T. N. Woodard, and T. M. Pojar. (1975). "Behavioral response of mule deer to a highway underpass, " Journal of Wildlife Management 39: 361-367.

168. Mansergh, L. M., and D. J. Scotts. (1989). "Habitat continuity and social organization of the mountain pygmy-possum." Journal of Wildlife Management 53: 701-707; Langton, T., ed. (1989). Amphibians and Roads. Shefford, UK, ACO Polymer Products; Singer, F. J., and J. L. Doherty. (1985). "Managing mountain goats at a highway crossing," Wildlife Society Bulletin 13: 469-477; Foster and Humphrey, (1995) , "Use of highway underpasses"; Scheick, B., and M. Jones. (1999). "Locating wildlife underpasses prior to expansion of highway 64 in North Carolina, " pp. 247-250, in Proceedings of the Third International Conference on Wildlife Ecology and Transportation. FL-ER-73-99. Tallahassee, Florida Department of Transportation; Clevenger, A. P., and N. Waltho. (2000). "Factors influencing the effectiveness of wildlife underpasses in Banff National Park, Alberta, Canada, " Conservation Biology 14: 47-56; Clevenger et al. (2002). "GIS-generated, expert-based models for identifying wildlife habitat linkages and planning mitigation

passages, " Conservation Biology 16: 503-514; Henke, R. K., P. Cawood Hellmund, and T. Sprunk. (2002). "Habitat connectivity study of the I-25 and US-85 corridors, Colorado, " Proceedings of the International Conference on Ecology and Transportation. Raleigh, NC, Center for Transportation and the Environment; Lyren, L. M., and K. R. Crooks. (2002). "Factors influencing the movement, spatial patterns and wildlife underpass use of coyotes and bobcats along State Route 71 in Southern California, " Proceedings of the International Conference on Ecology and Transportation. Raleigh, NC, Center for Transportation and the Environment.

169. Godron, M., and R. T. T. Forman. (1983). "Landscape modification and changing ecological characteristics, " pp. 12-28, in Disturbance and Ecosystems. H. A. Mooney and M. Godron, ed. Berlin, Springer-Verlag.

第4章
滨河绿道
与水资源保护

迈克尔·宾福德，理查德·卡尔特

Michael W. Binford，Richard J. Karty

由生长在河边的植物群落所构成的生物廊道被称作河流廊道（也称作滨河廊道、滨河绿道、滨河植被带、滨水廊道等）。这些廊道对水体有遮阴的作用，具有长年不断的流水，湿润与肥沃土壤，长势较好的植被，从而形成了一种具有复杂性和综合功能的动态环境空间。在诸多类型的廊道中，河流廊道对生物保护与人类使用都具有重要的意义。

河道的生态结构与功能完整性，很大程度上取决于它对上游地区坡面产流过程所带来的泥沙、营养元素等物质输入的响应。滨河廊道实际上是水陆交接的界面，而这一界面会拦截上述的物质。另一方面，滨河廊道同样也会向河流提供重要的物质，包括营养元素和有机残体。因此，滨河廊道作为一种位于河流与退化的景观环境之间的缓冲地带，可以减轻上游汇水区域带来的影响或干扰，从而保持水生生态系统的健康与稳定。

滨河廊道能够调节河流的水量，从而影响可用水资源量的供给和洪水的强度。廊道的滨水植被带还可以通过降低水流的流速和势能来减少堤岸与河漫滩土壤侵蚀的发生。乔木和灌木可以提供遮阴，降低水体温度，而这一指标对于许多水生生物而言至关重要。因此，滨河廊道稳定、缓冲或控制上述自然过程的能力，以及相应的改善水质的能力对于维护景观功能的健康而言至关重要。最后，廊道的滨水植被带对野生动物（包括水生、陆生生物）也具有极其重要的意义，而野生动物在这些栖息环境中的生物多样性和物种数量的多度也是最高的。

对人类而言，滨河廊道也具有丰富的利用价值和使用功能。它们通常被用于交通和农业方面。许多河流也会被用来受纳生活污水和工业废水；而出于防洪和水力发电的考虑，许多河流也被渠化或截流。另一方面，如果河流中的水资源被大量用于农业灌溉和城市发展，滨河林带与水生生境则会发生退化。此外，滨河地带也是具有极高游憩价值的区域。

当人类把活动扩展到了河流的边界时，这些活动可能会导致滨河廊道的破碎化，而且会因此降低河流廊道与不同景观要素之间的连通性。某些动物可能无法穿越滨河廊道中没有植被覆盖的一些缺口地带。在没有植被覆盖的河段以及下游河道，水生生态系统同样也会发生退化。对于河流的某一具体断面而言，其水质的优劣程度只能取决于上游河段的水质状况。因此，某一河段的生态健康会取决于整个滨河廊道网络的结构与功能的完整性。

作为一种保持和改善水质的策略，滨河植被的保护与生态恢复，越来越受到人们的关注和广泛应用。对于规划设计领域的专业人员，面临巨大挑战是：如何运用滨水生态系统方面的知识来设计和营造绿道，并实现水质保护的目标。基本的生态过程在任何地方都是一样的，但每一生态系统在具体方面都会存在差异。因此，对于特定的滨河廊道而言，我们必须深入地了解那些影响养分与泥沙流动、水文规律、野生动物使用等方面的决定因素，从而来有效地完成绿道的规划设计。通过对上述问题的理解，我们同样会发现：几乎没有哪一条滨河廊道可以完全缓冲河流两侧用地对河流的影响。每条滨河廊道都有其自身的局限性，而这一点必须得到人们的重视。因此，我们必须在河流两侧用地的规划、开发和管理的过程中严格地遵守这种限制，控制发展的强度和规模，从而不会给滨河廊道产生过大的冲击和影响。

本章将阐述滨河绿道为何有助于保持河流等水体的水质，以及讨论这些廊道的设计、管理和生态修复方面的有关内容。我们还将描述滨河廊道的生态结构、过程和背景方面的一些细节和基本知识。因为，如果想要管理或调整滨河廊道的结构和过程，我们就需要预先理解河流廊道所具有的复杂性。最后，我们还将讨论一些设计方面的具体问题，以及给出滨河绿道设计、管理和修复方面的导则。

滨河廊道的结构与其所属的流域

滨河廊道是一类生态系统，而生态系统指的是：在特定时空范围内，由生物群落和无机环境相互作用所构成的统一整体。作为构成景观的基本单元，所有的生态系统都会与其邻近的生态系统具有功能上的联系，而生态系统本身也可以被划分为更小的空间单元。这种层级划分和彼此关联的组织结构，要求我们在更大的尺度上来认识和理解滨河廊道，以及思考和判断绿道设计的意义与可行性。这一小节会对流域的地貌形态与河流的动态过程进行一个总体的介绍。我们会介绍几个已被广泛使用的概念，以及描述那些决定河流与流域的形态、生态功能方面的主要过程。

流域与河流网络

流域（有时也称集水区、汇水区）是指：其内部的降水径流全部汇入某一河流或水体的区域范围。流域是比滨河廊道更大的一级生态系统。从地形的角度，分水岭形成了不同流域之间的界限（在欧洲，分水岭对应的才是"流域"这个名称）（图4.1）。在这一研究单元里，我们可以对许多物质的数量变化、移动过程和主要特征等进行测量，以及对许多现象进行观察和描述，具体包括：能量、水分、营养物质、生物量、生物多样性格局、人类活动、栖息地斑块和廊道分布等等。因此，流域生态系统具有很高的生态学研究意义，对景观设计和土地管理而言也是如此。（不巧的是，流域的分水岭与行政边界之间几乎不会有重合的可能。河流通常被作为行政界限的一部分，而他们所属的流域通常会被两个或多个行政辖区所切割。因此，行政方面的协调与统筹，对于成功的实现流域范围内的设计或管理而言是至关重要的。）

每个流域都是不同的，但地质学家们也总结了一系列对流域的形状特征进行定量描述和比较的通用参数（表4.1）。这些特征彼此之间也具有相关性，而且每个特征都会对河流的功能产生影响。[1] 例如，在一个气候条件相似和地理位置相近的区域内，如果河流所处的流域面积越大，则河道的长度越长、蜿蜒度越高，流量越大、断面面积越大，但平均比降越小。另一方面，流域的产流量和产沙量是由流域的面积、长度、形状、地形所决定的。对于单位面积的产流量与产沙量而言，面积较大、地势平坦的流域要比面积较小、地形较陡的流域小许多。这是因为较大流域有更大面积的缓坡可以滞留泥沙，而使得泥沙不会排入河中。此外，流域的产沙量还会受到植被和土地利用状况的影响。

流域形态的演化是一个由物理、化学和生

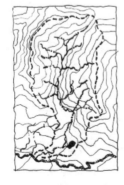

图4.1

地图中展示的是位于美国新罕布什尔（New Hampshire）州的怀特山（White Mountains）地区的哈伯德布鲁克河流域（Hubbard Brook watershed）的河网与流域边界。作为哈伯德布鲁克河实验森林项目的一部分，科学家们一直在图中所示的几个子流域开展长期的生态学研究。

表 4.1 流域与河道的形态学特征

流域与河道特征及相应参数	单位	特征或参数间关系
流域特征		
面积（A）	m²	通过测量获取 [1]
周长（p）	km	通过测量获取
流域长度		
河道长度（CL）	km	通过测量获取
峡谷河段长度（VL）	km	通过测量获取（峡谷中线）
河流直线长度（AL）	km	通过测量获取（河口与源头之间的最短直线距离）
流域中河网总长度（L）	km	通过测量获取
海拔高度（e）	m	通过测量获取
高差（R）	m	$e_{high} - e_{low}$
比降（x，y 两点之间）	m/m	$(e_x - e_y) / CL_{x-y}$
形状		
形状指数（F）		A/L^2
流域圆形度		$4\pi \cdot A/p^2$
流域狭长度（E）		$2 \cdot (A/p)^{1/2} / CL$
河网密度（Dd）	m·m⁻²	L/A
蓄水面积（湖泊和湿地）	m²	通过测量获取
河道特征		
河道长度（CL）	km	通过测量获取（取决于地图的比例尺）
河道截面面积（AC）	m²	通过测量河道断面获取（实地调查）
河道容积（VC）	m³	L·AC
河道蜿蜒度系数 [2]		
总蜿蜒度系数（CI）		CL/AL
地形蜿蜒度系数（VI）		VL/AL
水力蜿蜒度系数（HIS）	%	(CI-VI) / (CI-1)·100%

[1] 所有通过测量获取的变量、参数都会受到研究尺度的影响，而这意味着在不同比例尺下所测得的数值会有不同的结果。例如，流域周长在 1∶2.5 万的比例下所得的数值，要小于 1∶200 比例下测得的结果。因为，在 1∶200 这种大比例尺的情况下，边界范围更加的精细。另一方面，任何通过上述参数计算而获得的变量、参数，显然也会受到研究尺度大小的影响。所有这些变量可以用于不同流域之间或同一流域不同时期之间横向或纵向的流域特征比较。

[2] 需要注意的是，河流的蜿蜒程度同样可以进行定性的描述。舒姆（Schumm）将不同蜿蜒度的河流划分为了 5 个类别，随着河流蜿蜒程度的增加这五个类别依次为：顺直型河流、过渡型河流、规则蜿蜒型河流、不规则蜿蜒型河流、曲折迂回蜿蜒型河流。(Schumm，S. A. [1963]. "A tentative classification of river channels." U.S. Geological Survey Circular 477)。

资料来源：Gregory，K. J.，and D. E. Walling. (1973). Watershed Form and Process. New York，John Wiley and Sons.

图 4.2

由于河道中不同河段的水流
速度和方向的差异，不同河
段的河岸会发生土壤侵蚀和
泥沙淤积，而这也形成了一
个动态变化的河流环境。

物因子共同作用的自然过程。气候与基岩是最主要
的决定因素。降水和气温的相互作用，土壤和植被
的动态影响等则一起也决定着所有流域的形态发
展。岩石的风化、土壤的侵蚀，以及随后的物质迁
移和沉积过程之间会形成一种动态的平衡关系。被
侵蚀的泥沙会沿着河漫滩、主河道顺流而下，最终
流入和沉积在水塘、湖泊、水库以及海洋之中。在
流动的过程中，河水会不断侵蚀弯曲河段的外侧，
同时会在下游弯曲河段的内侧形成泥沙的沉积，从而最终形成蜿蜒的河
道形态（图 4.2）。

对于某一流域而言，河流流量的年内变化是极大的，而北美地区河
流的汛期与枯水期的发生时间和周期也极不相同。[2] 例如，落基山地区
受融雪影响的河流和东部地区的非季节性河流，径流量通常在春季最大，
而在初秋 - 仲秋时节径流量最低。西海岸地区的河流，径流量在湿润的
时节最大，通常贯穿秋季、冬季、次年的春季，而径流量在夏季最低。
在美国的西南部，最大的径流量可能发生在全年的任何季节，而这取决
于流域所在的高程和地理位置。但是，对于沙漠中的河流，夏季通常是
径流量最大的季节。径流量最大的季节同样也是侵蚀发生概率最大的季
节，而大量的泥沙也会在洪水的作用下沉积到河漫滩或洪泛区等区域。

非季节性河流与其流域的相对大小，可以通过河流级别划分的方式
来进行描述。根据目前主导的河流分级方法，没有支流的源头溪流是第
一级河流。[3] 两条一级河流交汇的地方则是二级河流的起点，以此类推
（图 4.3）。

只有当两条相同级别的支流交汇之后才会形成一条更高等级的支
流。因此，一条 2 级河流与一条 1 级河流的相交并不形成一条 3 级河流，
但当两条 2 级河流交汇的时候则会形成。位于山区的那些落差较大的溪
流通常是 1 级或 2 级河流；而较宽阔的、具有通航能力的河流通常可能
是 6 级、7 级或 8 级的河流，例如哈德逊河、密苏里河。河流级别的划
分对于上述宽阔的、具有通航能力的河流而言适用性较低，因为相邻级
别河流之间的差异并不显著。例如，1 级与 2 级河流之间具有显著的水
文和生态差异，但 9 级与 10 级河流之间的差异则微乎其微。

表 4.1 中所有的特征、参数都与河流的等级具有相关性。高级别的
河流具有更大的汇水区面积、更长的河道，更宽的河面、更深的河道、
更大的水量、更大的高差，以及更小的比降。有些变量则与河流级别、

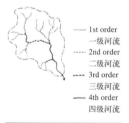

------- 1st order
    一级河流
- - - - 2nd order
    二级河流
— — — 3rd order
    三级河流
———— 4th order
    四级河流

图 4.3

河流级别的划分与命名方
式。两条一级河流交汇形成
二级河流，而当两条二级
河流交汇则形成三级河流，
以此类推。（根据 Strahler,
A. N. [1964]. "Quanriracive
geomorphology of watersheds
and channel nerworks."
in Handbook of Applied
Hydrology, V. T. Chow, ed.
New York, McGraw-Hill.）

汇水面积呈负相关性。例如，河网密度、相对高差等。[4]

从河流的源头到下游河段，由于物理环境因子的梯度分布（环境因子是逐渐变化的），生物群落的结构与功能的变化也会呈现出一种连续的特征。通过这些环境因子的梯度分布规律（即人们所熟知的"河流连续统"的概念（river continuum concept，RCC））来描述河流的生态系统，是一种非常实用的认知、理解河道的结构与功能的有效方式。[5]

河流连续统的概念指出：河流源头及上游的水流速度快、比降较大、河道遮阴较多，水温较低以及河道沉积物中有机物的含量比较低。由于水体温度较低，水中溶解氧浓度通常较高；因此，对溶解氧含量依存度较高的物种可以很好地繁殖，例如鳟鱼。水体中化学物质的构成通常是由降水和基岩的化学特点所决定的。河流生物的能量摄入主要来自河道外面产生的有机物质，通常是滨河植被产生的、颗粒较粗大的植物枯落物。

对于河流连续统另一端的、平原地区的、规模较大的河流而言，它们通常水流速度较慢，河道比降较缓，河面极其开阔，河道沉积物种中富含大量的有机物质。这些有机沉积物一方面来自于上游地区陆地植物的枯落物（例如，昆虫啃食的植物碎屑等）；另一方面，是由水生藻类和其他高等植物的初级生产过程所形成。此外，水中的溶解氧浓度也相对较低。一方面，相对于巨大的水体而言，只有相对有限的水体表面同大气进行氧气交换与扩散；另一方面，大量动植物的耗氧量远超出了水生植物产生氧气的速率。位于上述两端点中间的河段，则具有中性的特点，具体的河流特征取决于它们在源头和入海口之间的具体位置。

当然，上述这种简单的描述只是一般性的概括，针对具体的实例而言实际情况会有差异。河流特征随环境因子梯度变化的具体方式，通常也会受到区域背景、局地气候、地质条件、支流特点、人类长期活动等因素的影响。[6]例如，河流连续统的一个重要的前提假设是：河流廊道的作用或影响会随着河流面积的变大而减小，或者可以进一步理解为：由于河流径流量的增加，在滨水植被面积不变的情况下，河流廊道的作用会相对减小。对于绿道设计而言，这一假设表明：对低级别的河流实施高标准的保护，会使整个河网系统产生最大的效益。

但是，上面这一条经验总结也不是放之四海而皆准的。例如，在沿河两侧具有宽阔河漫滩的下游河段，滨河林带会成为可溶性有机物的一个主要来源，而这会影响河流的新陈代谢过程。这种影响在对佐治亚州滨海平原地区的奥吉奇河（Ogeechee River）的研究中有所记载；在这里，滨河林带对河流新陈代谢过程的影响会沿着河流下游的方向不断增加。[7]
因此，对于绿道的设计师与管理者而言，在他们想运用河流连续统概念
之前，判断待研究河流的特征与河流连续统理论之间的一致性是非常关
键的。归功于最近一些针对不同类型河流的具体研究，河流连续统理论
本身也得到了修正和发展。

滨河廊道范围的界定

　　精确地界定滨河廊道的范围并不是一件容易的事情。每一条河流都
是由一系列物理、气候、地质和生物过程综合作用的结果，而且现实中
也不会有两条所有特征、参数完全一致的河流。对一条具体的河流而言，
所有的特征都与理论完全一致也是不可能的；因此，我们无法简单地画出
廊道边界的范围。我们必须根据每条河流的具体情况来运用那些一般原
则，从而对这些河流进行精确的描述，并据此提出有效的设计和管理方案。

　　对于滨河廊道范围的划定，首先应当识别廊道的基本地貌单元，即
河漫滩。河漫滩指的是与河道相邻、会被周期性洪水淹没的区域（图 4.4）。
这一定义看似简单，但在美国至少就有 3 种河漫滩范围划定的方法。第
一种是从河流地貌学角度出发的界定方式，指的是：河流数十年甚至数
百年以来通过沉积和侵蚀过程而形成的区域，而这一区域通常也是被限
制在河流两侧的高地或台地之间的区域。第二种是从周期性洪水角度出
发的方式，具体指的是：被特定强度的洪水所淹没的区域范围，具体的
洪水强度和相应的河漫滩范围会以洪水的重现期来加以表示（例如 100
年一遇洪水的河漫滩）。第三种是从法律法规角度出发而进行界定的方
式，通常是指：人们根据经验、法律、习惯或保险公司等方面的主观判
断而划定的、可能会受到洪水冲击和影响的滨河区域。最后一种方式界
定的廊道范围，与从地貌、洪水淹没角度出发而划定的范围并非总是一
致的。从河流地貌角度出发所界定的廊道范围，对于绿道的设计师和管
理者而言是最适用的，因为这一方式可以清晰地界定河道的物理边界。

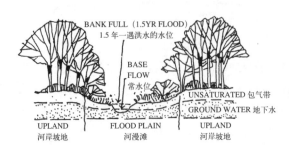

图 4.4

滨河林带的断面结构。图
中展示了河道、河漫滩与
河岸坡地的基本特征。（绘
图：乔·麦克格雷）

在河流的洪水淹没和蜿蜒演化的过程作用下，建在这一河漫滩范围内的任何构筑物都面临着最终被毁坏的风险（几十年，或数百年的时间）。

此外，滨河环境的辐射范围并不仅局限在河道与河漫滩之内，有时还会影响到河漫滩外侧的河岸，甚至延伸到更外侧的、陆生植被生长的边缘地带。滨河生态系统具有两个重要的特征：在植物的一个生长季内，河流的水位至少会涨落一次；滨河廊道同水生生态系统和陆地生态系统之间都具有高度的连通性。[8] 滨河廊道两侧繁茂植被的存在，主要是洪水所带来的肥沃土壤和充足的水分条件共同作用的结果。河流生态系统也会随着河流蜿蜒演化的过程而一直发生结构性的改变，从而应对水流的周期变化、河道侵蚀、泥沙沉积等自然过程的冲击和影响。历史上，许多滨河林带会成为薪材林的生产用地并非一种巧合。这种现象在干旱区尤为多见，因为它们也许是那些景观环境中生长的唯一一林地。

滨河廊道中通常会包含一些湿地，而这些湿地具有特殊的水文特征和植被类型。至少在全年的部分时间里，河漫滩土壤水分都会处于饱和状态，所以这些湿地通常会沿河分布。来自河岸两侧坡地的地表径流和泥沙在进入河道之前，通常必须穿过这些湿地。由于水分条件的差异，这些湿地可以被划分为不同的类型，具体包括：长年有水的坑塘、季节性的水塘，以及地下水位较高的森林湿地。[9] 所有这些滨河的湿地都在一定程度上发挥了滨水廊道的功能，它们也对保护河流的生态、环境资源具有重要的意义。这一点将在下一节对滨河廊道功能的介绍中详细讨论。

河流廊道的功能

水质概念的定义

水质是用来描述水体对某一特定用途适宜性高低的概念，这些用途可能是从生物群落的角度出发，或是针对人类的使用。它可以通过许多物理指标（温度、流速、流态），化学指标（pH 碱度、溶解质，包括营养物质和非营养物质），以及生物指标（多样性、多度、有机体的健康度、生物生产力水平、病原微生物数量）等来进行表示。每种指标所对应的数量、浓度或程度都有助于反映总体的水质状况。历史上，人们对水质的理解一直都局限在水体的物理或化学特性方面。这些指标非常重要，但却无法充分、有效地用来描述和理解水资源对生命系统与生物活动的支持功能，以及对人类生存与活动的支持。对于水的大多数用途而言，尤其是生物方面的用途，高标准的水质通常具有以下特征：稳定而接近自然状况的水温，较高的溶解氧含量，较低的营养元素浓度，与自然本底一致的 pH 酸碱度，以及多样的生物群落，其中包括大量生态位较窄的生物（例如，污染敏感种）。上述的每个方面都会受到滨河廊道的影响，因为滨水廊道可以缓冲外部因素的干扰。

　　本部分内容将概述滨河绿道与水质状况直接或间接相关的主要功能，包括：水文调节，沉积物和溶解性污染物的过滤，侵蚀与沉积过程的控制，过量营养元素的去除，水体的温度调节，以及提供适宜的水生生境等。

水文过程的调节

　　水文节律（水流的数量和随时间变化过程）很大程度上取决于气候和降雨模式的影响（图 4.5）。植被在某些方面也有助于控制水文过程。整个流域的植被通过蒸腾作用将水汽扩散到大气中，湿地与河漫滩则可以对自然洪水进行调蓄，而湿地与河漫滩的植被也可以从物理上来降低水流的速度。[10]

　　滨河植被形成的枯落物层和土壤层具有类似海绵的功能，起到了缓慢释放水体的作用。这一机制创造了稳定的水源供给和水环境。植被能减缓降雨径流过程，同时也增加了径流入渗土壤的比率。而之后，下渗的水体会通过浅水层缓慢地渗出并回补河流，从而保证枯水期河道基流（全年中最干旱时段的径流量）的稳定，或者缓冲汛期洪水的峰值流量。如果没有滨河植被的存在，在一场暴雨之后，流域内瞬间产生的径流会急剧地增加河道的流量和流速，而这会对河岸与河床产生侵蚀作用。但是，当有滨河植被存在的时候，它会降低坡面产流进入河道的速度，并降低或防止上述侵蚀问题发生的可能。这一过程可以对旱涝进行双向调节，而这一点对干旱区尤为重要。因为，干旱区的河道基流可能完全来自于土壤所涵养水量的补给。[11]这种水量调节与缓冲作用的高低，直接取决于整个流域内滨河植被的覆盖率，因而也就取决于滨河廊道的宽度。

　　滨河湿地在缓解洪水的冲击方面发挥着极其重要的作用。它们可以滞蓄洪水并形成开阔水面，可以促进被滞蓄洪水的土壤下渗，并最终以缓慢的流速逐渐释放被调蓄的洪水。1968 年，在大波士顿地区经历过一场毁灭性的洪水之后，美国工程兵团指出：查尔斯河（Charles River）流域内的湿地系统应当被保护，这些湿地可以作为缓解洪水问题的一个备选途径（图 4.6）。[12]根据工程兵团当时的计算，如果流域内 40% 的湿地被排干、填埋，那么需要修筑耗资 1 亿美金的堤防、水坝才能保护波士

(a)

(b)

图 4.5

在一条滨河廊道的内部和外围区域，河流与地下水的互补关系很大程度上取决于气候条件。在湿润地区或汛期 (a)，地下水会补给河流而且维持稳定的水位和流量。在干旱区或枯水期 (b)，河流通常要补给地下水。

(a)　　　　　(b)

图 4.6
沿着查尔斯河分布的湿地，这两张图分别展示的是：(a) 大多数情况下的湿地水位；(b) 春汛之后的湿地水位。这些湿地被证明是进行洪水调蓄非常有效的措施。

顿（Boston）、剑桥（Cambridge）和其他位于查尔斯河下游河段的城镇。[13] 购买或者保护这些湿地被认为是一种更加经济的方式。

具有滨河林带的河流会有更加稳定的流量，但是全年的总流量可能要低于那些没有滨河林带的河流。因为，土壤中的一些水分会被植被吸收，并以蒸腾作用的形式扩散到大气之中。另一方面，由于植被和枯落物层对径流的减缓作用，更多的水分会被蒸发，从而使得最终进入河道的水量减少。

上述的这些影响在湿润区和干旱地区之间存在巨大的差异。在干旱区的景观环境中，如果将滨河廊道中的木本植物和枯落物都去除，可能最终会导致夏季径流的消失。因为，土壤对水的存蓄能力被大大降低了。[14] 干旱区滨河植被的成熟度或树龄同样可能会影响该地区河流的水文特征。美国犹他州最近的一些研究表明：由于幼树的根系较浅，往往会吸收可能用来回补河流的土壤水和浅层地下水；而成熟的树木则会吸收比河流回补区水位更低的地下水。[15] 如果这一现象具有普遍性，新建立的滨河廊道可能会暂时性、降低河流的流量，但是，随着植被的生长与成熟，地面的枯落物层和土壤条件都会被显著改善；径流量将不仅会达到一个更高的水平，而且不同季节的流量也会变得更加均衡和稳定。

在湿润地区，如果一些间歇性河流的周边进行了大规模的森林砍伐，这些河流可能就会成为非季节性的河流；因为，这些原本会被植被吸收或蒸腾的水量也排入了河流之中；另一方面，这一行为也会增加泥沙的产生和传输。[16] 但是，位于湿润地区的滨河绿道，对进入河流中总水量的影响是极其微小的；因为，滨河植被只吸收或蒸腾了地下水总量中很小的一部分。在更加干旱的气候条件下，地下水的水量也会更少；尽管干旱区植物单位生物量的耗水量很低，沿河植被带的影响也会表现得非常显著。[17]

泥沙和养分物质的过滤

在许多情况下，水质最大的威胁来自于周边区域过量的泥沙和养分物质的输入。包括这些物质在内的大多污染物都会被滨河植被带所过滤，而这一缓冲地带同样也有助于巩固河岸和减少河岸侵蚀。

所有的河段都会受益于这些植被带的缓冲作用，但从整个河网的角度出发，保护低级别河流两侧的绿道可能会产生最大的效益。同样的人类活动，如果发生在河流源头、上游地区，其影响要远大于下游地区。具体原因主要集中在以下几个方面。首先，河网中 1-3 级河流的总长度占到了整个河网长度的 85%，而它们显然构成了流域河流长度的绝大部分。[18] 其次，滨水廊道在上游地区的宽度更狭窄，来自坡面的干扰通常与河道的距离更近。因此，低级别河流单位面积上输入河流的污染物会比高级别的河流更多。当受污染的上游河水顺流而下，它们不可避免的会影响到下游河段。如果污染物能在上游地区就被过滤，整个河网的水质状况都会有本质性的改善。

沉积和侵蚀过程的控制

河流两侧坡地上的水土流失是一种自然过程。在未受干扰的景观中，流域中泥沙的产生量与传输量、最终流失量之间会形成一种动态的平衡机制。但是，当河流的坡面受到干扰而导致大量的泥沙进入河网时，这些进入河道中的冲积物往往包含了大量的营养物质，同时这些物质也会淤积在布满岩石或砾石的河床之上。这些被沉积物所覆盖的砾石河床通常是鱼类产卵和幼鱼生长的地方；另一方面，这种大量沉积物对于河床的覆盖也破坏了水生无脊椎动物的栖息环境，例如昆虫类、甲壳类、贝类生物等。如果这些泥沙进入湖泊和水库中，水体的水质会大幅下降，湖泊与水库的有效库容也会降低。

滨水植被通常可以过滤来自坡面的泥沙，并阻止它们流入河道。被滨水植被缓冲区所截留物质的数量可能是相当惊人的。例如，位于佐治亚州的利特尔河（Little River）两侧的林带几乎截留了其所在的、以农业用地为主的流域的全年泥沙产出量。[19] 相关研究的结果表明，滨河廊道的泥沙过滤率的数值范围非常大；而这意味着泥沙去除率具体数值的大小与场地情况密切相关。尽管如此，滨河植被带的泥沙去除率达到 80% 或 90% 的报道也比较普遍（表 4.2）。但是，目前尚没有获得足够的数据来得出一个具有普遍意义的结论。

一个具体的研究案例是位于马里兰州滨海平原的、以农业用地为主的流域。降雨径流过程中，该流域农业用地所产生的大部分泥沙都会被滨河林带所截留，而这些被截留的泥沙也主要分布在了农田 - 林地一侧林带边缘及向河道内侧延伸 81m（265 英尺）的范围内。[20] 相对而言，

表 4.2 滨河植被缓冲带对径流中泥沙的去除效率

地点	缓冲带的植被类型	缓冲带的宽度（m）	坡度（%）	去除比例[1]	参考文献
宾夕法尼亚州	燕麦	6	14	76（根据质量计算）	Hall 等（1983）
内布拉斯加州	草地、草地＋木本植物	7.5-15.0	6-7	12-82（根据质量计算） 40-81（根据浓度计算）	Schmitt 等（1999）
康涅狄格州	草地＋木本植物	30	5	92（根据浓度计算）	Clausen 等（2000）
	鸭茅	4.6-9.1	11-16	11-16（根据浓度计算）	Dillaha 等（1988，1989）
	草地	4.6-9.1	3.5	66-82（根据浓度计算）	Magette 等（1989）
俄勒冈州	未说明	30	未说明		Morning（1982）
落基山地区	主要是针叶林	9	35-55	几乎全部	Haupt（1965）
马里兰州	阔叶混交林	81（265 英尺）	2-5	"大部分"	Lowrance（1988）
北卡罗来纳州	未说明	101（330 英尺）	最大 20	50	Cooper（1987）

[1] 缓冲植被带对泥沙等污染物消减数量的多少，是以其占农田产生的相应污染物的比例来表示的。
引自 Wenger, S.（1999）."A review of the scientific literature on riparian buffer width, extent and vegetation." Athens, Office of Public Service and Outreach, Institute of Ecology, University of Georgia; and from Dosskey, M. G.（2001）. "Toward quantifying water pollution abatement in response to installing buffers on crop land/ *Environmental Management* 28: 577-598, with additions（Moring 1982, Haupt 1965）.

只有少量的泥沙沉积在了离河较近的区域。这一点表明：对该实例而言，81m（256 英尺）的滨河林带的宽度是一个非常有效的缓冲距离。这一汇水区域的面积只有 11.4 英亩，平均坡度 2-5%，而流域中的农业用地也采取了适度的侵蚀控制措施来加以管理。

另一个类似的研究位于北卡罗来纳州的滨海平原地区。在这个流域中，耕地的坡度从 0-7% 不等，而没有进行耕作且与河漫滩相邻的用地的坡度达到了 20%。在这一背景下，只有 50% 左右的泥沙沉积在了农田 - 林带边缘至距离河道 101m（330 英尺）的范围内。[21] 此外，另有 25% 的泥沙沉积在了与河道侧面平行的河漫滩湿地之中。

作为一个泥沙沉积的"汇"而言，滨水植被带可以在一个相当长的时间内发挥作用。在佐治亚州滨海平原的另一个流域中，滨河植被带自从 1880 年以来就一直滞留了所有来自邻近农田地区被侵蚀的泥沙和冲积物；此外，还包括了来自上游地区输送来的泥沙等。[22]

滨河的湿地也具有截留泥沙的作用，但它们能够滞留这些物质的时间只有数十年或者更短。[23] 这些被截留的泥沙在大洪水淹没河漫滩的时候，最终还是会进入河道之中。当洪水衰减的时候，这些泥沙又会在河流下游的滨水地带发生沉积。经过成百上千年的时间，湿地所滞留的泥沙等沉积物，会按照一定的比率不断被河流所搬运、迁移。这一比例会取决于河道的形状、蜿蜒的形式，河流的流量，以及洪水的特征等等。

对于稳定的河流而言，河岸侵蚀与河床冲刷（河道底部发生的侵蚀）只是河流沉积物来源的一小部分。当河床底部或者河岸不稳定的时候，它们则会成为河流沉积物的一个重要来源。[24] 保持河道的稳定性，很大程度上取决于如何维护滨河植被的稳定；这是因为植被的根系、树干以及落叶具有重要的功能。树干和枯落物有助于降低水流速度；而根系和地下茎则可以加固土壤；这一点对通常沿河分布且养分条件较好的黏土层而言尤其明显。[25] 滨水植被和枯落物同样会增加河道的糙率，因而可以在水量变大的时候降低水流速度和势能。

外来入侵植物与土壤侵蚀

上述这些关键的功能可能会由于河岸被外来物种侵占而丧失。因为，这些物种的存在，对河岸结构的完整性会产生极大的危害。虎杖（*Polygonum cuspidatum* 或 *Reynoutria japonicd*）就是这样一种全球范围内都臭名昭著的、非常难对付的入侵物种，而它已经侵入了美国的大部分地区。这种具有快速繁殖和疯狂扩散能力的野草，善于侵占滨河地区（在它适生的气候范围内），同时排斥其他已有植被的生存。虎杖的这种地上、地下部分双重高密度的生长模式，几乎可以挤走场地上原有的一切植物，同时也会阻止其他植物的定居。虽然虎杖的生长密度极高，它的地下茎（能够发芽的根）却不具有防止土壤侵蚀的功能。相比限制和取代乡土植物的生长而言，这一点的危害更大。在被虎杖侵占的河岸，一幅典型的场景是：水面线附近往往有一大团生长繁盛但几乎"悬在半空"中的虎杖根茎；这些入侵植物正向着没有植被覆盖且几乎垂直的河岸（已被高度侵蚀）方向生长着。显然，河岸已经发生了严重的水土流失（图4.7）。

虎杖能轻易地侵占一个长有植物的区域，是因为其地上茎、地下茎、根都能成长为一株新的植物，从而绕过通常的有性繁殖过程。一段茎或者根茎的断枝，哪怕只有1cm长都可以长成一株同亲代特征完全一致的克隆植物。这一个体随后也具有完整的繁殖扩散能力。依靠这种特性，虎杖可以在极短的时间内完全侵占某一区域。

虎杖的断枝也很容易被水体搬运到下游并在那里繁殖和扩张。这种快速和容易扩散的能力是入侵物种典型的特征，不论它们是否具有快速无性繁殖的能力。实际上，同几乎所有其他非本土的入侵物种一样，虎

图4.7

作为一种入侵物种，虎杖在滨河廊道中表现出生长繁茂的状态；但实际上由于其稀疏的根系网络，往往会导致土壤侵蚀的加剧。（摄影D·史密斯）

杖在它原本生长的自然区域（东亚）并没有危害；因为，在那里这种植物的生长会受到非常复杂、细微且尚无法完全解释的机制所制约着。这些影响因素包括：其他生物的取食，非致病原体的侵染，土壤、气候条件的限制等，以及上述诸多因素间的综合作用。

　　尽管人们已经付出了巨大的努力来探索和研究控制虎杖的方法，但尚未发现真正有效的措施，也没有哪种方法具有多年的有效性。机械移除（切断、割掉、手拔）的方式几乎从来都是无效的，因为这项工作必须要以一定的频率进行，但是这一频率通常会大大地超出工作人员的限度。除草剂虽然是一种有效的方式，但它的毒性很高，而且联邦法律在很大程度上禁止除草剂在水体周边的区域使用。生物控制方面的研究尚处于初始阶段，例如：利用昆虫的啃食。但是，一个由大自然保护协会员工组成的、专门致力于杂草管理的工作团队，通过高人力强度的手工拔除和化学方法的使用，成功地消灭了俄勒冈州桑迪河（Sandy River）沿岸的虎杖。这一团队同时也进行了针对社区的扩大服务和教育，引导志愿者和年轻社工团体的参与，以及培训当地土地管理的工作人员，将有关这一地区外来物种的危害和管理方面的知识传递给了众人。[26]

　　桑迪河的成功，印证了那些近年来一直致力于控制入侵物种的人们所达成的共识：尽管面临着巨大的成本和运筹管理方面的困难，未来对入侵物种的控制取决于不同组织、利益相关者之间的协作；而这些组织机构和利益相关者中的大多数，彼此间本来可能没有任何的联系。关于这一点，克林顿总统在 1999 年签署了一项关于成立"全国入侵物种应对管理委员会"的行政法令，其目标就是：协调联邦政府中相关的部门、机构，来共同开展应对入侵物种的行动和计划。

　　应当指出的是，河岸侵蚀不是滨水入侵物种所带来的唯一危害。芦苇（*Phragmites communis*）作为北美地区最突出的湿地入侵物种之一，它所造成的危害并不是土壤侵蚀，而是将整个湿地完全覆盖，尤其是在河口湿地。芦苇的入侵会导致生境的丧失，从而对整个生态系统产生深远的影响。

　　北美大陆存在着大量的有害入侵物种，但这些入侵物种并不是在所有的地方都有害，而入侵物种也并不都是外来物种。例如，芦苇本身是美洲的本土植物，但是具有相近亲缘的亚种被从其他大陆引入到美洲，而这些亚种在美国的东北部地区被认为是具有极强破坏性和蔓延性的入侵物种。

　　一些被引入并种植在河流两侧的外来物种，其引入的主要目的是防止河道侵蚀的发生。但是，有的时候这些物种会扩散到其他区域，并以某种方式对生态系统产生负面的影响。因此，某些物种可能在某些场地上是进行生物修复的重要手段，而在其他场地上可能会成为未被预见的入侵物种。

河道与滨河廊道所提供的连通性未必总是好事。事实上，河流廊道通常是入侵植物扩散的主要途径之一。[27] 通过这种方式，入侵物种会到达原本没有这一物种分布的区域：首先，它们可能是被引入到人类活动比较频繁的地区，在那里它们会很容易定居和繁衍；然后，它们会从这些地区通过河流向下游扩散，并扩散到那些相对自然的区域。这一现象是人类的开发建设活动对自然环境产生间接影响的一个很好的例证，而这种影响大大地超出了人类开发建设活动场地本身所在的范围。

对养分物质和污染物的去除

要了解滨水植被如何过滤过剩营养元素的过程，首要的事情是了解营养元素是如何在生物系统中进行迁移的，即所谓的营养元素循环过程。六种元素（碳、氢、氧、氮、磷、硫）构成了生命体生物量的 95%，而这些元素也是生命体最重要的元素。由于这些元素的重要性和占据的比重，它们通常被称为常量营养元素。许多其他的元素，对生命过程也同等重要，具体包括：钙、钾、铁等。由于只需要相对较小的数量，这些元素被称为微量营养元素。

所有营养元素的循环过程，都会通过生态系统中的生命和非生命子系统两个部分。无机的、矿物形态的元素是植物生长所必需的，而且被用来合成有机化合物；而这些有机化合物通常也是构成动植物机体组织的基础。生物的排泄物和残体中的营养元素，在可以被植物重新吸收之前，必须被转换回无机的矿质元素（矿质化过程）。微生物承担着分解和矿质化这一重要的转换过程；通过这种存在形式的转换，营养元素可以被生命体所直接利用。对于某一特定的生命体而言，如果这些必须元素中的某一种供给不足，这个生物个体的生长和健康将会受到限制。因此，在整个生态系统的各级生产过程中，由于缺少某种元素，从植物光合作用开始可能就会受到限制。对于大多生态系统的初级生产过程而言，氮元素、磷元素如果供给不足，初级生产力水平受到限制的情况是非常突出的。磷元素通常是北方温带淡水生态系统的一个重要的限制性元素；而磷元素和氮元素也都是可能会限制陆地和海洋生态系统生产力水平的关键元素。在许多中纬度和亚热带地区的淡水生态系统，在更干旱的草原和荒漠地区，以及在高纬度地区，氮元素通常是主要的限制性元素，至少在年内的某一时期是这样。[28] 通常情况下，磷元素是所有常量元素中最不容易获得的；因为，在磷元素的循环过程中没有气态的化合物存在；而且它进入生态系统的方式仅仅是来自于岩石、土壤的风化过程，或者来自于人为活动和人的排泄物。对于过量元素的控制问题而言，磷元素的控制成本同样要比氮元素低，而它也是大多富营养化模型和污染控制规划所关注的主要方面。[29]

这些所谓的"限制性"营养元素通常会供给不足，但生态系统同样也会由于这些元素的供给水平过高而受到极大的负面影响。所以，任何事情都需要有一个度的把握。人为富营养化就是一个很好的实例，其具体是指：由于人类活动而导致的水体中营养元素的输入显著上升的问题。富营养化会对水生植物群落的结构产生不良的影响，包括：水生生物群落结构的改变，水生生境类型多样性的降低，产生令人不悦的气味和水体味道，甚至导致人类健康方面的问题。富营养化通常是过多的氮和磷元素的输入所造成的，而这些输入可能来自于生活污水的排放，化肥的使用或水土流失的影响。为了降低人为富营养化的影响，进入水体中的养分元素必须要受到控制。

通过控制营养元素输入的方式来调控生态系统的生产力水平，是环境管理实践中的通用做法和目标之一。如果我们的目标是获得清洁的水资源，那么我们可能就要将生态系统的初级生产过程维持在自然的水平，而这意味着我们应当减少额外的、人为的营养元素的输入。如何确定生态系统自然状态下的生产力，以及如何对它进行调控，应当根据每个被管理系统的具体情况来进行确定。

营养元素能够以颗粒物和溶质两种形态存在。由无机物构成的淤泥和黏土颗粒物通常有着巨大的表面积，营养物质的分子会吸附在这些颗粒物的表面；另一方面，水是许多含有养分元素化合物的强有力的溶剂。营养物质可能会通过下述 4 种主要方式之一进入由滨河植被构成的缓冲区：被来自河流两侧坡面径流中的悬浮颗粒物所吸附；溶解于水体之中（即没有被颗粒物所吸附）；直接来自于大气的沉降过程；或者，通过机械搬运过程而进入河中的动植物残体，例如落叶或者动物粪便。在大多情况下，吸附和溶解形态的营养元素的数量相对更多；相比来自大气和动植物残的营养元素而言，对河流生态系统也会造成更大的威胁。

一旦营养元素进入了滨河廊道，它们可能会经历下面四种命运。它们可能：(1) 直接流入河道；(2) 通过土壤中微生物的新陈代谢作用被转换成气态物质而直接排放到大气中。如果它们仍然被保留在滨河廊道中，这些营养元素一定有两种归宿。要么通过为人们所熟知的吸附作用，(3) 被土壤颗粒物所紧密吸附，进而被根系吸附并转化为植物的生物量；或者，(4) 伴随着携带着它们的颗粒物一起脱离搬运它们的水体而沉积在滨水林带之中。在这四种途径中，排入大气基本上是最被希望发生的过程。因为，对于滨河生态系统的尺度而言，大气可能会被认为是一个没有限制的汇，它具有吸收所有通过土壤微生物转换的气态营养元素的能力。这一点同其他的三种过程具有强烈的对比。剩下的三种形式都会达到饱和点，即超过这一临界点时，水中的营养元素无法再被去除。但是，在实际情况中，对于人们最关注的两种营养元素而言，氮元素可以通过土壤被微生物转换为气态物质，而磷元素则不行。

在大多情况下，通过精细的测量可以发现：地表径流中几乎所有的磷元素和大多的氮元素都被吸附在颗粒物上，尤其是被吸附在黏土颗粒上。[30] 因此，通过滨河植被来降低地表径流的流速，可以显著地去除径流中的营养元素；因为，流速降低会促进颗粒物沉淀，从而脱离流动的水体。植被和土壤可以过滤多达 99% 的含磷物质，而总氮去除率也可以达到 10-60%。[31] 反硝化作用是氮元素去除的另一项重要机制，它能够大幅增加地下水的总氮去除率。通过这一过程，微生物将地下的氮元素转换成气态物质，并释放到大气之中。[32] 这一过程需要厌氧条件（例如，缺少游离的、分子态的氧），而这一过程在能够经历周期性"水淹-干旱"交替的土壤中效率更高，例如滨河地带。[33] 不同滨河植被带的氮元素去除率具有极大的差异性，往往会取决于：场地的坡度、缓冲带的宽度、植被的类型和密度、土壤微生物，土壤理化性质、水流速度等等（表 4.3）。

滨水植被同样能够去除潜水中的养分元素，这一点对于乔木和灌木而言尤为明显。[34] 溶解在地下水中的氮元素也可能成为河流的主要养分输入。[35] 氮元素输入的控制可以通过减少坡面径流中的输入量，或者通过维护滨河植被的方式进行控制。通过植被吸收来减少氮元素输入的方式，对于那些地下水以上层滞水为主的流域更加重要，即流域的上层土壤为渗透性强的土壤，而下层土壤为不透水层（透水性差的土壤或基岩）；因为，这些地下水通常会停留在植物的根区附近，非常便于植物的吸收。佐治亚州的利特尔河就是这种情况[36]；在这一流域中，通过繁茂的植被所去除的氮元素的数量，是最终河道输入量的 6 倍。

在马里兰州滨海平原地区的一个以农业用地为主的流域中，61% 的氮元素是通过地下水被输入到滨水林带内的。[37] 这些地下水所含氮元素

表 4.3　滨水植被缓冲带对养分物质和污染物去除率

组成	地点	植被类型	缓冲带宽度（m）	坡度（%）	土壤质地 [2]	按质量计算的去除率（%）[3]	按浓度计算的去除率（%）	资料来源
氮 [1]	多个	多种	4.6-60	多种	多种	0-99		多个来源
磷 [1]	多个	多种	4.6-30	多种	多种	0-79		多个来源
溴化物	美国东北部	草地、草地＋木本	7.5-15.9	6-16	SiL-SiCl	0-25	0-14	Schimit 等（1999）
氯化物	芬兰	草地、草地＋木本	10	>10	C-CL		50	Uusi-Kamppa 等（2000）；Uusi-Kamppa，Ylaranta（1996）
除草剂	多个	多种	6-15.7	6-14	多种	0-91		多个来源
杀虫剂	美国东北部	草地、草地＋木本	7.5-15.8	6-15	SiL - SiCl	0-80	25-73	Schimit 等（1999）

[1] 这些取值范围是根据 55 个已公开发表的、关于滨河林带对径流中 N 或 P 元素去除效率的研究而总结的。因此，这一表格主要是对已有研究的实例说明，而不应当作为归纳一般性结论的数据来源。N、P 元素不同的存在形式具有不同的生态系统功能，也从不同侧面反映了生态系统的健康程度。在对 N、P 元素去除率的评价过程中，这些研究也分别考虑了一种或几种养分元素的存在形式或测量方法。就 N 元素而言，具体包括：总氮，氮氧化物（土壤孔隙水、地下水等），凯氏氮，氨氮，以及含氮有机颗粒物。对 P 元素而言，具体包括：总磷，生物有效磷，磷酸盐。此外，在这些研究之间，植被缓冲带的宽度、流域的平均坡度、土壤类型、植被类型等方面都存在巨大的差异。

[2] 土壤质地的分类：SiCL＝粉砂质黏壤土；SiL＝粉砂质壤土；CL＝黏壤土；C＝黏土

[3] 其中一些研究也提到了如下的情况，即具有缓冲带的河流中的养分元素或污染物浓度会高于没有缓冲带的河流。这种现象被解释为：在这些研究开展之前，滨河缓冲带中就已经积累了大量的污染物；而在一场大雨过程中，这些污染物被重新释放到了河流之中。*这种滞后现象的存在表明了对滨河缓冲带进行长期观察和研究的必要性。应当通过一系列不同间隔的观测来代替一次性的、"快照"式的研究。

*Coyne, M. S., R. A. Gilflllen, A. Vallalba, 2. Zhang, R. Rhodes, L. Dunn, and R. L. Blevins. 1998. Fecal bacteria trapping by grass filter strips during simulated rain. *Journal of Soil and Water Conservation* 53：140-145；Magette, W. L., R. B. Brinsfield, R. E. Palmer, and J. D. Wood. 1989. Nutrient and sediment removal by vegetated filter strips. *Transactions*, *American Society of Agricultural Engineers* 32：663-667.

资料来源：改绘自 Dosskey, M. G.（2001）. "Toward quantifying water pollution abatement in response to installing buffers on crop land." *Environmental Management* 28：577—598；Hickey, M. B.C., and B. Doran.（2004）. "A review of the efficiency of buffer sttips for the maintenance and enhancement of riparian ecosystems." *Water Quality Research Journal of Canada* 39：311-317；and Wenger, S.（1999）. "A review of the scientific literature on riparian buffer width, extent and vegetation." Athens, Office of Public Service and Outreach, Institute of Ecology, University of Georgia.

中的 89%（54% 的总输入量）会被滨河林带所去除。其中 1/3 的氮元素会被植物所吸附，而 2/3 的氮元素会通过反硝化作用挥散到大气中。大多数的磷元素是以颗粒物的形式存在，输入滨河林带的磷元素中的 94% 是通过地表径流的形式发生的；而在这一过程中，滨水植被带会滞留其中的 80%（或者总输入量的 75%）。另一些对美国南部滨海平原地区的研究也证明：农业用地地表径流中的养分元素，在经过滨河缓冲带之后，也达到了一个相似的去除比例。[38]

湿地同样具有过滤过多养分物质的功能，但是相对于滨水林带而言，其去除率并不稳定。湿地通常总是具有泥沙沉淀、滞留的功能，但这一点只在相对较短的时间尺度上（几年或数十年）是这样。更多情况下，它们可能会同时成为氮、磷和其他营养元素的源或汇。湿地可以沉积被土壤吸附的磷元素，但在稍后的时间里这些磷元素可能会以溶解态的形式被释放。湿地的过滤能力尤其取决于它们的水文、化学、生物方面的特性；因此，其处理能力应当根据每个案例的实际情况而定。

滨水林带也会滞留其他的营养元素或污染物，例如钙、钾、镁和铅。[39]当上述这些污染物不是来自某一个固定的地点（例如，污水处理厂），而是来自于铺装道路、草坪和农田的径流时，这些污染源就是人们所熟知的非点源污染源。一项在弗吉尼亚州北部地区开展的场地研究表明：城市地表径流的非点源污染物中，85-95%的铅会以沉积物的形式被大量的截留在滨河缓冲带之中。[40]滨水植被同样能过滤油脂和其他的污染物，例如杀虫剂、除草剂等。最近的研究表明，滨水缓冲带可以显著的去除这些污染物，去除效率通常会高于50%，而在某些情况下会可高达90%；具体途径主要是通过将污染物滞留于土壤之中，或者将它们同化为植物的机体组织。[41]但植物本身不会受到危害，因为这些化合物会被稀释到没有毒性的浓度，或者被累积在某些不会产生进一步危害的植物组织之中，或者从化学层面通过酶或其他方式进行了解毒处理，或者最终扩散到了大气之中。[42]

滨河廊道去除污染物的效率取决于一系列的影响因子，其中最重要的是：污染物的化学属性，土壤性质、缓冲带的宽度、径流的速率等等。在已发表的大量研究中，相对于氮、磷、颗粒物方面的研究而言，关于滨河缓冲带去除某一具体类别污染物效果的研究极其有限。这是因为：杀虫剂和除草剂等具体污染物的种类繁多，它们大多也具有不同的属性，而这些化学物质通常也只是在农业面源污染的径流中才有极高的浓度；而氮、磷的影响几乎是无所不在的，而且可能会对任何受人类干预的生态系统都带来影响。

在温带地区，滨河植被的季节性生长模式，能够控制输入或沉积在河道中的过量营养元素的组成、浓度和时间点。滨河林带通常是在夏季吸收氮元素，而在秋季或早春时节会释放氮元素。[43]除去那些最终被滞留的营养元素之外，如果滨河植被在生长季之后释放了大量的营养元素，这意味着植被带的生物量并没有显著增加。这些被释放的养分元素，虽然不会对所研究的河段本身造成影响，但这些过量的养分物质会顺流直下进入下游河段，将会影响下游受纳水体的水质。

这部分内容所涉及的信息有些复杂，但滨河林带可以有效地过滤降雨径流中的大多沉积物和养分物质这一点是相当明确的。滨河林带的过滤能力，即取决于汇水区的坡度与河漫滩的宽度，也取决于滨水植被的属性，包括：密度、演替阶段、生长的季节性变化、衰老趋势等。宽度越宽，郁闭度越高的滨河林带，其过滤效果越优于相对狭窄的、植被稀疏的廊道；而处于快速增长期的、处于演替初级阶段的植被相比成林而言，会吸收更多的营养物质。

水温的调节

温度是度量水质的一个重要特征。较高的水温会降低水中溶解氧的浓度，从而会降低有机物质和污染物的降解速率，最终会降低对水生生物的承载力。许多受人们喜爱的垂钓鱼类，尤其是大多数的鳟鱼，通常都需要较低的水温，它们在水温较高的河流里甚至是无法生存的。较高的水温同样增加了沉积物中养分元素释放的速率。例如，在温度高于 59° F（15℃）时，微小的温度上升就会导致沉积物中磷元素的释放速率的显著提升。[44]

在夏季，直接与河道相邻的滨水植被，可以通过遮阴的方式避免极端温度的产生[45]（见图 4.8）。因此，对于实现上述目标而言，北半球位于河道南岸的植被比位于北岸的植被更具有意义。[46] 在滨水廊道的内部或外围，植被增加雨水下渗和土壤持水量的功能，同样也有助于河水在湿热季节保持相对较低的水温。较宽的绿道相对狭窄的绿道而言，通常可以保持更低的水温，这是由于它们具有更高的土壤渗透和蓄水的能力。当地下水补给量在河流总流量中的比例很高时，水温将会表现得更加稳定；因为，地下水通常是恒温的，而且温度几乎会一直维持在全年平均气温的水平。[47] 这种水温恒定的特点更容易在较小的河流中表现出来；因为，这些河流枯水期的最小流量几乎完全是地下水的补给（基流）。对于所有的河流而言，如果能将被保护河段滨河植被的范围延伸到河流的上游，这将会对该河流的水温调节产生重要的意义。

位于源头的溪流，由于水量较小，其水温的高低很容易受到太阳辐射变化的影响。[48] 因此，源头溪流的水温也很容易通过滨河植被来进行调节。[49] 对于规模和宽度更大的河流而言，滨河廊道树荫面积相对水面面积的比例虽然减小了，但这些河流受到太阳辐射的影响也会大大降低；因为，更多的水流与河道容量会消除水面温度上升的影响。[50] 比降较低

图 4.8
滨河林带通过遮阴的方式有助于河流维持较低的水温（摄影：D·史密斯）

的河流是一种特例，由于水在河道中停留时间的增加，水温的日际变化也会更加显著。[51]

对于非常小的溪流而言，植被的郁闭度和植被提供树荫的能力，才是决定滨河植被水温调节功能最重要的因素。[52] 对于这些河流而言，如果滨河林带的郁闭度足够高的话，廊道的总体宽度对于水温的控制而言就会是相对次要的考虑因素。

但是，对于安大略省多伦多市的一些较大的溪流（二级或三级）而言，河流廊道的长度和宽度都会影响夏季的水温状况；在那些滨河植被带比较狭窄或发生碎化的河段，一些重要的鱼类无法在那里定居和繁衍。[53] 对于安大略省的溪流而言，美洲红点鲑、褐鳟、虹鳟这些种类，在夏季平均水温高于 72°F（22℃）的河道中是难觅踪影的。因此，保证较低的水温是环境保护和渔业管理过程中的一个重要目标。图 4.9a 是一幅关于河流水温的等值线图，它表明：滨河植被带较窄的河流，需要将植被带的设置范围向上游延伸更长的距离，才能将水温维持在一个预期的水平上。如图 4.9b 所示，对于没有滨河廊道遮蔽的下游开阔河面而言，从滨河林带结束的位置向下，平均水温会以每公里 1.5℃ 的速度逐渐升高。如果同时考虑滨河廊道的宽度和向上游延伸的距离这两方面的因素，我们则可以通过上述方法进行线性插值，从而粗略地给出滨河林带最小宽度的建议。例如，"一个向上游延伸 3km 的、完整的滨河廊道，可能只需要 10m 宽的滨河林带，就可以将河流每周的平均最高水温控制在 22℃ 以下"。[54]

这项研究的学者也警告说：这种插值计算的方法，可能仅限于在他们的研究场地内使用，或者不适用于其他的环境；而且这一方法只有当水温控制目标小于 22℃ 时才是有效的。当然，世界上其他区域鱼类在河流中生存的受限温度可能高于或低于 22℃。不管怎样，这一研究告诉我们：通过地方或区域性研究工作的开展，我们同样可以获得类似的设计导则。

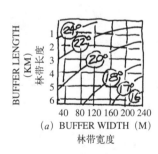

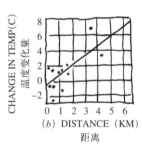

图 4.9

(a) 基于安大略省南部地区的河流观测数据，研究得出的河流水温与滨河林带宽度、林带长度之间关系的经验模型。

(b) 一条未受干扰的滨河廊道，下游某点的水温与该点到滨河林带距离之间的数量变化关系。（改绘自：Barton, D. R., W. D. Taylor, and R. M. Biette. [1985]. "Dimensions of riparian buffer strips required to maintain trout habitat in southern Ontario streams." North American Journal of Fisheries Management 5：364—378，美国渔业协会授权使用）

滨河廊道与水生生境

许多受到滨河植被影响的河流物理、水文和水质净化过程反过来又会对河流中的生物和群落产生直接的影响（表4.4）。除了前面讨论过的功能之外，滨河植被对于水生生物的重要性还体现在：它有助于提高滨河栖息环境的稳定性和多样性。滨河地带的倒木、树枝和根系可以形成深潭、叠水和浅滩（图4.10），而树木本身则可以巩固堤岸。[55] 枯落物会形成多种类型的栖息环境，并极大地提升水生物种的生物多样性。[56] 落入河中的枯落物和沿河岸散布的植被，也为不同生物提供了多样的遮蔽物。大多数的水生昆虫，在它们生命周期中的某个阶段，都会直接或间接地依靠滨河植被。[57] 但是，对大型无脊椎动物而言，滨河植被的砍伐与生境破坏并不是同义词。卡森（Carlson）[58]、诺埃尔（Noel）等 [59] 发现：可能由于光照增加的原因，在被砍伐过的滨河地带，大型无脊椎动物的种群密度要高于没有被砍伐的滨水区。纽博尔德（Newbold）等人则发现：当廊道宽度大于30m时，随着宽度的增加，大型无脊椎动物的种群密度并没有显著差异；但是，当廊道宽度小于30m时，物种的多样性会随着宽度的减小而发生显著的变化。[60]

表 4.4　滨河植被带在保护动植物的群落结构方面的效果

表格中包含两个对比研究。表格的第一部，观察组：滨河林带和外围林地都被皆伐；对照组：滨河林带和外围林地都未受干扰。表格的第二部，观察组：只有外围林地被皆伐；对照组：滨河林带和外围林地都未被干扰。

地点	外围林地的植被状况	滨河林带的宽度	指示因子	指示因子的变化[1]或缓冲带的效果[2]	说明	参考文献
对比研究（观察组：滨河林带和外围林地都被皆伐；对照组：滨河林带和外围林地都未受干扰）						
安大略省	林地被采伐	无林带，被采伐	枯枝落叶	10%		France 等（1996）
华盛顿州	林地被采伐	无林带，被采伐	枯枝落叶	~10%		Billy，Bisson（1992）
阿拉斯加州	林地被采伐	无林带，被采伐	枯枝落叶	~10%		Duncan，Brusven（1985）
不列颠哥伦比亚省	林地被采伐	无林带，被采伐	鱼类的种群密度	25%	滨河植被恢复后，鱼类种群也得到恢复	Young 等（1999）
对比研究（观察组：只有外围林地被皆伐；对照组：滨河林带和外围林地都未被干扰）						
美国西北部地区	NA；LWD无影响	一倍树高	倒木、较大的枯枝	"大部分"	大部分 LWD 来自于廊道内部的植被	Robinson，Beschta（1990）
俄勒冈州喀斯喀特山脉	NA；LWD无影响	一倍树高	倒木、较大的枯枝	"大部分"	大部分 LWD 来自于廊道内部的植被	Van Sickle，Gregory（1990）

续表

地点	外围林地的植被状况	滨河林带的宽度	指示因子	指示因子的变化[1]或缓冲带的效果[2]	说明	参考文献
华盛顿与俄勒冈州	NA	30m	倒木、较大的枯枝	85%		McDade 等 (1990)
华盛顿与俄勒冈州	NA	30m	倒木、较大的枯枝	<50%		McDade 等 (1990)
亚伯达省	没有植被	40m	植物群落	几乎全部		Harper, MacDonald (2001)
缅因州	林地被采伐	80m	灌丛密度	缓冲带灌丛的密度高于对照组		Johnson, Brown (1990)
缅因州	林地被采伐	80m	树木和枯木的密度	缓冲带树木和枯木的密度低于对照组		Johnson, Brown (1990)
魁北克省的香脂冷杉林	林地被采伐	20m, 40m	灌丛密度	缓冲带灌丛的密度高于对照组	20m 缓冲带中灌丛的密度高于 40m 缓冲带	Darveau 等 (1995)
		35-80m	河流荫蔽	60-80%		Brazier, Brown (1973)
		75-125m	河流荫蔽	60-80%		Steinblums 等 (1984)
怀俄明州	未被考虑	非针对廊道宽度的研究	鱼类个体的多度	详见"说明"中的内容	鱼类的种群规模与滨河植被的盖度正相关	Wesche 等 (1987)
缅因州	林地被采伐	80m	鸟类种群密度和物种丰富度	缓冲带中的种群密度低于对照组		Johnson, Brown (1990)
纽芬兰省的香脂冷杉林	林地被采伐	20-50m	鸟类个体的多度	干扰耐受种的数量增加；敏感种的数量减少		Whitaker, Montevecchi (1999)
魁北克省的香脂冷杉林	林地被采伐	20m	鸟类种群密度：广布种	没有变化		Darveau 等 (1995)
魁北克省的香脂冷杉林	林地被采伐	60m	鸟类种群密度：森林内部种	几乎无变化		Darveau 等 (1995)
安大略省的狩猎区	林地被采伐	60m	驼鹿的种群密度	>100%	冬季驼鹿更喜欢被砍伐的滨河林带；夏季无此偏好	Brusnyk, Gilbert (1983)
魁北克省的香脂冷杉林	林地被采伐	20, 40, 60m	小型哺乳动物的多度	不同宽度间没有差别		Darveau 等 (1995)

NA= 未给出，LWD= 倒木、较大的枯枝

[1] 指示因子在试验组（滨河植被破坏）中对应的数值，与对照组之间的百分比关系

[2] 指示因子在试验组（滨河植被被保护，外围林地被破坏）中对应的数值，与对照组之间的百分比关系

图 4.10
倒木所形成的深潭和浅滩，
这对提供多样的水生生境具
有重要的意义（摄影：D·史
密斯）

此外，一条河流越是蜿蜒，它能提供给水生生物的生境类型就越多样。[61] 随着河流的河床类型、水位深度、水流速度等差异性的增加，鱼类的生物多样性也随之增加。[62]

滨河林带同样是水生生物主要的食物和能量来源。在以森林植被为主的流域中，河流食物网中传递能量的 99% 可能都来自于临河的森林植被。[63] 在上游河段，滨水植被更是主要的食物和能量来源。滨河林带所产生的倒木或较大的枯枝可能会形成水坝，而这些水坝可能会阻止河水中的有机物向下游移动；这些河流既包括位于源头的溪流，也包括高级别的河流；因此，这一过程可以为河流提供一种非常稳定的、长期的、充足的食物供给机制。[64] 扬（Young）等人的报告指出：鱼类种群数量的多度会因为滨水植被的砍伐而降低 75%；但随着植被的逐渐恢复，鱼类的数量最终也将恢复到原来水平。

当滨河植被带中有多种提供食物的来源时，水生生物的种群数量和丰富度都会提高。[65] 草本的地被植物具有较高的营养物质含量，而只要它们一落入河中，很快就会被生物所取食。落叶灌木和乔木的枯落物具有更高的纤维含量，通常在进入河道的 60-90 天后，才会被水生生物取食干净。针叶树的落叶则需要 180-200 天的时间才能完成上述过程。进入河流中的树枝和树干会为河流食物链提供一个长期的养分储存池。因此，状态良好、多样性较高的滨河植被，在全年的时间里都可以为河流生态系统提供稳定的食物供给。但是，研究表明：滨河植被带的宽度如果减小，这些功能也会减弱。例如，麦克达德（McDade）等人在对华盛顿州和俄勒冈州的河流开展研究时发现：就进入河道中的、较大的木质枯落物数量而言，30m 宽的滨河林带所产生的数量，可以达到那些未受干扰的自然河流中木质化枯落物数量的 85%；而对于滨河林带宽度只有 10m 的河流而言，这一数字只有 50%。[66]

　　生境破碎化作为陆地物种保护所关注的核心，同样也是水生生态系统完整性保护的一个主要威胁。河道外围和滨河植被如果被大规模地破坏，鱼类和其他水生生物向上下游移动的可能性则会降低，这方面的影响在之前的内容中已经讨论过了。由于城市开发和农业生产而导致的水质的极度恶化，也会造成河网中水生生物种群的彼此隔绝。[67] 同陆生动物类似，虽然有一些物种可以承受这种影响，但另一些水生物种则完全无法适应这些改变。除了可以提供栖息环境之外，没有受到干扰的、连续的滨河廊道，也可以为水生生物提供连通性，并成为其活动、迁移的重要通道。

滨河缓冲带效果的影响因素

　　许多的因素都会影响滨河缓冲带对沉积物、营养物质和污染物去除的效果（表 4.5）。从广义上来说，这些因素可能包括：景观和缓冲带的地理背景或地貌特征，动态的水文过程，径流本身，土壤，生物群区等。正如之前讨论中提到的，河漫滩的宽度是一个非常重要的因素；因为，一个窄于河漫滩的滨水缓冲区将无法滞蓄较大的洪水。

表 4.5　滨水缓冲带效果影响因素的总结

影响因素	生态系统哪方面性质
泥沙、养分和污染物的输入率	径流
泥沙、养分和污染物的浓度	径流
泥沙颗粒物的粒径	径流
植被类型	生物群落
降雨，总量和强度	气候
坡面流的流量、流速和径流量	水文
土壤渗透速率（渗透性）	土壤
土壤含水率；土壤最大持水量	土壤
土壤：其他因素（氧化还原电位，pH，温度）	土壤
土壤吸附能力	土壤
汇水区的平均坡度	地形
河漫滩宽度	地形
汇水区大小	地形
土地利用	人类活动

如果整个流域或滨水廊道的坡度较陡，径流穿过滨水区的速度会非常快。在这种情况下，泥沙沉积的时间就比较短，营养元素也无法被土壤颗粒吸附或植物根系吸收。因此，沉积物和营养元素更容易进入河道之中。

流域内的土地利用情况同样会影响径流的流速和汇流时间。当雨水落到铺装和建筑等不透水地面时，由于没有植被和土壤的截留与缓释作用，其产汇流的时间会大大缩短。就这方面功能而言，草地并不会显著的优于不透水地面的表现；因为，雨水入渗草坪的速率同样很低。这使得草地的径流总量也非常大，而且径流中通常含有除草剂、杀虫剂、化肥等污染物。

流域面积的大小有时也被认为会影响滨水缓冲带的养分和泥沙输入；但是，这一点并没有被充分的证明。直观的逻辑上，面积大的汇水区会产生更大的污染负荷，但有证据可以驳斥这一观点。已经有观察表明，在面积较大的汇水区中，离河道距离较远的养分物质和泥沙，可能在没到达滨河林带之前就已经发生了沉积作用。[68]

滨河缓冲带的宽度是决定其过滤作用发挥的首要因素。本章所介绍的这些讨论缓冲带宽度与生态功能之间关系的实证研究中都体现了这一点。我们还将在本章稍后的内容中，进一步讨论如何确定某一滨河绿道的最低宽度。

水文过程会对滨河廊道的缓冲效果产生影响。这主要表现在径流的流速对侵蚀与沉积过程的直接作用；而径流的流速则是由汇水单元的平均坡度和表面糙率所决定的。更快的流速通常会产生更大的冲击，以及携带更多的泥沙。因此，需要一个更宽的植被缓冲带来有效的过滤这些径流。此外，径流的强度变化也会受到时空差异的影响。例如，当径流以均匀的层流的方式通过滨河廊道时，廊道过滤与蓄存的功能会最大限度地发挥。但是，大多数的地表径流（其携带的泥沙）都是通过浅沟、明渠、溪流等方式汇集和输送的，而当暴雨发生的时候，这些水流都会变得非常湍急。[69]在地形复杂的干旱地区，水流的湍急程度可能会更大。这些地方虽然降雨很少，但特大暴雨也时有发生，从而使得这些区域极其容易发生不均匀的侵蚀现象。[70]

径流中泥沙的特性同样会影响到缓冲带的过滤效果。地表径流中泥沙沉积所需的缓冲距离，会因为水中颗粒物粒径分布的不同而存在很大差异。随着水流速度的减缓，大的颗粒物会比小颗粒物先从悬浮状态中沉积下来。因此，相对狭窄的滨河植被林带可以截留沙质的颗粒物，但可能无法使偏黏质的颗粒物进行有效的沉积。河漫滩湿地可以很好地促进黏质颗粒物的沉积，因为在那里流速会慢到近乎零；而进入湿地的水体也会在其中停留足够长的时间，以至于非常细小的黏土颗粒也可以从悬浮状态沉淀到湿地底部。[71]

滨河缓冲带的效果很大程度上还取决于它所在区域土壤的理化特性。透水性或土壤渗透率，可以通过饱和水力传导度来进行定量化的表述。土壤最大持水量，决定了土壤最多能够容纳多少水分。土壤从水中截留和由此而去除有关化合物的能力，可以通过土壤的吸附能力来衡量。其他化学方面的属性通常可以用来预测土壤吸附化合物以及支持某些反应的能力（例如反硝化作用）。这些指标通常包括：温度、pH、氧化还原电位（某一物质对负电荷的吸附性，实际应用中可以反映土壤的气体交换情况）。

最后，植被是影响缓冲带过滤效果的另一个决定性因素。不同的物种或群落吸收某一具体养分物质的比率会有所不同。他们减缓流速和流量的能力也会取决于植物地上和地下部分的具体结构，即根系和枝干的数量与尺寸。只要滨河植被的高度足够高，而且不会被水流淹没或冲倒的前提下，这些植被就可以通过降低水流速度来促进颗粒物的过滤和沉积。[72] 自然状态下，植物群落每年发生的变化，使得滨河植被带能够长期有对泥沙等污染物进行有效的过滤。例如，在美国新罕布什尔州怀特山地区，针对滨河缓冲带的实验性研究表明：被滞留的泥沙并不会堵塞地表松散的枯落物层，也不会降低其过滤的效率；因为，每年的落叶都会形成新的地表枯落物层。[73] 某些物种会受到污染的影响和损伤，但另一些物种则具有隔离或解毒污染物的功能。对于这些截留污染物的滨河植被而言，植被带中污染物积累的浓度如果过高，这些植被的过滤净化能力会大幅降低，甚至滨河植被最终还会受到损伤。最常见的就是沉积物中含有大量的盐、重金属或其他有害化学物质，而这些污染物会使植被发生退化。关于污染物对植物影响的研究已经有大量的文献发表，但针对滨水区植被的场地研究则几乎没有。不管怎样，当污染物浓度较高的时候，植物非常容易受到损害，植被生产力会降低，植被带对污染物的截留、过滤的效率也会相应地大幅降低。

理论上，滨河廊道将养分物质截留、吸收并转化为植被生物量的能力并不是无限的。这一能力无法超越植被带能承载的生物量的上限。[74] 在达到这一限制之前，滨河林带中的植物会继续吸收输入的养分物质，使得植被的生物量继续增加；当达到这种限制之后，养分被吸收与释放的净值不会再增加，除非有干扰机制的引入。这种干扰机制包括：自然干扰（例如，飓风导致的树木死亡），以及人为干扰（例如，树木的砍伐）。

经过数年的时间之后，被截留的营养元素最终会通过地下水或河岸侵蚀等方式被冲刷到下游地区。[75] 但是，这些营养元素的输入大多是以有机物残体的形式，而这些有机物残体会成为许多水生生物的食物。相比无机形态存在的养分元素而言，有机残体不容易导致富营养化的问题；因为，无机形态的营养元素更容易被植物所吸收。

当植物的生长季节与径流所携带污染物的峰值不一致时，滨河植被的缓冲、过滤作用可能无法正常发挥。例如，在北方的温带地区，冬季会在道路上撒盐来促进融雪，而这会成为输入河道中的主要污染物。当初春积雪消融的时候，如果又有较大的暴雨发生，这会导致场地的径流和河道流量都显著的增加；这种情况往往发生在滨水植被开始生长之前，因此植被无法吸收营养物质。正如前面提到的，早春季节流量的增加与水生生物的生长周期并不一致，但这些营养物质在稍后的时节仍然可能会对下游河段产生影响。

针对上述问题中的一部分，可以通过管理策略的运用来消除污染物积累的影响。在污染物累积数量较高的河段，通过选择性的树木砍伐或沉积物的移除，可以非常有效地缓解污染物积累的负面影响。这些措施在一些案例实践中已经取得很好的效果，而这些案例大多发生在美国的东南部地区。[76] 在大西洋沿岸的滨海平原地区，这种管理实践的活动至少已经进行了 20-30 年；而这些流域大都具有相似的土地利用和耕作模式。[77] 此外，树木砍伐与植被收割的过程，还要认真考虑时间安排和实施的方式，从而避免对植被带的非点源污染的控制能力产生负面影响。通常应当只砍伐成熟的树木，这一操作也应当在旱季进行，从而减小对土壤的干扰。植被如果仍然处于相对活跃的生长期，而被截留的沉积物的组成也没有毒性，滨河林带应该仍然是一个可持续的、可以对营养元素和泥沙进行有效过滤的缓冲区。

人类活动对滨河廊道的影响

纵观历史与现在，对世界上几乎所有的人类文明而言，河流与滨河生态系统一直都是非常重要的资源。[78] 人类活动沿河分布的位置通常是可以预测的；同样，人类活动对水生生态系统的影响也可以由此来预测。这些影响河流水质与滨水廊道生态完整性的人类活动主要包括：农业、城镇化、林业、交通运输、休闲游憩、防洪，以及因人类用水而导致的水位下降。每种人类活动都有一系列典型的负面影响；其中一些影响，可以通过维护或修复自然滨水植被的方式来缓解或改善。

流入河流中的物质要么集中在一个单一的排放口（点源），或者是沿着一个广阔的区域分散的进入（非点源）。来自污水处理厂、雨水和污水管网的污染物属于前者。这些点污染源中的污染物可以通过工程措施来进行控制，而滨水植被对这些污染源几乎没有什么作用。一些政府部门认为，美国地表水一半的污染物来自于点源。[79] 许多的人类活动则会产生非点源污染，而这些污染源更难控制；因为，它们进入河流的方式并不是通过一个单独的点。控制面源污染源最好的方式，就是通过流域内有效的土地利用规划，从而在源头上去除或减少污染物。但是，面源污染如果真的发生了，一个未受人类干扰的、连续的滨河植被缓冲带则可以成为有效控制面源污染的第二道防线。

农业的影响

美国 1972 年颁布的联邦《清洁水法案》，以及之后一系列的修正案，是促成对其国内河流治理进行投入的主要原因。这些投入中的大部分都被用于治理城市和工业污水，但这些通常是点源污染。这些项目中有一些成功的案例，例如伊利湖（Lake Erie）[80] 和西雅图（Seattle）市的华盛顿湖（Lake Washington）的生态恢复。[81] 但是，经过近 30 年的努力，美国的地表水水质总体上仍在面临着进一步恶化的趋势。大气沉降、植被破坏、人口增长和畜牧养殖都会增加水生生态系统的非点源污染负荷，而农业可能是所有人类活动中影响最大的一种。[82]

农业活动破坏了自然植被，改变或移走了场地原有土壤，引入了化肥和有毒化学物质，例如杀虫剂和除草剂。这在总体上会改变陆地与水生生物群落的结构和过程。例如，田地里施用的、未被作物完全吸收的化肥，最终可能会进入地表径流或地下水。湿润和肥沃的土壤条件使得滨河廊道可以成为农业的高产地区；因此，原本连续的廊道常常会被农田所割裂。当滨河的漫滩低地被转变为耕地时，这会对下游地区产生双重的负面影响：来自周边景观的沉积物和营养元素的输入会增加；由于植被的减少，残余滨河林带的过滤能力也会减弱。[83]

放牧的影响

在干旱的美国西部地区，滨河廊道通常是这片荒芜景观中唯一可以进行放牧的绿洲。它们通常具有充足的水源，繁茂的植被和更多的荫蔽。

但是，在滨河地区长时间的集中放牧，通常会导致河岸植被的踩踏和过度啃食。[84] 当河岸与河漫滩的植被遭到破坏之后，土壤侵蚀很快就会发生，而这种侵蚀反过来又会通过前面提到的种种过程来降低河流的生态完整性。退化的植被将不能滞留径流中的泥沙和营养元素，而且也无法消减洪水的动能与势能；洪水这种巨大的冲力会导致更严重的土壤侵蚀的发生，河流也会向湖泊、水库等受纳水体输送和沉积更多的泥沙。由于植被和河流结构的破坏，廊道会丧失它水源涵养的能力，从而导致局部地下水水位的下降。在干旱地区，河流可能会从长年有水变为季节性有水，而且在夏季可能会完全的干涸。不论干旱或湿润地区，牲畜都产生大量的排泄物，从而使更多的营养元素排入河流。当这些因素复合在一起的时候，其对河流本身、河流水质、生物组成、陆地野生动物、生态系统、下游土地利用等方面的影响都是毁灭性的。[85]

河道渠化的影响

在过去的一个世纪里，防洪工程的推广使得美国许多的河流都已经被渠化（裁弯取直、河道加深），其目的是促进防洪和降低地下水位。人们目前还在对河道渠化是否真的有助于防洪这一问题争论不已；但是，在生物学家眼中，"河道渠化是生态灾难"却早已达成共识。[86] 河道渠化减少了河流的长度以及滨河植被覆盖的面积。上游河段渠化的影响，最终会抵消泥沙控制和污染物过滤方面的许多努力，而这一点表明了开展流域综合管理的重要性。

关于河流渠化的负面影响，目前最深刻的一个案例就是佛罗里达州的基西米河（Kissimmee River）。卡尔（J.R. Karr）描述了这条河渠化后的一些主要的影响：[87]

- 将一条原本 166km 蜿蜒曲折的河流变成了长 90km 的、又宽又深的河渠，而后者几乎起不到对生命系统支持的任何作用。
- 由于行洪速度的加快，以及河漫滩湿地中水量的减少，河道两侧的地下水水位大幅降低。
- 由于季节性的洪水不再淹没先前容易被淹的区域，场地内残留的湿地会逐渐退化，甚至消失。
- 原有高低水位季节性变化的水流模式被改变，这使得渠化后的河道在枯水期更像是一个水库而不是河流。
- 陆地和湿地植物群落复杂性降低，适宜陆生生物和鱼类生活的栖息地种类和数量也不断减少。

河流渠化，包括对滨河林带的砍伐，对于非点源污染的控制具有很大的影响。在北卡罗来纳州的滨海平原地区，被渠化河流中氮、磷的浓度水平要显著高于没有受到干扰的河流。[88] 氮元素输入的增加是由于：地下水位的降低使得许多滨河湿地被转为了耕地，而这些湿地先前是截留氮元素的。地下水位的下降同样也减少了地下水向河流补给的水量，这使得来自上游地区的水流成了河流径流量的主要部分，而这部分水量具有非常高的含氮量。由于耕地的增加与河岸变陡，这些区域土壤侵蚀的现象也更容易发生；因此，河水中磷的浓度也随之增加。

河流取水与地下水开采的影响

河流、水库、地下水全都是重要的水源。通常情况下，人类对水资源的开采、利用可能会导致水质的下降和滨水植被退化。厄尔曼（D.C. Erman）与霍索恩（E.M. Hawthorne）的研究表明：上游地区的取水会导致水位下降、流量减少，而这一点对于需要一定水位、流量来进行产卵和鱼苗孵化的鱼类而言是一种巨大的灾难。河流流量的减少同样会降低水中污染物稀释、降解的能力，从而使水质恶化。[89]

同西部的许多滨河廊道一样，加州的卡梅尔河谷（Carmel River valley）地区的地下水位由于过度开采而降低，这也导致了滨水植被的严重退化，以及河岸侵蚀的加剧。[90] 地下水开采与水位保持的冲突总是存在的，这是因为河漫滩的土壤往往是非常好的含水层，而在干旱地区则更是如此。[91]

公路与市政管线的影响

河流或溪流在地形上塑造的廊道，往往非常适合交通与市政设施的选线或选址；因为，滨河廊道具有平缓的地形和容易开挖的土壤。其中，公路对河流环境的影响尤为严重。当来自公路的融雪盐和其他化学污染物被冲入滨河林带之后，林带中的植被可能会受到损害，滨河植被截污的能力可能会因为超负荷运转而受到冲击。由于不透水地面（例如，道路、建筑、停车场等）增加所导致的地表径流的上升，则会加速土壤侵蚀过程的发生。

游憩活动的影响

近年来，滨河廊道对休闲游憩的使用需求产生了巨大的"磁力"。这一巨大引力的产生主要是由于滨河廊道具有多样化的游憩资源和休闲空间，同时它也能满足人们亲近流水的需要。游憩活动对滨水廊道则产生一些负面的影响，具体包括：植被破坏，枯落物层的踩踏、压实，土壤渗透性的降低，径流增加，侵蚀和沉积的发生等等。[92] 人和其宠物的出现也干扰了其他动物对廊道的使用。

城镇化的影响

城市化会导致景观中不透水地面的显著增加，而这又会进一步降低雨水的土壤下渗，以及加快径流的流速。这种变化会进一步导致城市排水的过程发生改变，污染物更容易进入河流，污染物的浓度变得更高。这一情形在工程项目建设过程中更容易发生；因为，场地内的土壤可能刚被挖掘过或植被已被破坏，从而更容易发生水土流失。

城市中产生的径流大部分会进入城市的雨水收集系统，经过雨水管网的输送，最后进入河流等受纳水体。雨水管网中排出的雨水通常会包含大量的泥沙、营养元素、有毒有害物质等，而这些污染物大多是从道路和停车场冲刷而来的。有的情况下，雨水径流会经过场地上的滞留和蓄留池塘，而这些池塘会促进雨水中泥沙与颗粒物的沉降。[93] 滨水植被通常对这些点源污染具有很小的作用。但是，在有些情况下，来自点源的雨水会被引向人工湿地，在那里雨水可以被过滤和下渗。

美国和加拿大目前已经基本实现了生活污水的集中处理，而处理之后的尾水会以点源的方式直接排入河中。但是，在一些郊区和乡村地区，生活污水往往是通过分布式的净化系统和社区滤池等设施进行相对简易的处理。这些处理方式会增加地下水中的污染物，尤其是营养元素的增加，而这些营养元素随后也可能会被植被所吸收。

绿道的设计与管理中的应用

未受干扰的、健康的滨河廊道具有水质净化与水生生境保护的功能是毋庸置疑的。相反，滨河林带如果被破坏或砍伐则会引发一系列的连锁反应，从而产生许多的负面的影响。但是，在许多的绿道项目中，很多不必要的努力都花在了土地获取方面，而不是用在廊道规模与结构的设计方面。正如本书中讨论的案例所展示出的一样：简单、随意的划定廊道范围通常不是一种最有效的方式；因为，绿道的具体设计会极大地影响其功能的发挥。

从实现水资源综合保护的目标出发，我们将在本节中重点总结滨河绿道生态设计的主要问题。此外，我们还将解释对滨河林带进行生态健康度评估的意义，阐述理解滨水廊道环境背景的必要性，以及讨论滨河绿道设计、管理和生态恢复过程中所涉及一系列具体问题，例如廊道宽度、廊道构成要素等。

目前，我们对滨河廊道的具体功能和其局限性的研究仍处于初级阶段，这一点是我们需要首先明确的。此外，关于滨河廊道中许多复杂过程的运行方式，以及滨河生态系统与河道、廊道外围用地之间的相互作用关系，我们同样知之甚少。通过滨河廊道的保护来构建绿道的发展趋势是令人鼓舞的；但是，把滨河廊道作为水源保护的万灵药却是非常危险的。真正有效解决问题的方式显然不会那么的简单。

流域尺度上大面积森林皆伐或城镇化，往往导致土地利用的巨大改变和一系列的负面影响。保留一条滨河林带的思路和措施本身并不足以缓解上述影响。因为，来自整个流域的径流和污染的压力，可能会完全超出滨河生态系统的应对能力，从而使其发生退化。滨水林带可以在缓解侵蚀发生方面发挥相当大的作用；但是，随着泥沙、被吸附的营养物质和有毒有害化学物质输入的增加，滨水植被的健康和生长过程也会因此而发生改变。[94] 这些改变最终的表现与后果是不得而知的。所以，我们必须通过规划设计的途径来优化农业发展与郊区开发，从而避免绿道的功能受到来自流域层面的过度干扰。

生态健康度的测量

保持生态系统的健康或维护生态结构与功能的完整性是许多环境立法的初衷；但是，"生态健康"或"生态完整性"的内涵通常并没有被清晰的给出。目前，人们对这一概念的理解是：健康的生态系统通常能够发挥它固有的潜力，具有稳定性，具有干扰后的自我恢复能力，以及需要最小维护。[95]

上述"固有潜力"的概念是指：由健康个体与稳定结构所构成的生物群落，它具有较高的生物多样性，以及较高的初级生产力水平。

即使在人类干扰很少的情况下，生态系统也是会处于动态变化之中的，这是因为"变化"本身是自然的一种内在属性。因此，对于一个给定的生态系统而言，我们很难严格的划定生态系统健康程度的底线。但是，我们还是可以对这一生态系统的结构与功能完整性的总体情况进行识别和评估。

对于绿道的设计师和管理者而言，明确滨河廊道的健康程度（或者，预测它们退化后的功能变化情况），对水质保持或水质恢复目标的制定至关重要。这些生态健康程度测度或评估的方法，对于判断某一项目长期运行效果的成功与否也同样重要。我们也可以通过定性的方式来对生态系统的健康程度进行大致的评估；但是，科学分析的方法会更加有效，而且可以对滨河生态系统的健康度进行客观的描述。在下一节中，我们就会介绍这种定量分析的方法，即生物完整性指数评价法。这一方法主要是对水生生物群落进行直接的采样、调查和分析，从而对河流生态系统的健康程度进行综合评价。

生物完整性指数

生物完整性指数（index of biotic integrity，IBI）是一种相对简单和易学习的评价水生生态系统健康性的方法；它主要是通过对生物多样性、生产力水平、鱼类群落的健康度等方面进行评价，进而得到最终的评价结果。[96] 对于一个给定的评价场地或生态系统而言，IBI 方法首先会对这一生态系统 12 个方面的生物或生态系统特征（取决于对水生生物群落的具体采样分析）进行赋值评价与总分求和；在此基础上，将最终的分值与其他相似的、未受干扰的生态系统的分值进行对比，从而对这些被评价场地或生态系统的健康程度进行评价。不同地区评价的生物或生态系统特征会有所差异，但这些特征基本会包括：物种的丰富度与组成（总的物种数量，敏感性较高的底栖生物数量和种类，水面栖息的物种，长生命周期物种、污染敏感种、耐污染的物种），营养级结构（杂食动物、虫食动物和顶级肉食动物的比例），以及物种个体的多度和其影响因素（例如，抽样场地中鱼类个体的总数，杂交个体的比例，致病或畸形个体的比例）等等。

每一个需要评价的特征都会同未受干扰的类似场地的相应特征进行比较。与参照场地的特征越接近，被评价场地该特征的分值就越高。每个特征的赋值可以为 1 分（契合度不高），3 分（契合度适中），5 分（契合度较高）。满分 60 分(5 分*12 个特征)意味着一个没有受到干扰的场地，而较低的分数意味着存在一定程度的生态退化。

如何获取区域尺度上 IBI 指数的参考标准是一个尤其重要的问题。例如，美国中大西洋地区的河流，在本底上就要比落基山地区的河流具有更高的鱼类生物多样性。因此，如果我们要通过尺度推演的方法来估算区域范围内鱼类个体总数这一指标，在估算过程中我们就要充分而全面地了解当地的、未受干扰场地的数值。

关于 IBI 测量的成本，1989 年有报告指出：测量鱼类群落时，每个

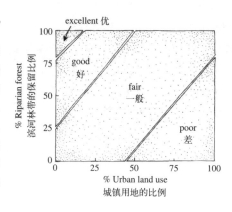

图 4.11

生物完整性指数（IBI）等值线图。该图反映了 IBI 指数与加拿大安大略省南部河流所在流域的城市化水平、滨河植被之间的函数关系。我们可以根据评价区域内城镇用地的比例、被保留的滨水林带的比例来对其 IBI 进行定性评价与分级。例如，如果一个流域 25% 的面积是城市用地，那么至少 50% 的滨河林带应当被保留，才能维持一个"好"的 IBI 值的状态（根据 Steedman, R. J. [1988]. "Modification and assessment of an index of biotic integrity to quantify stream quality in southern Ontario." Canadian journal of Fisheries and Aquatic Sciences45：492-501 改绘．)

样本是 740 美金；而测量一个大型无脊椎动物群落（昆虫、甲壳类、贝类）的成本是 824 美金。每一个样本都会测量 IBI 的 12 个特征。这些报价是俄亥俄州环保局提供给卡尔[97]的情况，而在美国的其他地方，IBI 测量的成本可能会有所差异。另一方面，所需采样的数量和采样频率，要取决于研究区域的大小、范围和研究目标的设定。因此，这里可能无法给出 IBI 成本的精确估算。但是，在大多数情况下，对于典型的河流或典型河段而言，10000-50000 美元（1989 年的美元购买力水平）的投入很可能已经足够了。

不同流域的城镇化水平和滨水林带覆盖度会存在差异。当对这些流域的生态健康程度进行评价和比较时，IBI 方法的重要性就非常明显了。安大略省南部的 10 个流域的 IBI 评价分值的高低，与其城镇用地比例和残余滨河林带比例这两个因素具有非常强烈的相关性（图 4.11）。[98] 这些流域都在多伦多的附近，其气候、河流生态、人类活动等方面都与美国东北部、中西部地区的河流具有极高的相似度。

滨河生态系统的背景

当被设计的绿道仅仅是河流网络中的一部分时，理解该部分河道在整个网络中的功能是非常重要的。例如，廊道的位置（位于源头或中部河段）、不同河段间的环境条件的比较等，都是设计和管理实践中的主要考虑因素。我们在此可以回顾前面章节中提到的内容：滨河植被的破坏对上游河流的影响要大于对高等级河流的影响；而滨河廊道的宽度、长度和延伸到上游的长度对于水温的调节也具有重要的意义。因此，在一个相对健康的河网中，如果某一河段非常明显地表现出退化的迹象，这一河段就是应当给予重点恢复或保护的对象。另一方面，在一个已经是高度工业化的流域中，保护那些尚未受到影响的源头河段可能是一个更现实的目标，而且将会防止下游水体的进一步恶化。

在设计过程中，我们还应当特别关注那些连接了许多栖息地的绿道，而这些绿道有助于在一个更广阔的范围内来保护生物多样性。例如，滨河绿道通常包括两条或多条河流交汇的区域。这些河流交汇的区域是整

个河流网络中的重要节点，而且它们连接了许多原本
彼此分离的区域。如果这些节点的连续性被破坏，绿
道所丧失的功能可能会是单一河段的数倍；因为，至
少有两条廊道会受到这一干扰的影响。这些节点的破
坏还会阻止生物利用绿道来实现不同河段间的穿越，
可能也会使得原本已经被两条支流过滤掉的污染物通
过这一破坏的节点进入河道。因此，我们应当识别这
些重要的节点，并通过增加廊道宽度和限制堤岸使用的方式来加强保护
（图 4.12）

图 4.12

滨河廊道网络中的节点是由
两条河流交汇而成的。这些
节点应当被给予更多的关
注，理想状况下应当通过构
建更宽的廊道来加以保护。

　　了解滨河廊道所处的环境背景非常重要。例如，河流会穿越什么样
的景观，或者廊道同其他景观要素（廊道外围的林地、草地、农田或灌
丛，见图 4.13）之间是如何相互作用的？这些滨河廊道对生物活动和迁
移过程是否非常重要？某段廊道具有何种功能，以及这一河段如何受上
下游河段的影响？因此，我们要对滨河廊道周边的景观进行调查，包括：
景观被人类改变的程度、河流面源污染的特点等。调查的内容具体包括：
廊道周边土地利用的混合方式、开发强度、用地结构等，以及理解不同
用地类型（林地、农田、灌丛、城镇等）对廊道的影响。

　　绿道的设计师与规划师们可以通过咨询当地的生态学家、农学家、
森林学家以及其他土地利用方面的专家，来了解绿道和其周边环境的生
态特征。绿道的规划与设计工作的开展，还应当对相关的生态因子和过

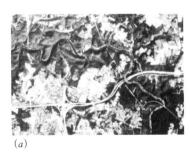
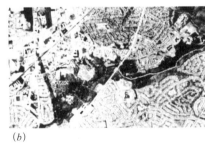

（a）　　　　　　　　　　　　　　　　（b）

图 4.13

景观的背景环境对于滨河廊道的设计与功能的发挥而言至关重要。（a）帕塔普斯科（Patapsco）
滨河绿道位于美国巴尔的摩市的外围区域，其周边是由林地、农田地、郊区居住用地混合
而成的景观环境。（b）罗克溪公园（Rock Creek Park）则是一条位于美国华盛顿特区的、
较窄的城市绿道。对于上述两种不同的景观背景而言，绿道会有不同功能和设计要求。（照
片来源：美国地质调查局）

程进行调查，包括：土壤、养分循环、植被和动物群落，河道的物理结构，自然干扰的性质和频率，以及河道与河流廊道的历史变化情况。水文机制也必须被明确，具体包括：洪水水位和频率、常水位的特点、地下水排泄和回补周期，水流速度等。一些政府部门或相关机构（例如，美国地质调查局的当地分支机构或者各州的水资源管理部门）通常都会有非常好的、可以用来进行河流流量预测的数据及经验模型。如果我们能提出正确的科学问题，隶属于大学或环境咨询公司的河流生态学家们，也会为我们提供有关的数据和专业建议。这一点在认真研读过本章内容之后，应该是完全可以做到的。

理想状况下，应当根据对场地直接的调查来回答上述问题。表 4.6 中给出了这类调查研究的一个典型实例；其对调查内容和采样的设计，主要是考虑了项目前期的可行性研究与后期的管理监测两方面的需求。通过对地表径流和浅层地下水的测量，研究观测和分析了泥沙与养分通量从廊道外围到滨河林带，再到河流内部的转移变化情况，以及测量了滨河林带内部的养分循环过程。这一研究是非常综合的，而且第一年的花费大约在 9 万美元（1990 年购买力水平），之后每年还要花费 4 万美元用于后期监测。如果待建绿道设定的是相对适度的目标，而并不需要实现养分物质和泥沙的全部控制，其花费可能会相对便宜；因为，研究不需要测量全部的参数或指标。事实上，花费很小的成本也可以完成一项非常有针对性的研究，但这要取决于每个案例的具体情况。

杀虫剂、重金属、融雪盐等污染物，同样可以通过上述场地调查的方法进行测量，但实验室分析的成本会稍高一些。地下水观察井、流量站等设施可以用来进行长期的监测工作。一项关于水温调节方面的研究，改善了巴顿（D.R. Barton）等人在安大略省某些溪流开展工作（之前的章节提到过）时所用的方法，而完成这项研究所需的成本可能会更低。[99]

位于不同地理位置的滨河生态系统，彼此间的结构、功能会存在很大的差异。理解这种差异性，可以为模式化的绿道设计提供基础，但同时更需要充分的调查和研究来指导和满足具体的设计要求。开展全面的研究可能看似需要很高的费用，而且一些绿道项目建设的组织或机构可能根本无法负担这一成本。但是，从另一个角度来说，绿道设计管理所需基本信息的获取通常仅要 2-3 年的时间；而绿道的管理和维护可是一件要持续百年，甚至更长时间的事情。因此，项目初期适度的投入和后续较低的监测支出，实际上是一项具有前瞻性和长效性的战略投资。如果前期研究的投入无法落实，向当地专家或顾问进行咨询可能也会达到

表 4.6　下表中列出的是一条以水质保护为目标的滨河廊道前期可行性研究的任务设计与成本预算的相关内容。（对于某一特定区域或流域而言，如何确定保障河流生态系统健康所需的最小滨河廊道宽度是一个非常重要的问题；而构建模型的方式可以更容易的应对这一问题。在具体模型的构建过程中，我们需要开展多项研究来获取健康河流的基准值；而这些基准数据，将会用作确定滨河廊道宽度时的参考。

测量项目 [1]	测量方法	费用估算 （美元：1990 年）
降雨总量	连续观测（翻斗式雨量计）	5000（安装成本）
河流流量	拥有水位连续记录仪的观测站，流量特征区曲线的绘制	5000（安装成本） 5000 / 年（监测费用）
地下水流量	地下水观测井的网络构建，水压测量仪	20000（安装成本）
水体与水中颗粒物的化学特征 （雨水、地表径流、河水、地下水）	降雨收集器，流量比例采样仪，抓斗式采样器，从观测井中采样	10000（安装成本） 5000 / 年（采样费用）
实验室分析	硝酸盐、总凯氏氮、铵态氮、总磷、磷酸盐，有机物浓度，交换性铵氮、交换性磷酸盐（交换性指被土壤胶体吸附）、总悬浮颗粒物，以生物化学需氧量（BOD）计量的有机污染物浓度	15000 / 年（样本的每个分析项目约为 1 美元）
植被	中心点四分法、样方法或其他森林群落调查方法。树木生长锥采样法，用于现存生物量的估算和树龄分布特征的分析	10000（仅第一年）
廊道外围的土地利用：农用地、郊区居住用地、高尔夫球场等	关于农民、居民、高尔夫球场管理者化肥施用方面的数据，等等	5000/ 年
数据分析，计算机建模等	对生态系统的物质平衡关系进行描述，即：在单位面积（m²）上，对每年养分或其他物质的输入、输出，以及这些物质在生态系统不同组分中存量的变化情况进行分析	10000/ 年
总花费	第一年费用 第二年及后续每年的费用	90000 40000

[1] 这项研究的目标是测量和跟踪水体中养分元素（N，P，C）进入生态系统，并通过流域汇流、地表径流和浅层地下水流的方式最终进入河流的迁移和转换过程。通过测量，我们可以了解雨和坡面产流过程中带来的养分物质的输入情况，可以明确滨水植被对养分物质的吸收率和释放率，以及估算由廊道进入河流的物质数量。理想情况下，在绿道项目实施前，至少应当进行 2 年的测量和研究；在项目完成后，应当继续进行跟踪式的监测研究，来提供气候变异、土地利用变化等方面的信息。这些关于成本花费方面的假设主要针对一级至四级以下的河流而言，其流域面积通常小于 40 平方英里；另一方面，也针对滨河绿道长度小于 6 英里的高级别河流。
资料来源：转引自 Peterjohn，W. T.，and D. L. Correll.（1984）."Nutrient dynamics in an agricultural watershed—observations on the role of a riparian forest." Ecology 65：1466-1475.

要求。对于设计师和管理者而言，向决策者提供建议和决策信息也是其工作的一部分；而倡导生态系统研究或推荐其他专业咨询，则是这些建议中最重要的部分。

　　我们希望指出的是：绿道项目前期的可行性研究，同工业领域的产品研发过程具有极大的相似性；而工业生产领域的质量控制和质量保证机制，同环境管理之间也具有较大的相似性。工业生产过程中，资源实际上是分配在了上述两个方面的活动之中；我们认为，环境管理过程中可能也需要同样的投入分配方式。

滨河廊道的设计

滨河廊道可能有许多预先设定的用途，但水资源与水环境的综合保护应当是首要目标。基于这一点考虑，一条滨河绿道应当包括以下 3 个方面的核心组分，即自然滨水区所应具有的地貌、水文和植被组分。无论如何，滨河绿道应当至少包含以下的构成要素（要知道上述 3 种核心组分通常在空间上具有很大的重叠性）：

- 河流可以自由蜿蜒的跨度或范围，通常指河流地貌学意义上的河漫滩；
- 滨河林带；
- 与河流相互作用的浅水层所对应的地上区域，包括滨河林带外围重要的地下水回补区（河流周边的浅水层兼具源和汇的属性，取决于所处的季节和近期的天气）。

这些要素共同构成了滨水生态系统，因此也对其生态功能的正常发挥起着决定性的作用。除了这些核心组分及相应的要素之外，如果我们希望绿道发挥其他的附加功能，通常需要将更多的用地纳入到绿道的范围之中。此外，我们还必须回答绿道在空间形态方面的两个关键问题。首先，绿道不同区段最有效的廊道宽度应当是多少？其次，除了总体的宽度要求之外，哪些关键区域应当被纳入到绿道之中，绿道内哪些关键区域在管理上应当着重关注？

通过咨询当地的专家或开展上节提到的前期研究，我们可以回答上述关键问题，并更有效地划定滨河绿道的范围。许多因素都会影响一条绿道的规模和空间结构的设置，包括：气候、地貌等区域条件，流域自身特征、具体河段的位置，周边土地利用等。因此，河流所在景观环境自身的结构与功能，可以为绿道的设计提供最合适的参考信息和指导原则。

廊道宽度的确定

在滨河绿道沿线，廊道往往需要不同的宽度来过滤泥沙和养分物质，维持自然的水流过程，以及保护重要的自然景观要素。滨河廊道的宽度不应当是被随意确定的。滨河廊道的宽度应当同以下几个方面成正比关系：(1) 径流、泥沙、养分物质汇流区域面积的大小；(2) 滨水区和外围区域的陡峭程度；(3) 廊道外围区域的人类活动的干扰强度，例如农业、林业、郊区和城市开发等。当廊道的植被具有更高的多样性、盖度、粗糙度，或廊道具有复杂的微地形时，宽度的要求可以适当降低。[100] 在某些保护项目中，按照有关法规、条例的要求，滨河廊道的宽度会被设置为固定宽度。这种方式的优点在于非常简明、容易测量，而且有助于政策的制定和执行。但是，人为确定的宽度通常是生态、经济和政治等多方利益间博弈、妥协的结果。大多数情况下，由利益协调所确定的廊道宽度无法反映该廊道沿线复杂的环境情况。这些固定宽度的廊道可能在某些地方过于狭窄，而在其他地方则宽的没有必要 (图 4.14)。

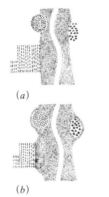

(a)

(b)

▨ Greenway 绿道
▨ Agricultural field 农田
▨ Natural feature
自然景观要素

图 4.14

如果一条绿道只是随意的进行了宽度的设计，(a) 可能会过于狭窄而不具备过滤农田的面源污染的能力，而且也无法全面的保护重要的自然景观要素。对于同一条绿道，(b) 如果具有非常灵活的宽度设计，则可能发挥更好的效果。例如，在需要的地方适当的加宽。

　　许多研究和规范都在试图总结出一个能够通用的廊道宽度，而这一宽度可以适用于不同大小的区域、不同类型的流域，甚至不同的地理区域。但是，对于这一建议，人们始终无法达成共识，也无法给出这样一个"神奇"的数字。理想状况下，廊道宽度应当是通过考虑具体流域和滨河廊道的属性来确定的，而不是根据那些被人们所提出的、具有不同复杂性的、只能用于得出一般化建议的定量方法。本质上，所有这些公式都是通过对流域或河流不同参数的测量和使用来计算适宜宽度的。有些方法只使用一个测量的参数进行计算，例如尼斯万德（Nieswand）等人所给出的方法。在他们的模型中，宽度和坡度的关系并没有按照简单的线性关系进行处理，但这个方法只使用了坡度这一个参数进行计算。[101] 在更复杂的模型中，廊道宽度被认为是多个影响因子的函数。例如，坡面流的情况；线面比（流域面积与河流长度的比率）；描述河道不规则度、流域形状、阻碍河道下渗障碍物的粗糙率；以及包括土壤吸附能力、土壤储水能力等在内的土壤属性。[102] 充分发挥计算机与遥感技术的复杂公式也被提了出来，而这些公式具体细节的内容显然超出了本章的范围。[103] 在这一系列公式中，最为复杂的是劳伦斯（Lowrance）等人提出的"滨河生态系统管理模型（Riparian Ecosystem Management Model）"。作为一个计算机仿真模型，通过对滨水廊道植被带的宽度、坡度、土壤和植被条件进行讨论，可以得到上述因子不同情况下的水质状况和廊道对水质的影响。[104]

　　尽管如此，收集上述廊道宽度计算模型所需参数的具体数据非常的昂贵。相对高度专业化的分析方法和计算设备而言，大多数情况下是因为较高的人工成本。目前，几乎没有哪些参与流域规划的团体，具有相应的经济能力来收集和处理这些模型所需的数据。在本书写作之时，没有任何上述的方法被大规模地应用，甚至也没经过广泛的测试。显然，通过科学的手段来判断滨河廊道林带的宽度，目前仍处于相对初级的发展阶段。

关于滨河林带宽度的设计导则，美国和加拿大目前所参照的标准过于简单。李（Lee）等人对这些导则和规范进行了比较与总结，[105] 他们在研究报告中指出：不同的地方政府（美国的州和加拿大的省、地区一级政府）所建议或要求的宽度是根据许多标准给出的，例如流域坡降、流域面积，受纳水体是湖泊还是河流，受纳水体中是否有鱼类，是否为饮用水源等等。22% 的地方政府在制定廊道宽度要求标准时只考虑上述因子中的一个，而另 44% 的地方政府则调查了 3 个或更多的因子才给出其廊道宽度的具体要求。但是，这些因子的取值是通过比较粗略的核查表来分析和获取的，并不是基于定量化的生态模型。此外，确定廊道宽度所用的公式也并不是根据实验数据总结而得出的。考虑到这种土地利用规则制定过程中法律程序的复杂性，以及可用于廊道宽度分析的公开信息的不足，这种现状虽并不理想，但至少我们也是可以理解的。对于一条较小的非季节性河流，平均廊道宽度的建议是单侧 22m[106]（表 4.7）；但是，对于那些使用了两个以上因子进行廊道宽度计算的州级政府（占 78%）而言，每条廊道宽度的具体数值应当根据河流的具体特征进行相应的调整。

表 4.7　加拿大（省或地区）和美国（州）的省或州政府建议的滨河廊道平均宽度（单位:m）。表中包括了加拿大、美国各自的数据，以及二者的加权平均值。

这些关于廊道平均宽度的建议，目前是由州和省级政府提出的。这些建议主要还是一种粗略的估计（通常会参考科学依据，但总体上是经验判断），而并不是基于科学的分析和论证。因为，科学分析所需的基础研究往往还没有开展。在条件允许的情况下，滨河廊道宽度的确定应当基于对当地河流的具体研究。

水体类别	加拿大（N=12）	美国（N=48）	平均（N=60）
大型河流	43.8[1]	24.2[2]	28.1
小型河流	29.6[1]	19.9[2]	21.8
季节性河流	13.8[1]	15.5[1]	15.1
小型湖泊	47.1[2]	22.9[2]	27.6
大型湖泊	54.6[1]	22.7[2]	29.0

（译者注：同一行中，肩注为相同数字表示差异不显著，反之差异显著）
[1] 数值间差异无统计显著性；
[2] 数值间差异无统计显著性。
引自 Lee 等（2004）

对于现有的确定廊道宽度的方法而言，一方面是非常昂贵但相对精确的模型分析方法，另一方面则是相对粗略和主观的经验判断方法。面对这一现状，巴德（Budd）和他的同事们发展了一个实用的方法：首先是选择河流某些代表性的河段，并对这些河段进行调查；在此基础上，再通过主观经验判断来设定滨河廊道的宽度。[107] 通过这一方法，我们可以定性的评价一条滨河廊道净化水质和水温调控方面的潜力；同样，也可以对陆地与水生栖息地质量、滨水植被对河流结构的影响等方面进行分析。被调查的流域或河流特征通常包括：河流类型、河床比降、土壤类型、径流和侵蚀的潜力、土壤持水量、植被类型、温度调控、河流结构、沉积过程，以及野生动物栖息环境等。所有的这些因子都会通过相应的评价程序来估算所需的廊道宽度，评价的过程即会根据直觉的经验判断，也会参照相对客观的评判标准。华盛顿州金县（King County）一条河流的研究就是一个具体的实例。在这个案例中，廊道的宽度都被统一的建议为 15m 或者更小。但是，这一数值很可能是被严重低估的；因为，给出这一宽度，主要是基于土地利用现状，而不是根据任何基本的生态原则。

如果没有足够的资金来开展相对客观的、有助于判断廊道宽度的研究，巴德等人的方法可能是适用的。但是，它也存在几个方面的问题。首先，作为一种定性的分析方法，它具有较强的主观倾向性与不可复制性，因此很难从法规和科学的角度对廊道宽度进行主张和辩护。如果是几个不同的评价方法或评价人员来对同一条滨河廊道进行分析，而每种方法或每个评价人员都有各自不同的侧重或偏好，这些评价体系可能会给出多个完全不同的廊道宽度建议。在这种情况下，参与决策的委员会或最终决策者将仍然无法判断哪个宽度才是最合适的。而某些来自于开发商、森林管理者、环境学家或其他利益相关群体的偏好或主张，很可能会在不考虑生态系统特性的情况下来极力推举自己的方案。其次，这一方法没有给出清晰和完整的内容描述。作者并没有说明土壤、坡度、植被等特征是如何被用来判断廊道宽度的，而只是提到了它们是重要的评价标准。第三，这种方法需要有相对未受干扰的河段来进行分析和参照。如果没有未被干扰的河段，那么建议是无法给出的。尽管如此，在无法开展完整的科学研究来判断廊道宽度的情况下，这种或其他相似的定性分析方法很可能是仅次于科学定量分析的、最好的备选方法；但是，一个重要的前提是，这一方法和相关工作应当由那些受过良好训练的、有经验的、无利害关系的专业人员（该条应当被重点强调）来进行应用和开展。

临近廊道的关键区域

有几种类型的关键区域应当被纳入到绿道的边界范围之中，而且应当在维护和管理过程中给予特别的关注。这些关键区域可能与绿道直接相邻，也可能距离较远。与绿道相连的、间歇性的支流、冲沟和洼地就是这些关键区域；因为，大量的泥沙和径流在排入河道之前会被它们沉积或滞蓄。因此，这些次要排水网络内部及沿岸的地形和自然植被应当被保护。由于良好的土壤和水分条件，这些关键区域内的植被通常生长繁茂，从而具有较高的泥沙沉淀和养分物质过滤的能力。通过降低暴雨径流的流速和减少河道侵蚀发生，这些位于次要的、间歇性排水网络中的自然植被可以有效地提高主河道的稳定性。[108] 保持这些地方不受干扰和维持良好的植被状况是非常重要的。这一点在干旱地区尤为明显；因为，那里大部分河道都是间歇性的。

另一类关键区域则是那些与河道相邻的、已经发生或可能发生土壤侵蚀、泥沙沉积等过程的区域。这种类型的关键区域包括：陡坡、土壤不牢固的区域、与河道相邻的湿地、发生河道下切的河岸（尤其位于河曲外侧的河岸）、桥梁与河流的交叉点、沿河步道或登船坡道，以及其他容易受到土壤侵蚀干扰的脆弱地带或可能发生沉积的地方。[109]

还有一些关键区域可能并不直接与河流相连接，但可能会对泥沙的输入产生较大的影响；因此，必须在河流廊道保护范围划定的时候予以考虑。这类关键区域主要是指流域范围内容易发生水土流失的用地，具体包括：正在进行开发建设的场地、被大规模砍伐的林地、过度放牧的草场，以及河流周边的耕地。[110] 由于这类关键区域的存在，滨河廊道可能需要更宽的林带，只有这样才能沉积和过滤上述区域产生的大量泥沙。

有助于河流流量保持稳定的地下水出露区和回补区同样应给予保护。这些区域通常无法通过简单的、定性的场地调查来进行识别；只有通过水文地质的研究才能明确某一区域是否为地下水出露区或补给区。但是，一些简单的经验法可以用来预判某一区域是否有开展更进一步研究的必要。如果河道外围的坡地上有湿地或者季节性水淹的区域，那么这些地方很可能就是地下水的补给区。已经被判断为地下水含水层的基岩出露点，通常也是重要的地下水回补区。位于河道外围区域的泉眼也是典型的地下水出露区，可能也会成为河流的水量补给区。最后，几乎所有的河漫滩，要么会对河流进行水量补给，要么可以促进河水在这些区域下渗。

最后一类关键区域是位于河漫滩堤岸外围的地势平缓地带，或者是山底部的缓坡地带（图 4.15）。如果这一区域的地形、植被没有受到人为活动的干扰，它可以成为非常有效的泥沙和养分物质的过滤地带。由于这一地带比河堤具有更平缓的地形，它们将会成为稳定而长效的沉积物与养分物质沉积的汇；而湿地和滨水区域的沉积物，可能会由于河岸侵蚀或河道的蜿蜒而最终被再次释放。

图 4.15

俄勒冈州威拉米特河（Willamette River）的某一河段。沿岸的农田大多分布在河岸顶部的平坦区域，而部分农田还会延伸到山底部的平缓地带。在这个案例中，如果用自然植被替代现有的农田，这一区域将会成为一个长期的、更有效的污染物过滤和沉积地带。图片提供：俄勒冈州公园与旅游管理局

　　某些河流的河漫滩的边缘是由多级台地所构成的，而这一系列台地则是过去大洪水中泥沙沉积过程所形成的。对这些河道而言，滨河廊道的保护范围，在理想情况下应当延伸到最外一级台地；因为，在河流未来的蜿蜒演化过程中，这一被历史洪水所标记的界限是很难被越过的。

场地设计、植被管理、植物选择

　　在明确了绿道的边界之后，剩下的任务就是如何在场地尺度上对廊道自身的其他要素进行设计。其中，应当重点关注那些直接与绿道相邻的、开发强度较高的农业和城市用地。这些区段的廊道通常受干扰程度较高，而且泥沙的输入量较大；因此，可能需要额外的设计或设施来避免污染物的过量输入。例如，作为雨洪管理最佳管理实践（best management practice）的主要措施，滞留和蓄留池塘在美国许多州的土地开发过程中都是被明确要求建设的；而且许多已发表的文献对这些设施的结构与功能也进行了描述。[111] 此外，在滨河林带的边缘地带进行地形的调整和植被的密植，可以使其成为应对农业面源污染的额外屏障。[112]

　　在绿道被设计和建成之后，我们必须对滨河林带进行经常性的维护与管理，从而保障它们水源保护功能的持续发挥。本章之前的内容提到，选择性的砍伐一些树木或对植被进行收割，将会移除滨河植被中累积的养分物质，以及促进养分物质的持续吸收和森林植被的进一步生长。在泥沙沉积水平非常高的区域，周期性的去除这些沉积物，可以避免河道植被受到长时期的伤害或负面影响。

　　乡土植物通常是维护水质最有效的、需水最少的植物类型，甚至有时不需要对植被进行管理和维护。在廊道内部构建包括乔木层、灌木层和草本地被层在内的多样化植被分层结构，同样是非常值得推荐的。

　　桤木作为滨水群落中一种常见的乡土植物，可以长期而有效地进行

堤岸的保护，因为它的根系极耐水淹而且可以深深地扎进土壤之中。[113]
但是，桤木的根系会支持具有固氮功能的根瘤菌的生长；这些根瘤会产
生能被生物利用的含氮化合物，而且会向河流中输入。[114] 如果氮元素对
某条河流而言是一种限制性的养分元素，桤木可能会提高水生生态系统
的生产力水平；当然，这也可能会导致水体富营养化的发生，但这一影
响的重要性尚未被很好的研究。如果过量氮元素的输入不会造成影响，
桤木是巩固河岸的一种绝佳树种。在有些河段，即使氮元素的过量输入
会造成不良影响，我们仍可以通过一些限制性的方式来种植和使用桤木，
从而在保障水质安全的前提下来加固河岸。这种措施在那些堤岸稳定性
极其脆弱的河段尤其需要。在有些情况下，其他的乡土物种也同样非常
有效，例如柳树、棉白杨。因此，我们应当通过咨询当地的植物学家或
园艺师来确定和识别合适的物种。

但是，如果人类的干扰使得自然植被无法继续生长，其他植物的种
植可能也会发挥更持久或更有效的作用。例如，一条 305m 宽的、种有
狗牙根草坪的滨河植被带，可以去除径流中 99% 的泥沙物质；而径流中
泥沙的初始浓度可能高达 5000ppm，这已经是一个相当高的浓度水平
了。[115] 狗牙根草在许多的景观环境中可能并不适用，但其他植物也可能
会发挥类似的功能。总体而言，用于进行泥沙过滤的植物应当具有扎根
较深且生长旺盛的根系，从而抵抗快速水流的摩擦和侵蚀；此外，还应
当具有密度较高、枝叶繁茂的植物地上部分，以及具有在被淹没和沉积
物覆盖后的自我恢复与重生能力。但是，应当避免使用那些具有扩散性、
侵略性或排他性的植物。

设有游步道的滨河绿道，通常都是以修剪整齐的草坪为主的景观要
素（图 4.16）。当草坪被剪的很低而且水流足够大并淹没草坪的时候，
这些草坪可能会完全不具备泥沙过滤与水质净化的功能。[116] 因此，应当
尽量避免滨水植被的修剪，尤其当降雨量较大或径流可能较大的汛期。

图 4.16
被修剪过的草坪或其他地被植被，通常
效果较差的滨河缓冲带，其对径流中泥沙
与污染物过滤的能力较低。因此，应当避
免过度的修剪或选用类似的植被（摄影：
D·史密斯）

廊道的恢复

滨河廊道的修复可能是面源污染控制性价比相对较高的一种措施。[117]
正如我们所强调的，滨河廊道修复的首要目标应当是重建自然的栖息
地环境，而不是单纯的种植抗性高、有吸引力或易维护的植物。[118]
因此，廊道的恢复工作，应当在原有自然滨水植被结构、自然河流结
构与自然水文过程的基础上开展。通过恢复工作的开展，廊道应当重新
构建合理的滨水生态系统结构。在这个结构的引导下，自然过程可以更
有效地运行，廊道也能重获应对干扰的自我修复能力，从而实现良性和
持续的发展。

对河流修复工程而言，首要任务是恢复河流原有的水流过程；因为，
河流的水位消涨与流量波动是滨水群落生存、繁衍的重要影响因素。第
二步，是赋予河流自我恢复能力，从而重构弯曲绵延的河道形态与深潭 -
浅滩的河道结构（彼此相互更替的、水流较慢的深水区和具有更快流速
的急流区），以及通过河岸的加固来防止侵蚀的进一步发生。[119] 最为费
力和费钱的一项工作是拆除河道中的水坝和沿岸的防洪堤。[120] 如果河道
周边或上游地区存在原有天然滨水植被的"种子库"，这一行动是非常
有必要的。在这种情况下，随着时间的推移，河道本身会逐渐实现植被
的自我重建与河道物理结构的改变。通过在河道里放置较粗大的植物枝
干（被砍伐的树木、较大的树枝等）等方法，可以加固堤岸和促进植被
的恢复。其具体机理主要是通过降低水流速度、改变水流模式，从而反
过来降低河岸的侵蚀，并为堤岸的巩固与植被的最终恢复创造了条件。
我们同样可以通过由土工布制成的垫子来对堤岸进行加固；这些土工织
物的材料可以是人工合成的，也可以由天然或可生物降解的材料制成，
例如剑麻。具有相关属性的柳树或其他乡土植物（例如，山楂树）的枝
条也具有加固河岸的作用；我们可以将这些枝条扎成捆或以不同网格的
形式将它们交织在一起，然后放置在河堤的表面上。这些枝条首先起到
了加固土壤的作用，同时也会快速的生根、发芽并逐渐长成大树。如果
河道的侵蚀状况比较严重，重新平整场地或调整竖向、坡度，则是在上
述恢复工作开展之前的一个必要前提。

当代最成功的河道修复案例之一，是位于佛罗里达州南部的基西米
河。通过将渠化的河道还原并将水流引回到原有河道之后，这些退化河
段的生态系统很快就恢复到了原有的自然状态。[121] 在此后短短的几年时
间里，河流与廊道内部的生物栖息地的复杂性和多样性都显著地提高了。
此外，河流与滨水栖息环境间的联系、河流中的昆虫数量、相关食物网

图 4.17

这是基西米河的某一河段在恢复前（*a*）和恢复之后（*b*）的对比。通过将径流引回到原有河道之中，累积的泥沙和疯涨水生植物得以被冲走，原有的滨河生境得到了恢复。这一措施同样也重新恢复了野生动物和鱼类的栖息环境。（图片提供：佛罗里达西南部水资源管理区）

（*a*）

（*b*）

的联系、河道中浮游植物和泥沙的数量、鱼类和水鸟种群数量等都大幅增加了（图 4.17）。

　　在 2003 年之前，一直没有明确和定量化的证据表明：通过滨河林带的构建或恢复可以全面的恢复河流生态系统。但是，帕金（Parkyn）等人在比较了同一生态系统中的几个滨河廊道恢复工程之后提供了一些相关的证据；这些滨河廊道修复工程主要的目标是致力于改善现有的河流状况，而不是一定要将其恢复到原始状态[122]。他们发现：在所有的案例中，只有水体的浊度与河道的稳固程度是同滨河林带宽度具有相关性的。他们的研究结果同样还指出了一系列重要的因果联系：滨河林带的平均树龄与植被类型（郁闭的林冠层）会在不同程度上产生树荫，而如果林带足够长，这些树荫会降低水体的温度。水温的降低反过来有助于无脊椎动物群落的繁衍。但是，除了这些分析结果之外，由于生态过程交互反馈路径的多样性，我们依然无法明确地给出关于如何确定滨河植被带的宽度或面积大小的一般化理论。

　　如果河道或水文过程发生了不可逆的改变，河流的完全恢复可能是无法实现的。[123] 这种永久性改变最为常见的就是大坝，它阻止了下游洪水的发生；另一个实例则是防洪堤，它们通过限制洪水泛滥的方式，来保护城镇地区免受影响。面对这些情况，河流恢复的目标或期望应当被降低。河流功能虽然无法完全的恢复，一些其他重要的保护目标还是可以实现的。例如，水质的保持或某些特殊鱼类的生存、繁衍。

　　放牧所导致的滨水生态系统退化，通常在停止或限制放牧后会自然地恢复。[124] 如果没有其他环境胁迫因子的影响，棉白杨、桤木、悬铃木和柳树等树种，在停止放牧后会很快地恢复到非常繁茂的状态。[125] 能否成功地恢复退化廊道的植被，即取决于廊道自身的特点，也取决于牧场对原有放牧和管理方式的改变。例如，在亚利桑那州南部的科罗拉多森林，全面禁止放牧是确保植被恢复和滨水环境改善的唯一方式。[126] 但是，完全禁止放牧在其他的案例中可能并不是必需的。在美国的洛基山地区，通过季节性的禁止放牧和降低牲畜数量，可以使退化的滨水林带恢复到一个相对稳定的状态。[127] 完全禁止还是部分地禁止放牧，取决于场地所在区域的自身特征，包括：植被、降雨类型，土壤类型、干燥度、健康程度等。

在某些区域，一个被证明有效的河流恢复技术是重新引入河狸属的动物。在美国的怀俄明州，禁止放牧和引入河狸作为一种组合措施，被证明是非常有效的、改善退化滨河廊道的措施。[128] 河狸所筑的水坝降低了水流速度、侵蚀风险、径流输沙量，以及增加了泥沙的沉积和廊道的地下水位。河狸的活动和禁止放牧使得柳树在这里重新定居，滨水植物群落在随后的 3 年时间里不断地自我完善。但是，引入河狸也可能会带来某些负面的问题。例如，河狸的活动会形成一些新的湿地和池塘，而这可能不被某些土地所有者所欢迎；那些出于环境美化目的而种植的园林植物，通常会被饥饿的河狸认为是美味佳肴。因此，对于上述这些情况而言，促使廊道周边的土地所有者保留一些自然栖息地可能是非常重要的，但这通常并不容易实现。但是，环境教育活动、土地开发的初始约定、土地使用补偿，以及创造性的景观设计 [129] 等途径，都会有助于从根本上提高这些土地所有者的意愿和积极性。

最后，需要强调的是几个技术层面的常见问题；在多数的河流恢复项目中，应当避免这些问题的发生。[130] 积水通常会对植物造成伤害，而积水的形成则是由于底土层或场地回填土为黏性土壤的结果。外来的杂草等物种会容易定居在新形成的滨水栖息环境中，从而对廊道恢复所选用的植物产生负面的影响。地下水水位的高低，会决定种植的滨水植物能否存活；而且应当也是场地选择时需要考虑的关键因素。此外，对于刚恢复的滨河植被而言，那些能够促进植物吸收养分元素的土壤微生物非常重要；这些微生物的引入可以通过收集和散布相邻地区滨河群落中的枯落物来实现。

上面提到的这些廊道设计与管理方面的内容并不详尽。事实上只是对河流恢复工程中可能遇到的大多数关键问题进行了初步的介绍。绿道的设计师与管理者们应当认识到：科学家对生态系统的理解通常也只是一般性的，他们也并不完全知道某一特定滨水生态系统的结构与功能；在没有进行全面调查研究的情况下，他们也无法给出确定有效的河流管理和廊道恢复的方法。

结论

当绿道的设计师、规划师和管理者具备项目相关的、生态系统方面知识的时候，这个绿道项目会是最为有效的。有的时候，这些知识是非常详尽的；但在大多情况下，开展针对性的实证研究则是明智之举。虽然无法回答全部问题，通过开展综合性的研究，基本可以回答规划设计方面的大部分重要问题。但是，这种研究通常并没有被包括在项目的预算之中。虽然有效性会降低，幸运的是我们还可以选择其他经济上可以行的替代方法。许多来自高校或环境咨询公司的专家，通常对当地的河流系统及相关问题是具有经验的。他们可能非常愿意同设计师和管理者们一起工作，从而为廊道的要素、功能、结构的规划设计提供具体的建议。

例如，生物完整性指数（IBI）的分析，需要对所在区域鱼类生态方面知识有所了解。这一区域某所大学的鱼类学专家，很可能收集过当地河流或湖泊中针对某种鱼类研究的水体样本。如果其中一些样本采自于未受干扰的河流，这些水样的参数可以用来帮助确定该区域自然水体的本底标准值；而其他河流的研究水样，则很可能就来自于设计师和管理者所关心的河流。我们还可以在生物学家的帮助下获取未公开的或已存档的相关数据，从而对 IBI 进行有效的评估。如果能够获取某一地区近期的地形图或者航空影像，我们就能方便的确定土地利用、滨水林带的分布，以及分析它们与河流水质之间的空间关系。在任何情况下，了解当地具体的生态知识总是非常有用的。设计师和管理者有责任进行不断地学习和自我教育来向科学家们提出正确的问题；而科学家的职责则是有效地回答设计师和管理者所提出的问题。

如果全社会都坚信保护水资源和生物多样性是重要的，那么保护和恢复滨水植被所能获得的效益会远远超出这一目标的要求。为了实现这些目标，环境领域的专家必须开展泥沙和养分物质在坡面、滨河地区、河道中迁移的机制研究。河流生态学家必须同陆地生态学家合作，来理解土地利用、滨河植被的组成与结构，以及其与河流水质、生态完整性之间的关系。设计师、规划师和管理者必须接受生态学的专业训练，从而学会如何向科学家或咨询机构提出问题；他们也必须能够充分理解专家们对问题的解答，从而有效地设计和实施项目。更为重要的是：生态学者应当在运用知识来解决现实问题方面表现得更为踊跃，帮助从业人员提出正确的问题，为相关研究的开展进行讨论，以及为规划设计人员和管理者提供答案。

表格参考文献

Bilby, R. E., and P. A. Bisson. (1992). "Allochthonous versus autochthonous organic matter contributions to the trophic support of fish populations in clear-cut and old growth forested streams." Canadian Journal of Fisheries and Aquatic Sciences 49: 540-551.

Brazier J. R., and G. W. Brown. (1973). Buffer Strips for Stream Temperature Control. Research Paper No. 15. Corvallis, OR, Oregon State University, Forest Research Laboratory.

Brusnyk, L. M., and F. F. Gilbert. (1983). "Use of shoreline timber reserves by moose." Journal of Wildlife Management 47: 673-685.

Cooper, J. R., J. W. Gilliam, R. B. Daniels, and W. P. Robarge. (1987). "Riparian areas as filters for agricultural sediment." Soil Science Society of America Journal 51: 416-420.

Clausen, J. C., K. Guillard, C. M. Sigmund, and K. Martin Dors. (2000). "Water quality changes from riparian buffer restoration in Connecticut." Journal of Environmental Quality 29: 1751-1761.

Darveau, M., P. Beauchesne, L. Belanger, J. Huot, and P. LaRue. (1995). "Riparian forest strips as habitat for breeding birds in boreal forest." Journal of Wildlife Management 59: 67-78.

Dillaha, T. A., R. B. Reneau, S. Mostaghimi, and D. Lee. (1989). "Vegetative filter strips for agricultural nonpoint source pollution control." Transactions of the ASAE 32 (2): 513-519. (Annual Report). Athens, GA, University of Georgia.

Dillaha, T. A., J. H. Sherrard, D. Lee, S. Mostaghimi, and V.O. Shanholtz. (1988). "Evaluation of vegetative filter strips as a best management practice for feed lots." Journal of the Water Pollution Control Federation 60 (7) : 1231-1238.

Duncan, W. F. A., and M. A. Brusven. (1985). "Energy dynamics of three low-order southeast Alaska USA streams: allochthonous processes." Journal of Freshwater Ecology 3: 233-248.

France, R., H. Culbert, and R. Peters. (1996). "Decreased carbon and nutrient input to boreal lakes from particulate organic matter following riparian clear-cutting." Environmental Management 20: 579-583.

Hall, J. K., N. L. Hartwig, and L. D. Hoffman. (1983). "Application mode and alternative cropping effects on atrazine losses from a hillside." Journal of Environmental Quality 12: 336-340.

Harper, K. A., and S. E. MacDonald. (2001). "Structure and composition of riparian boreal forest: New methods for analyzing edge influence." Ecology 82: 649-659.

Haupt, H. F., W. J. Kidd. (1965). "Good logging practices reduce sedimentation in central Idaho." Journal of Forestry 63, 664-670.

Johnson, W. N. J., and P. W. Brown. (1990). "Avian use of a lakeshore buffer strip and an undisturbed lakeshore in Maine USA." Northern Journal of Applied Forestry 7: 114-117.

Lowrance, R., S. McIntyre, and C. Lance. (1988). "Erosion and deposition in a field forest system estimated using cesium-137 activity." Journal of Soil and Water Conservation 43: 195-199.

Lee, P., Smith, C., and Boutin, S. (2004) "Quantitative review of riparian buffer width guidelines from Canada and the United States." Journal of Environmental Management 70: 165-180.

Magette, W. L., R. B. Brinsfield, R. E. Palmer, and J. D. Wood. (1989). "Nutrient and sediment removal by vegetated filter strips." Transactions of the ASAE 32 (2) : 663-667.

McDade, M. H., F. J. Swanson, W. A. McKee, J. F. Franklin, J. Van Sickle. (1990). "Source distances for coarse woody debris entering small streams in western Oregon and Washington." Canadian Journal of Forestry 20: 326-330.

Moring, J. R., (1982). "Decrease in stream gravel permeability after clear-cut logging: An indication of intragravel conditions for developing salmonid eggs and alevins." Hydrobiologia 88, 295-298.

Robinson, E.G., and R L. Beschta. (1990). "Identifying trees in riparian areas that can provide coarse woody debris to streams." Forest Science 36: 790-801.

Schmitt, T. J., M. G. Dosskey, and K. D. Hoagland. (1999). "Filter strip performance and processes for different vegetation, widths, and contaminants." Journal of Environmental Quality 28: 1479-1489.

Steinblums, I. J., H. A. Froehlich, and J. K. Lyons. (1984). "Designing stable buffer strips for stream protection." Journal of Forestry 82: 49-52.

Uusi-Kämppä, J., B. Braskerud, H. Jansson, N. Syversen, and R. Uusitalo. (2000). "Buffer zones and constructed wetlands as filters for agricultural phosphorus." Journal of Environmental Quality 29: 151-158.

Uusi-Kämppä, J., and T. Yläranta. (1996). "Effect of buffer strips on controlling soil erosion and nutrient losses in southern Finland." pp. 221-235, in G. Mulamoottil et al. (ed.). Wetlands: Environmental Gradients, Boundaries, and Buffers. Boca Raton, FL, CRC Press, Lewis Publishers.

Van Sickle, J., and S. V. Gregory. (1990). "Modeling inputs of large woody debris to streams from falling trees." Canadian Journal of Forest Research 20: 1593-1601.

Wesche, T. A., C. M. Goertler, and C. B. Frye. (1987). "Contribution of riparian vegetation to trout cover in small streams." North American Journal of Fisheries Management 7: 151-153.

Whitaker, D. M., and W. A. Montevecchi. (1999). "Breeding bird assemblages inhabiting riparian buffer strips in Newfoundland, Canada." Journal of Wildlife Management 63: 167-179.

Young, K., S. Hinch, and T. Northcote. (1999). "Status of resident coastal cutthroat trout and their habitat." North American Journal of Fisheries Management 19: 901-911.

参考文献

1. Gregory, K. J., and D. E. Walling. (1973). Watershed Form and Process. New York, John Wiley and Sons.

2. Poff, N. L., and J. V. Ward. (1989). "Implications of streamflow variability and predictability for lotic community structure—regional analysis of streamflow patterns." Canadian Journal of Fisheries and Aquatic Sciences 46: 1805-1818.

3. Strahler, A. N. (1964). "Quantitative geomorphology of watersheds and channel networks." in Handbook of Applied Hydrology, V. T. Chow, ed. New York, McGraw-Hill.

4. Gregory and Walling, (1973), Watershed Form and Process.

5. Vannote, R. L., G. W. Minshall, K. W. Cummins, J. R. Sedell, and C. E. Cushing. (1980). "River continuum concept." Canadian Journal of Fisheries and Aquatic Sciences 37: 130-137; Cummins, K. W., G. W. Minshall, J. R. Sedell, C. E. Cushing, and R. C. Petersen. (1984). "Stream ecosystem theory." Verhandlungen Internationale Vereinigung für Limnologie 22: 631-641.

6. Minshall, G. W., K. W. Cummins, R. C. Petersen, C. E. Cushing, D. A. Bruns, J. R. Sedell, and R. L. Vannote. (1985). "Developments in stream ecosystem theory." Canadian Journal of Fisheries and Aquatic Sciences 42: 1045-1055.

7. Meyer, J. L., and R. T. Edwards. (1990). "Ecosystem metabolism and turnover of organic-carbon along a blackwater river continuum." Ecology 71: 668-677.

8. Ewel, K. C. (1978). "Riparian ecosystems: Conservation of their unique characteristics." p. 56-62, in Strategies for Protection and Management of Floodplain Wetlands and Other Riparian Ecosystems: Proceedings of the Symposium. U.S. Government Printing Office, Washington, DC.

9. Mitsch, W. J., and J. G. Gosselink. (1986). Wetlands. New York, Van Nostrand Reinhold.

10. Stabler, F. (1985). "Increasing summer flow in small streams through management of riparian areas and adjacent vegetation: A synthesis." p. 206-210, in Riparian Ecosystems and Their Management: Reconciling Conflicting Uses. R. R Johnson, C. D. Ziebell, D. R. Paton, P. F. Ffolliott, and R. H. Hamre, ed. USDA Forest Service.

11. Lowrance, R., R. Leonard, and J. Sheridan. (1985). "Managing riparian ecosystems to control nonpoint pollution." Journal of Soil and Water Conservation 40: 87-91.

12. U.S. Army Corps of Engineers, N.E.D. (1968). "Charles River watershed study." in Meeting of the Coordinating Committee for the Charles River Watershed, Waltham, MA, February 15, 1968.

13. U.S. Army Corps of Engineers, N.E.D. (1976). Natural valley storage: A partnership with nature. Public information fact sheet. Waltham, MA, USACOE.

14. Stabler, (1985), "Increasing summer flow."

15. Dawson, T. E., and J. R. Ehleringer. (1991). "Streamside trees that do not use stream water."

Nature 350: 335-337.

16. Corbett, E. S., and J. A. Lynch. (1985). "Management of streamside zones on municipal watersheds." in Riparian Ecosystems and Their Management: Reconciling Conflicting Uses. R. R. Johnson, C. D. Ziebell, D. R. Paton, P. F. Ffolliott, and R. H. Hamre, ed. USDA Forest Service.

17. Forman, R. T. T., and M. Godron. (1986). Landscape Ecology. New York, John Wiley and Sons.

18. Leopold, L. B., M. G. Wolman, and J. P. Miller. (1964). Fluvial processes in geomorphology. San Francisco, Freeman.

19. Lowrance, Leonard, and Sheridan, (1985), "Managing riparian ecosystems."

20. Lowrance, R., S. Mcintyre, and C. Lance. (1988). "Erosion and deposition in a field forest system estimated using cesium-137 activity." Journal of Soil and Water Conservation 43: 195-199.

21. Cooper, J. R., J. W. Gilliam, R. B. Daniels, and W. P. Robarge. (1987). "Riparian areas as filters for agricultural sediment." Soil Science Society of America Journal 51: 416-420.

22. Lowrance, R., J. K. Sharpe, and J. M. Sheridan. (1986). "Long-term sediment deposition in the riparian zone of a coastal-plain watershed." Journal of Soil and Water Conservation 41: 266-271.

23. Phillips, J. D. (1989). "Fluvial sediment storage in wetlands." Water Resources Bulletin 25: 867-873.

24. Schlosser, I. J., and J. R. Karr. (1981). "Riparian vegetation and channel morphology impact on spatial patterns of water quality in agricultural watersheds." Environmental Management 5: 233-243.

25. 同上 ; Bache, D. H., and I. A. Macaskill. (1981). "Vegetation in coastal and stream-bank protection." Landscape Plan 8: 363-385; Forman and Godron, (1986), Landscape Ecology.

26. Tu, M., and J. Soll. (2004). Knotweed eradication at a watershed scale in the Pacific Northwest. The Nature Conservancy. Retrieved December 15, 2005, (http: //tncweeds. ucdavis.edu/success/or002.html).

27. Pysek, P. S., and K. Prach. (1994). "How important are rivers for supporting plant invasions?" pp. 19-26, in Ecology and Management of Invasive Riverside Plants. L. C. de Waal, L. E. Child, C. P. M. Wade, and J. H. Brock, ed. New York, Chichester, John Wiley and Sons, Ltd.; Staniforth, R. J., and P. B. Cavers. (1976). "An experimental study of water dispersal in Polygonum spp." Canadian Journal of Botany 54: 2587-2596.

28. Brenner, M., M. W. Binford, and E. S. Deevey. (1990). "Lakes." pp. 364-391, in "Ecosystems of Florida." R. L. Myers and J. J. Ewel, ed. Gainesville, University of Florida Press;

Goldman, C. R. (1981). "Lake Tahoe: Two decades of change in a nitrogen-deficient oligotrophic lake." Verhandlungen Internationale Vereinigung für Limnologie 21: 45-70.

29. Reckhow, K. H., and S. C. Chapra. (1981). Engineering Approaches for Lake Management. Ann Arbor, MI, Ann Arbor Science.

30. Karr, J. R., and I. J. Schlosser. (1977). "Impact of nearstream vegetation and stream morphology on water quality and stream biota." U.S. Environmental Protection Agency, Ecological Research Series. EPA-600/3-77-097; Delwiche, L. L. D., and D. A. Haith. (1983). "Loading functions for predicting nutrient losses from complex watersheds." Water Resources Bulletin 19: 951-959; Cooper, Gilliam, Daniels, and Robarge, (1987), "Riparian areas as filters for agricultural sediment."

31. Karr and Schlosser, (1977), "Impact of nearstream vegetation."

32. Lowrance, Leonard, and Sheridan, (1985), "Managing riparian ecosystems to control nonpoint pollution."

33. Patrick, W. H., and K. R. Reddy. (1976). "Nitrification-denitrification reactions in flooded soils and water bottoms— dependence on oxygen-supply and ammonium diffusion." Journal of Environmental Quality 5: 469-472.

34. Lowrance, R., R. Todd, J. Fail, O. Hendrickson, R. Leonard, and L. Asmussen. (1984). "Riparian forests as nutrient filters in agricultural watersheds." Bioscience 34: 374-377; Lowrance, Leonard, and Sheridan, (1985), "Managing riparian ecosystems to control nonpoint pollution."

35. Peterjohn, W. T., and D. L. Cottell. (1984). "Nutrient dynamics in an agricultural watershed— observations on the role of a riparian forest." Ecology 65: 1466-1475.

36. Lowrance, Leonard, and Sheridan, (1985), "Managing riparian ecosystems to control nonpoint pollution."

37. Peterjohn and Correll, (1984), "Nutrient dynamics in an agricultural watershed."

38. Yates, P., and J. M. Sheridan. (1983). "Estimating the effectiveness of vegetated floodplains wetlands as nitrate-nitrite and orthophosphorus filters." Agriculture, Ecosystems and Environment 9: 303-314.

39. Lowrance, Leonard, and Sheridan, (1985), "Managing riparian ecosystems to control nonpoint pollution."

40. Hartigan, J. P., B. Douglas, D. J. Biggers, T. J. Wessel, and D. Stroh. (1979). "Areawide and local frameworks for urban nonpoint pollution management in northern Virginia." in National Conference on Stormwater Management Alternatives, Wilmington, Del., October 3-5, 1979.

41. Reviewed in Wenger, S. (1999). "A review of the scientific literature on riparian buffer width, extent and vegetation." Athens, Office of Public Service and Outreach, Institute of Ecology, University of Georgia; Dosskey, M. G. (2001). "Toward quantifying water pollution abatement in response to installing buffers on crop land." Environmental Management 28: 577-598; Hickey, M. B. C., and B. Doran. (2004). "A review of the efficiency of buffer strips for the maintenance and enhancement of riparian ecosystems." Water Quality Research Journal of Canada 39: 311-317; Karthikeyan, R., L. C. Davis, L. E. Erickson, K. Al-Khatib, P. A. Kulakow, P. L. Barnes, S. L. Hutchinson, and A. A. Nurzhanova. (2004). "Potential for plant-based remediation of pesticide-contaminated soil and water using nontarget plants such as trees, shrubs, and grasses." Critical Reviews in Plant Science 23: 91-101; Also see Borin, M., E. Bigon, G. Zanin, and L. Fava. (2004). "Performance of a narrow buffer strip in abating agricultural pollutants in the shallow subsurface water flux." Environmental Pollution 131: 313-321.

42. Karthikeyan, R., et al., (2004), "Potential for plant-based remediation."

43. Kibby, H. V. (1978). "Effects of wetlands on water quality." pp. 289-297, in Strategies for Protection and Management of Floodplain Wetlands and Other Riparian Ecosystems: Proceedings of the Symposium. Washington, DC, Government Printing Office.

44. Karr, J. R., and I. J. Schlosser. (1978). "Water-resources and land-water interface." Science 201: 229-234.

45. Johnson, S. L., and J. A. Jones. (2000).' "Stream temperature responses to forest harvest and debris flows in western Cascades, Oregon." Canadian Journal of Fisheries and Aquatic Sciences 57: 30-39.

46. Budd, W. W., P. L. Cohen, P. R. Saunders, and F. R. Steiner. (1987). "Stream corridor management in the Pacific-Northwest. 1. Determination of stream-corridor widths." Environmental Management 11: 587-597.

47. 同上.

48. Brown, G. W., and J. T. Krygier. (1970). "Effects of clear-cutting on stream temperature." Water Resources Research 6: 1133.

49. Karr and Schlosser, (1978), "Water-resources and land-water interface."

50. Everest, F. H., N. B. Armantrout, S. M. Keller, W. D. Parante, J. R. Sedell, T. E. Nickelson, J. M. Johnston, and G. N. Haugen. (1982). Salmonids westside forest—wildlife habitat relationship handbook. Portland, OR, U.S. Forest Service, Pacific Northwest Forest and Range Experiment Station.

51. J. Meyer, personal communication.

52. Karr and Schlosser, (1978), "Water-resources and land-water interface."

53. Barton, D. R., W. D. Taylor, and R. M. Biette. (1985). "Dimensions of riparian buffer strips required to maintain trout habitat in southern Ontario streams." North American Journal of Fisheries Management 5: 364-378.

54. 同上

55. Budd, Cohen, Saunders, and Steiner, (1987), "Stream corridor management in the Pacific-Northwest."

56. Benke, A. C., T. C. Vanarsdall, D. M. Gillespie, and F. K. Parrish. (1984). "Invertebrate productivity in a sub-tropical blackwater river—the importance of habitat and life-history." Ecological Monographs 54: 25-63; Angermeier, P. L., and J. R. Karr. (1984). "Relationships between woody debris and fish habitat in a small warmwater stream." Transactions American Fisheries Society 113: 716-726.

57. Erman, N. A. (1981). "The use of riparian systems by aquatic insects." in Riparian Forests in California: Their Ecology and Conservation. A. Sands, ed. University of California, Davis, Institute of Ecology Publication No. 15.

58. Carlson, J. Y., C. W. Andrus, and H. A. Froehlich. (1990). "Woody debris, channel features, and macroinvertebrates of streams with logged and undisturbed riparian timber in northeastern Oregon, USA." Canadian Journal of Fisheries and Aquatic Sciences 47: 1103-1111.

59. Noel, D. S., C. W. Martin, and C. A. Federer. (1986). "Effects of forest clearcutting in New England on stream macroinvertebrates and periphyton." Environmental Management. 10: 661-670.

60. Newbold, J. D., D. C. Etman, and K. B. Roby. (1980). "Effects of logging on macroinvertebrates in streams with and without buffer strips." Canadian Journal of Fisheries and Aquatic Sciences 37: 1076-1085.

61. Kart and Schlosser, (1977), "Impact of nearstream vegetation."

62. Gorman, O. T., and J. R. Karr. (1978). "Habitat structure and stream fish communities." Ecology 59: 507-515.

63. Budd, Cohen, Saunders, and Steiner, (1987), "Stream corridor management in the Pacific-Northwest"; Likens, G. E., F. H. Bormann, N. M. Johnson, D. W. Fisher, and R.S. Pierce. (1970). "Effects of forest cutting and herbicide treatment on nutrient budgets in Hubbard Btook watershed-ecosystem." Ecological Monographs 40: 23; Bormann, F. H., and G. E. Likens. (1969). "The watershed: Ecosystem concepts and studies of nutrient cycles." in The Ecosystem Concept in Natural Resource Management. G. M. Van Dyne, ed. New York,

Academic Press.

64. Angermeier and Karr, (1984), "Relationships between woody debris and fish habitat in a small warmwater stream."

65. Meehan, W. R., F. J. Swanson, and J. R. Sedell. (1977). "Influences of riparian vegetation on aquatic ecosystems with particular reference to salmonid fishes and their food supply." pp. 137-145. in Importance, Preservation, and Management of Riparian Habitat: A Symposium. R. R. Johnson and D. A. Jones, ed. USDA Forest Service.

66. McDade, M. H., F. J. Swanson, W. A. McKee, J. F. Franklin, J. Van Sickle. (1990). "Source distances for coarse woody debris entering small streams in western Oregon and Washington." Canadian journal of Forestry 20: 326-330.

67. Vannote, Minshall, Cummins, Sedell, and Cushing, (1980), "River continuum concept."

68. Hatfield, J. L., S. K. Mickelson, J. L. Baker, K. Arora, D. P. Tierney, and C. J. Peter. (1995). Buffer strips: Landscape modification to reduce off-site herbicide movement. Clean Water, Clean Environment, 21st Century: Team Agriculture, Working to Protect Water Resources. St. Joseph, MI, American Society of Agricultural Engineers; Soranno, P. A., S. L. Hubler, S. R. Carpenter, and R. C. Lathrop. (1996). "Phosphorus loads to surface waters: A simple model to account for spatial pattern of land use." Ecological Applications 6: 865-878.

69. Dunne, T., and L. B. Leopold. (1978). Water in Environmental Planning. New York, W. H. Freeman.

70. Ruhe, R. V. (1975). Geomorphology: Geomorphic Processes and Surficial Geology. Boston, Houghton Mifflin.

71. Cooper, Gilliam, Daniels, and Robarge. (1987). "Riparian areas as filters for agricultural sediment."

72. Karr and Schlosser, (1977), "Impact of nearstream vegetation."

73. Gosz, J. R., F. H. Bormann, and G. E. Likens. (1972). "Nutrient content of litter fall on Hubbard Brook experimental forest, New Hampshire." Ecology 53: 769.

74. Gorham, E., P. M. Vitousek, and W. A. Reiners. (1979). "Regulation of chemical budgets over the course of terrestrial ecosystem succession." Annual Review of Ecological Systematics 10: 53-84; Bormann, F. H., and G. E. Likens. (1979). Pattern and Process in a Forested Ecosystem. New York, Springer-Verlag. p. 56-62.

75. Omernik, J. M., A. R. Abernathy, and L. M. Male. (1981). "Stream nutrient levels and proximity of agricultural and forest land to streams—some relationships." Journal of Soil and Water Conservation 36: 227-231.

76. Lowrance, R., R. Leonard, and J. Sheridan. (1985). "Managing riparian ecosystems."

77. Yates and Sheridan, (1983), "Estimating the effectiveness of vegetated floodplains wetlands."

78. Toth, R. E. (1990). "Hydrologic and riparian systems: The foundation network for landscape planning." In International Conference on Landscape Planning, University of Hannover, Federal Republic of Germany, June 6-8, 1990.

79. Smith, R. A., R. B. Alexander, and M. G. Wolman. (1987). "Water-quality trends in the nation's rivers." Science 235: 1607-1615.

80. Makarewicz, J. C., and P. Bertram. (1991). "Evidence for the restoration of the Lake Erie ecosystem—water-quality, oxygen levels, and pelagic function appear to be improving." Bioscience 41: 216-223.

81. Lehman, J. T. (1986). "Control of eutrophication in Lake Washington." pp. 301-316, in Ecological Knowledge and Environmental Problem Solving: Concepts and Case Studies. National Research Council. Washington, DC, National Academy Press.

82. Smith, Alexander, and Wolman, (1987), "Water-quality trends in the nation's rivers."

83. Cooper, Gilliam, Daniels, and Robarge, (1987), "Riparian areas as filters for agricultural sediment."

84. U.S. General Accounting Office. (1988). "Public Rangelands: Some Riparian Areas Restored But Widespread Improvement Will Be Slow." Report to Congressional Requesters. GAO/RCED-99-105.

85. Platts, W. S., and J. N. Rinne. (1985). "Riparian and stream enhancement management and research in the Rocky Mountains." North American Journal of Fisheries Management 5: 115-125.

86. Goudie, A. (1990). The Human Impact on the Natural Environment. Cambridge, MA, MIT Press; Karr and Schlosser, (1978), "Water-resources and land-water interface."

87. Karr, J. R. (1988). "Kissimmee River: Restoration of degraded resources." in Kissimmee River Restoration Symposium, West Palm Beach, FL, October, 1988.

88. Yarbro, L. A., E. J. Kuenzler, P. J. Mulholland, and R. P. Sniffen. (1984). "Effects of stream channelization on exports of nitrogen and phosphorus from North Carolina coastal-plain watersheds." Environmental Management 8: 151-160.

89. Erman, D. C., and V. M. Hawthorne. (1976). "Quantitative importance of an intermittent stream in spawning of rainbow-trout." Transactions of American Fisheries Society 105: 675-681.

90. Groeneveld, D. P., and T. E. Griepentrog. (1985). "Interdependence of groundwater, riparian vegetation, and streambank stability: A case study." pp. 44-48, in Riparian Ecosystems and

Their Management: Reconciling Conflicting Uses, R. R. Johnson, C. D. Ziebell, D. R. Paton, P. F. Ffolliott and R. H. Hamre, ed. USDA Forest Service.

91. Lowrance, Todd, Fail, Hendrickson, Leonard, and Asmussen, (1984), "Riparian forests as nutrient filters in agricultural watersheds."

92. Manning, R. E. (1979). "Impacts of recreation on riparian soils and vegetation." Water Resources Bulletin 15: 30-43.

93. Fergusson, B. K., and T. N. Debo. (1987). On-Site Stormwater Management: Applications for Landscape and Engineering. Mesa, AZ, PDA Publishers.

94. Lowrance, Todd, Fail, Hendrickson, Leonard, and Asmussen, (1984), "Riparian forests as nutrient filters in agricultural watersheds."

95. Karr, J., K. Fausch, P. L. Angermeier, P. R. Yant, and I. J. Schlosser. (1986). Assessing Biological Integrity in Running Waters: A Method and Its Rationale. Champaign, IL. Illinois Natural History Survey, Special Publication #5.

96. Karr, J. (1991). "Biological integrity: A long-neglected aspect of water resource management." Ecological Applications 1: 66-84.

97. 同上

98. Steedman, R. J. (1988). "Modification and assessment of an index of biotic integrity to quantify stream quality in southern Ontario." Canadian Journal of Fisheries and Aquatic Sciences 45: 492-501.

99. Barton, Taylor, and Biette, (1985), "Dimensions of riparian buffer strips."

100. Cooper, Gilliam, Daniels, and Robarge, (1987), "Riparian areas as filters for agricultural sediment."

101. Nieswand, G. H., R. M. Hordon, T. B. Shelton, B. B. Chavooshian, and S. Blarr. (1990). "Buffer strips to protect water-supply reservoirs—a model and recommendations." Water Resources Bulletin 26: 959-966.

102. Mander, U., V. Kuusemets, K. Lohmus, and T. Mauring. (1997). "Efficiency and dimensioning of riparian buffer zones in agricultural catchments." Ecological Engineering 8: 299-324. See also Wenger, (1999), " A review of the scientific literature on riparian buffer width, extent, and vegetation."

103. Bren, L. J. (1995). "Aspects of the geometry of riparian buffer strips and its significance to forestry operations." Forest Ecology and Management 75: 1-10; Bren, L. J. (1998). "The geometry of a constant buffer-loading design method for humid watersheds." Forest Ecology and Management 110: 113-125; Bren, L. J. (2000). "A case study in the use of threshold measures of hydrologic loading in the design of stream buffer strips." Forest

Ecology and Management 132: 243-257; Xiang, W. N. (1993). "Application of a GIS-based stream buffer generation model to environmental-policy evaluation." Environmental Management 17: 817-827; Xiang, W. N. (1996). "GIS-based riparian buffer analysis: Injecting geographic information into landscape planning." Landscape and Urban Planning 34: 1-10.

104. Lowrance, R., L. S. Altier, R. G. Williams, S. P. Inamdar, J. M. Sheridan, D. D. Bosch, R. K. Hubbard, and D. L. Thomas. (2000). "REMM: The riparian ecosystem management model." Journal of Soil and Water Conservation 55: 27-34.

105. Lee, P., C. Smyth, and S. Boutin. (2004). "Quantitative review of riparian buffer width guidelines from Canada and the United States." Journal of Environmental Management 70: 165-180.

106. 同上

107. Budd, Cohen, Saunders, and Steiner, (1987), "Stream corridor management in the Pacific-Northwest."

108. Cooper, Gilliam, Daniels, and Robarge, (1987), "Riparian areas as filters for agricultural sediment."

109. Budd, Cohen, Saunders, and Steiner, (1987), "Stream corridor management in the Pacific-Northwest."

110. Cooper, Gilliam, Daniels, and Robarge, (1987), "Riparian areas as filters for agricultural sediment."; Toth, (1990), "Hydrologic and riparian systems."

111. Hartigan, Douglas, Biggers, Wessel, and Stroh, (1979), "Areawide and local frameworks for urban nonpoint pollution management in northern Virginia"; Hartigan, J. P., and T. F. Quasebarth. (1985). "Urban nonpoint pollution management for water supply protection: Regional versus onsite BMP plans." in International Symposium on Urban Hydrology, Hydraulic Infrastructures and Water Quality Control, University of Kentucky, Lexington, July 23-25, 1985.

112. Cooper, Gilliam, Daniels, and Robarge, (1987), "Riparian areas as filters for agricultural sediment."

113. Kite, D. J. (1980). "Water courses—open drains or sylvan streams?" in Trees at Risk. London, Tree Council Annual Conference.

114. Bormann, B. T., and J. C. Gordon. (1984). "Stand density effects in young red alder plantations productivity, photosynthate partitioning and nitrogen-fixation." Ecology 65: 394-402.

115. Karr and Schlosser, (1977), "Impact of nearstream vegetation."

116. 同上

117. Lowrance, Leonard, and Sheridan, (1985), "Managing riparian ecosystems."

118. Baird, K. (1989). "High quality restoration of riparian ecosystems." Restoration and Management Notes 7: 60-64.

119. Brown, K. (2000). Urban Stream Restoration Practices: An Initial Assessment. Ellicott City, MD, Center for Watershed Protection; Gray, D. H., and A. T. Leiser. (1982). Biotechnical Slope Protection and Erosion Control. New York, Van Nostrand Reinhold Co.; Gray, D. H., and R. B. Sotir. (1996). Biotechnical and Soil Bioengineering Slope Stabilization: A Practical Guide for Erosion Control. New York, John Wiley and Sons.

120. Decamps, H., M. Fortune, F. Gazelle, and G. Pautou. (1988). "Historical influence of man on the riparian dynamics of a fluvial landscape." Landscape Ecology 1: 163-173.

121. Karr, (1988), "Kissimmee River: Restoration of degraded resources."

122. Parkyn, S. M., R. J. Davies-Colley, N. Jane Halliday, K. J. Costley, G. F. Croker. (2003). "Planted riparian buffer zones in New Zealand: Do they live up to expectations?" Restoration Ecology 11 (4) : 436-447.

123. Decamps, Fortune, Gazelle, and Pautou, (1988), "Historical influence of man."

124. Platts and Rinne, (1985), "Riparian and stream enhancement management and research"; Wineger, H. H. (1977). "Camp creek fencing—plant, wildlife, soil and water responses." Rangemans Journal 4: 10-12; Behnke, R. J., and R. F. Raleigh. (1978). "Grazing and the riparian zone: Impact and management perspectives." pp. 263-267, in Strategies for Protection and Management of Floodplain Wetlands and Other Riparian Ecosystems: Proceedings of the Symposium. Washington, DC, U.S. Government Printing Office; Apple, L. L. (1985). "Riparian habitat restoration and beavers." pp. 489-90, in Riparian Ecosystems and Their Management: Reconciling Conflicting Uses. R. R. Johnson, C. D. Ziebell, D. R. Paton, P. F. Ffolliott, and R. H. Hamre, ed. USDA Forest Service.

125. Davis, G. A. (1977). "Management alternatives for the riparian habitat in the southwest." pp. 59-66, in Importance, Preservation, and Management of Riparian Habitat: A Symposium, R. R. Johnson and D. A. Jones, ed. USDA Forest Service; U.S. General Accounting Office, (1988), "Public Rangelands: Some Riparian Areas Restored But Widespread Improvement Will Be Slow."

126. Ames, C. R. (1977). "Wildlife conflicts in riparian management: Grazing." pp. 49-57, in Importance, Preservation, and Management of Riparian Habitat: A Symposium, R. R. Johnson and D. A. Jones, ed. USDA Forest Service.

127. Platts and Rinne, (1985), "Riparian and stream enhancement management and research."

128. Apple, (1985), "Riparian habitat restoration and beavers."

129. Nassauer, J. I. (1990). "The Appearance of Ecological Systems as a Matter of Policy." in Landscape Ecology Symposium, Fifth Annual, Miami University, Oxford, Ohio, March 21-24, 1990.

130. Baird, (1989), "High quality restoration of riparian ecosystems."

第 5 章

景观的
社会生态学：
绿道设计中的应用

    当人类活动对生态系统产生扰动时，其影响通常会波及一定的时空范围，甚至会周期往复的发生。这些影响不仅会干扰我们周边的自然与生态系统，自然、生态系统与人类社会之间的联系可能也会受到影响。就后者而言，影响的范围不仅局限在绿道的游憩和美学功能方面，还会涉及更广泛、更复杂的社会问题，例如：经济发展、社会公正、社区互动。因此，真正意义上的景观生态设计方法（应该考虑人类活动可能产生的一切影响）需要密切关注上述的和其他相关的社会问题。

    生态学的研究一直在强调人类在改变自然系统方面的作用；反过来，这些改变对人和人类社会自身的影响，通常却没有被给予深入而系统的研究。例如，自然与人类干扰往往被视为一种二元的对立关系。我们虽然已经对这种简单而陈旧的观点提出了质疑。但一些新的、对自然状态的理解仍然过于理想化，而且通常还会成为自然保护与自然恢复的目标。这些新理解所对应的概念包括：原始的自然、健康的自然、生态系统完整性。保持了这些自然状态就会产生相应的社会效益则被认为是理所当然的。

    实际情况却并非完全如此。保护更多的自然区域就必然会给人类带来福利的假设并不一定成立。这一假设同保护更多的物种（不论乡土物种还是入侵物种）就一定会对生态系统"有利"的说法是类似的。绿道还具有许多的社会功能，而绿道的设计会极大地影响（积极的或负面的）这些功能的发挥。此外，土地保护通常涉及有限资源的重新配置（包括财政资源、自然资源等）；因此，它本质上是一个政治博弈的过程，会使某些社会群体的获益超过其他群体。正如第 3 章中对生物多样性概念的讨论一样，我们需要对这一政治过程进行更深入的分析。因此，从单纯的、自然导向的"生态系统结构功能完整性"的目标转向更加综合的、"景观结构功能完整性"的目标（详见第 1 章的讨论），我们尤其需要关注被保护的绿地是如何使社会受益的，以及哪些人最可能或最不可能从中受益。

接下来，我们需要将一系列的社会问题引入到生态学的视角中进行综合分析。关于自然对人的身心健康的影响是老生常谈了，但仍将在本章中讨论；其他更典型的社会问题（社区、公民社会、政治、社会平等、社会公正等方面）则是本章关注的重点。尤其当把自然要素引入到人工景观中时，我们需要探索和理解许多新的联系，包括：自然与城市、社区间的联系。但是上述的这些联系实际上是自然景观要素同人类的社会制度、感知和经验之间的联系。

绿道如何影响邻里内部以及邻里间的社会互动？绿道会产生哪些方面的经济影响？绿地的空间分布会产生哪些环境正义方面的问题？我们对身边景观的感知会改变我们对居住地附近或遥远的"荒野自然"的看法吗？通过对这些及类似问题的回答，我们能够完成对人和自然都有利的设计方案，而这才是广义上的生态有效性。

本章将要探索这些与绿道的"社会与生态设计"方面的有关问题，尤其将重点讨论相关的策略、技术和实例。首先，通过对社会与生态复合系统运行规律的描述，形成我们对这一系统的基本理解，而这一点非常重要。接下来的内容将会解释如何将社会因素纳入到景观结构、功能、改变的分析框架（详见第 2 章）之中，以及如何通过这一框架来详细分析上述的问题，此外，本章还会分析和检验社会观念和社会制度如何引导社会和生态改变的发生。

社会与自然：对人文景观的解读

景观结构与功能

在第 2 章中我们讨论了"斑块—廊道—基质"的景观分析框架，而这一框架也可以被用来理解人文景观（强调人本身与建成环境这两方面）的空间结构。[1] 但是，如果要在分析中充分考虑人的因素，我们还需要考虑另一个具有空间重叠效应的问题——社会结构。社会结构的差异通常取决于不同社会群体的基本属性和空间分布。

同生物群落类似，社会群体的空间分布也不是随机的。对于社会结构而言，不同社会群体的空间分布不仅取决于自然、环境因素（例如，与动物一样，人类也倾向于聚集在资源丰富的地区），还取决于社会分化过程的影响。这一过程通常与职业、财富、种族、民族、文化差异、生活方式的偏好等因素相关。"阶层或阶级（class）"也是一个非常重要的概念，其指的是：个体或社会群体在社会的层级结构中的位置；通常可以通过收入、教育水平和职业地位的综合情况进行判断。社会结构的存在并不一定会导致空间隔离的发生，不同社会群体中的成员也是可以彼此间流动与互动的。但是，空间隔离在某种程度上还是存在的；因为，不同阶层的人群往往居住在不同的街区，工作于城市的不同地点，崇尚不同的休闲活动等。

景观的空间结构和人类的社会结构，都与人文景观的功能密切相关。如果结构是指景观要素的空间分布与组合方式，功能指的则是：在某一特定的景观环境中，促使事物发生的动态过程。一些主要的功能包括：能源、原材料、劳动力、信息等基础资源的流动、分布和积累，以及它们转变为复合资源的过程或结果，例如：住房建设、交通运输、身心健康、生产设施、高素质的公民等。同自然景观一样，人文景观的结构与功能也是紧密相连的。例如，社会阶层的等级结构，影响着财富和专业化知识的积累（集中在上层社会的社区中）；也会影响体力劳动者的聚居，甚至有时是污染的影响（集中在下层社会的社区中）。同与自然景观类似，由于能将不同的景观要素联系在一起，廊道在人文景观功能的发挥方面也具有重要的意义。例如，景观要素的组合方式，尤其是像绿道和公路这样廊道的景观结构，会影响到不同景观要素之间交通活动所需的时间和能耗；而人行道和游憩廊道的存在及分布，则会影响人们的日常锻炼与健康程度。

绿道的社会功能可以被分为三类。以下内容将围绕绿道的这3类功能展开讨论。作为吸引人们进行休闲游憩活动的场地和具有交通连接功能的通道，绿道提升了社会的连通性（social connectivity）。绿道将不同的人群联系到一起，因而能够影响邻里间的社会互动和交往模式。除了其自然属性所发挥的功能外，绿道同样还可以增强社会的连通性和积极的社会互动。因为，在绿道的维护和管理过程中，往往会得到当地居民、民间组织和志愿者的积极支持。这些行动反过来也具有增加社会资本（social capital）的潜力，而这一社会资本是指社会联系和社会互动的网络化联系。这些联系是形成信任、合作，以及成功地进行社会、经济和政治活动的关键和基础。

绿道可以在人们的住所附近提供日常性的、直接的自然体验;因此,绿道也提升了人与自然间的连通性。相比其他形式的绿地,绿道在这一方面的作用更具有典型性;而这主要归因于绿道线状的几何特征、更多的界面联系和更高的可达性。当然,这种与自然日常性的接触,不仅创造了更多的游憩机会和丰富的美学体验,同时也有着更为深远的意义。因为,这种接触极大地影响了人们对其住所周边环境的看法。

最后,同其他形式的绿地一样,绿道也可以影响当地或区域的经济发展。一般而言,通过促进商业活动或提升房产价值,绿道会产生货币意义上的财富。另一方面,社区公园和林地也会通过生产物质资源而获得效益,而理想情况下这些生产方式应当是可持续的。此外,绿道会通过减少机动化的交通而降低能源的使用,从而发挥了经济效益。

对于绿道所有的积极功能而言,特别是它们的经济效益,其空间上的分布通常是不均匀的。举例来说,一些地区可能远比其他地区具有更好的条件:要么具有更多的公共土地资源,要么更容易获取这些土地。因此,环境正义是一个重要的议题,这同前面章节中讨论的许多生态话题是一样的。这也提醒我们要在更大的空间尺度上来思考绿道问题的重要性。

当讨论"邻里"(neighborhood)和"社区"(community)这两个概念的时候,二者的结构与功能是相对统一的。由于定义方式或视角的不同,同一个邻里单元的边界和大小也会存在较大差异。其范围可以从一条街道(一个或数个街区)的长度,延伸至几平方公里的城市辖区的范围。虽然存在较大的差异,但"邻里"从本质上来说是一个实体性的、基于空间的概念,而且其与所有生活在这一区域中的人们有着功能上的联系。[2]"社区"一词有时也有类似的用法,但它更多的是强调社会、文化层面的内涵,通常指社区成员间共享的经历、兴趣和认知。与邻里不同,社区并非必须具有空间上的界定或联系。社区可以是在有共同体验的地方(一个街区、一座城镇或一处景观)发展起来的,也可能会发端于与场所无关的某些活动或共同的兴趣。因此,我们必须提及某些与职业有关的社群团体,例如:由绿道的支持者和环境人士所构成的社区,基于互联网而形成的"在线虚拟社区"等。当然,邻里和社区是紧密相关的,这不仅表现在"邻里能为大城市居民提供归属感和认同感"的这种意义上,而且这种归属感和认同感对增强社区的凝聚力也具有重要的意义。[3]

　　"社区"这一概念的定义非常重要。在规划和保护活动中，社区是一个特别常用但又容易产生偏差的概念。因为，社区通常可以从结构（例如，关注区域的空间范围）和功能（为成员提供重要的价值或目标和决策制定的平台）两个角度来理解。"社区层面保护活动"的兴起显然是对那些自上而下的保护行动模式的一种有意义的、探索性的改革。这些自上而下的模式，通常将居民视为问题的制造者，而不是将他们视为保护活动的积极参与者和潜在的联盟。相对于自上而下的模式而言，这种积极地整合当地居民的需求和努力地保护行动，既符合伦理道德的要求，也是提高项目成功率的一种改进。当由本地居民发起保护活动时，这种优势更明显。[4]

　　然而，人们对社区保护活动的推崇，某种程度上也是由于我们对社区概念的理解存在偏差。广义上来说，社区的概念涉及的是直系亲属以外的人际关系和联系。当然，社区的概念在历史上比今天的含义要更本地化。如今我们中的很多人通过工作和个人关系，能够与全国或全世界的人联系到一起，而许多人在其一生之中会搬迁很多次。这些趋势解释了对过去这种理想化的地方社区怀念的原因。但是，这样的怀念有可能会让我们无法清晰地理解社区的运行方式。

　　一些社区层面发起的活动没有达到预期的目标，对某些边缘人群而言更是如此。因为，对社区概念的主流理解都在强调居民间的同质性、共同性与一致性；而这倾向于忽视同等重要的多样性、分歧和冲突等重要特征，也忽视了更大尺度上的某些关键联系（例如，这些活动涉及的多个社区之间的联系）。[5]共同性和一致性的确存在，但通常是超越不同的范围或尺度来将人们联系起来；他们有类似的价值取向或共同利益，但可能在空间上是彼此远离的。同样，对社区地方自治的强调，可能会让我们忽视其他群体对某些资源的控制和使用，以及忽视来自更大尺度上的社会制度层面的需求。有些学者指出：我们应当跳出这种对社区过于简单的理解，并将注意力转移到更具有适用性的社会制度的概念上去；而这一制度是指那些跨越了不同尺度的、真正意义上的管理人类对自然生态系统行为的规则、关系和组织。[6]这种方法具有很高的实用性。因为，它不是把我们局限在一个理想化的概念上，而是促使我们去调查和理解社会运行的内在机制。我们将在后面的内容中对其进一步探讨。

　　然而，社区的概念（更确切地说，本地社区的概念）依然重要，而且在本章中也会被频繁使用。因为，社区对当地居民而言具有特殊的利害关系和潜在影响，这一点从居民对景观的了解和关心上就可以明确。另一方面，除了对乡土的眷顾，社区层面上人与人之间、人与自然之间的联系也是人们的阅历和经验的一个重要来源。所以，我们并不是要放弃社区这种研究的对象，而是要更仔细地观察社区的结构与功能，并且考虑多尺度之间的联系。

景观改变

同自然景观一样，人文景观也会随着时间的推移而发生改变。这种改变可能会伴随着功能关系的逐渐变化而发生，例如，人口或资源的持续流入或流出而引起的经济增长或衰退。这种景观改变也可能是由于更突发的原因，例如大规模的人口迁移、经济结构的调整，以及快速的科技或政治变化等。

一种被大家熟悉的人文景观的改变是城郊住宅区向乡村地区的扩张。相对于高密度、集中式的发展模式而言，这种城市蔓延的发展模式除了破坏生物栖息地之外，还会引发许多次生的环境与社会影响。这些影响可能是正面的，也可能是负面的；更常见的情况则是两方面的影响同时存在。具体的影响包括：相对较低的土地成本、更有文化意义的生活方式，不断增加的交通量、能耗、污染，更多久坐而不利于健康的活动方式，以及减少的市民间的互动等。[7] 这种大面积土地的产权细分，使得穿越私人土地的限制和土地保护的挑战都大大增加。对于往往要穿越几十甚至上百块的私人土地的绿道而言，则更是如此。

同自然景观结构的改变一样，人文景观改变的空间分布也是不均衡的。城市建成区的斑块动态过程可能更加的显著（见图 5.1a）。如果宏观经济整体下滑，任何类型的社区都会衰退。新兴产业或政府主导的振兴计划可能会帮助恢复经济并扭转形势。20 世纪末，美国许多城市的第二产业呈现了衰退的趋势，工业开始外迁。这一过程使得将滨河土地改建成绿道或高端住宅、商业区成为可能（见图 5.1b）。在社区团体能够及早参与河流廊道规划的地区，廊道的功能向着更低消费、更大公共利益导向的目标进行建设的可能就越大。（下文将介绍的布朗克斯河绿道就是一个很好的例子。）类似的情况，由政府出资的工业废弃地修复项目，可以将这些被有毒有害物质所污染的土地重新转变成可以使用的土地。

与上述过程相关但更棘手的问题则是士绅化的过程。这一过程包括：某些热点地区房价上涨的压力，中产阶层向低收入社区或城镇的迁移，

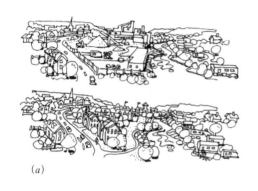

(a)

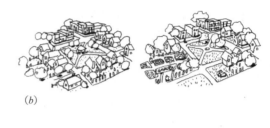

(b)

图 5.1

城市景观变化的两个例子。(a) 已经衰退的滨水工业地带（上图），给滨水区的绿道生态恢复提供了可能（下图）；滨河绿道的构建反过来又会促进左岸街区的高档化，同时也对河流右岸低收入社区的未来发展带来不确定性。(b) 城市居住区景观斑块的动态变化。一个低收入的工人群体聚居的社区（左图），在经历了经济衰退后，社区内形成了许多的闲置房屋和空地（右图）。面对这种情形，居住区内余下的居民组织了起来，并利用空地建设了一个社区花园（左图）。这一社区花园能够用来种植粮食、蔬菜等，而且提升了社区的凝聚力。(绘图：乔·麦格雷恩)

以及对现有住宅的改造等；而这些过程可能都会引起当地房价的上涨。士绅化可以为一个地区注入新的活力和经济动力，但它也会推高房屋的租金价格，从而迫使社区中的低收入居民搬至别处；此外，这一过程同时也限制了社区中社会多样性的提升。[8]

我们可以通过美国波士顿市的实例来理解绿道是如何促进"士绅化"过程的。波士顿市计划用 15 年的时间将穿越市中心的洲际高速公路变成隧道，而这也是与之相伴的罗斯·肯尼迪（Rose Kennedy）绿道立项和建设的原因。工程仍在继续，而绿道项目竣工时间预计在 2004年。但是，自 1988 年该项目动工以来，廊道沿线的地产价值已经增长了 79%，而全市的平均增长率只有 41%。居住用地的价值以出乎意料的速度在增长，这促使一些开发商将原本规划为商业性质的用地转为高档居住区用地进行开发。正如一位经济学家所言，"对于那些寻找公寓式住宅的人们来说，为了能够住在临近公园的社区中，他们也许会愿意付出一只胳膊和一条腿的代价。"[9]项目周边社区居民的不同反应，体现士绅化带来的多种影响。例如，某些人会非常欢迎这种变化，而另一些人则非常担忧，尤其是居住在唐人街的人们。他们非常担心现有的场所将被一种"浮夸的新都市景象所取代"；除了创造新的开敞空间之外，他们更想竭力争取的是一个适宜居住社区环境，从而让生活在那的许多老人能付得起房租并继续居住在那里。[10]波士顿市在原则上大力支持保障性住房的建设，但有时却无法严格的坚守这一原则，而这可能与高端住宅的开发能带来更多的税收有关。这些税收可以帮助政府分担上述工程150 亿美元的建设成本。[11]

士绅化或空间分配的不平等，有时还会产生更复杂的生态影响。例如，在美国巴尔的摩（Baltimore）市，高收入和高学历人群居住的社区，其植被数量和质量都要优于同等建设密度的低收入社区。[12]初看上去，这对社会发展和环境保护而言都是积极的结果。但在事实上，除了空间不平等的社会问题之外，这些高端社区在景观维护过程中还会大量使用化肥和增加灌溉，而这反过来又使下游居民和生态系统进一步遭受非点源污染的影响。

在这种情况下，景观改变会受到经济不平等因素的制约，并会带来复杂的结果，即对一部分人群和生态指标来说是积极的，对另一部分人和生态指标而言则是消极的。将社会结构、功能和改变方面的问题整合到"景观 - 生态分析"的方法之中，能够提醒我们去关注那些重要的变化过程，以及关心这些变化过程对不同人群带来利益的差异性。对于士绅化过程而言，建设一定比例的保障性住房或对房地产市场进行调控，有助于实现更加公平、更平等的结果。基于生态学的视角，地方的环保官员应当鼓励居民使用更有机的方式来进行社区的绿化管理。由于社会结构与植被之间的这种关联，管理措施应当首先在较富有的社区进行推广；因为，那里的问题可能更为紧迫。在某些情况下，应当专门制定限制化肥使用的区划法令。

区域尺度的景观改变

在城市尺度上来考虑景观的结构、功能和改变同样非常重要，而这一尺度往往也是绿道设计的宏观背景。在这一尺度上，需要考虑城市扩张相关的经济驱动因素，而利益分配和环境正义等问题通常也都集中在这个尺度上。

这一尺度上发生的改变可能包括城市区域的增长或衰退，或其内部结构的重组。技术发展当然是至关重要的因素，这一点通过其对交通的影响可以看出。交通模式的变化（首先是铁路，然后是汽车），使人们的通勤距离增加，并因此扩展了城市功能的辐射范围。公共政策也是很重要的因素；例如，在特殊利益集团的极力游说下，政府往往对公路和高速公路的蔓延式发展进行了大量的补贴。[13]因此，郊区化和自然景观的消失不能被简单地看成是技术变革或短见决策的结果，其原因是复杂的，并且与利益、权利和政治息息相关。

城市和区域（以及中小城镇）不断扩张的一个主要原因是：不同城市通过降低企业进驻和运营的成本，来吸引新的商业和工业在本地的发展，从而推动经济增长和创造就业机会。约翰·洛根（John Logan）和哈维·莫洛奇（Harvey Molotch）在他们的专著中提出了"城市增长机器"的概念，即某些益集团之间通过彼此联合来促进城市的不断增长。通过对这一城市驱动机制的描述，他们尝试回答了"究竟哪些人会从城市土地发展和经济增长中获益"这个关键问题。[14] 上述的利益团体的联盟主要包括：从人口与经济增长中获得暴利的房产所有者和土地投机者，大部分的商业团体，以及寻求税收增长地方政府。这一联盟会致力于建立一种强调经济发展重要性的社会舆论，而且还会把这种舆论作为政治发展的首要目标来加以推进，但事实上，经济发展并没有改变现状，甚至加剧了社会不平等和经济分化的问题。洛根和莫洛奇还指出：在实际当中，某些人群通常无法从经济发展中获得预期的收益；这主要是由于那些发展迅猛的地区吸引了大量欠发达地区人口的迁入，并进一步加剧了就业竞争。显然，很多人会从增长中受益；但是，对另一部分人而言，这意味着生活成本的增加，尤其是住房支出，而就业的前景也几乎没有任何改善。甚至对于那些房产升值的房屋所有者来说，长期的资产收益或许会被增加的房产税所抵消（由于服务需求的增加），也会受到正在被人们所熟知的、各种社会与环境问题的影响。

这方面的研究已经有了很多的成果。例如，主张增长的一派在增长调控方面的实践经验，增长对一系列经济和就业问题的影响等。[15] 在最近几年，那些极力主张土地资源保护和倡导生活质量优先的社会团体的影响力越来越大。他们提出了"城市发展边界"等用来限制城市扩张的措施，这对"增长机器"的观点产生了许多的挑战。此外，人们也逐渐认识到：新增的城市开发，会带来更多的对公共服务的需求，而不完全是税收的增加。因此，单纯从财政的视角出发，经济增长的作用和意义甚至也是值得怀疑的。但是，有一条潜在的原则大多数情况下都是正确的，那就是：城市增长和蔓延的原因与收益，都与那些在这一过程中攫取了暴利的房产所有者、经济领域的精英和地产投机商有关；而这些利益群体还会继续鼓吹"增长优先"的这一观念，通常他们在很大程度上也做到了这一点。

"增长机器"的概念对于绿道设计而言并非无关紧要。乍看之下，土地保护似乎在本质上是反对增长的。但是，在某种程度上，绿道和绿地更能增加经济活力和提升房产价值。这些功能常会被绿道的支持者们鼓吹为完全积极的作用；但实际上，它们也有进一步加剧士绅化和经济分化的可能，甚至进一步导致自然保留地以外地区的无序扩张。我们会在本章的后续内容中详细地讨论这一违背直觉的问题，以及探讨防止这些情况发生的预防措施等。

人口的变化趋势同样也是区域变迁的重要驱动因素。例如，第二次世界大战之后，美国北部的许多城市不仅见证了城市的全面扩张，也见证了大量的非洲裔居民从南部城市迁移过来并聚居在城市中心区的过程。这种集聚过程的发生一方面是由于制造业的快速发展，另一方面则归因于中产阶级向郊区外迁所产生的、位于中心城区的住房供给。到了20世纪70年代，美国对拉丁裔移民的政策发生了变化，与此同时，美国制造业的衰退导致了许多城市的中心城区出现了较高的失业率和城市衰退的现象。这反过来又进一步引发了"白人的外迁"，或者说引发了中高阶层居民向远郊搬迁过程的发生。

迈伦·奥菲尔德（Myron Orfield）指出：这种反馈机制今天仍在继续，富裕的远郊社区与中低收入的城市中心、近郊区之间的两极分化还在加剧。他对这一机制描述如下：

> 一旦两极分化发生，贫困集聚、投资撤离、中产阶级外迁、城市蔓延等问题会愈演愈烈。受益于区域性基础设施的大量支出，某些远郊区的房产价值会得到提升；而中心城区和近郊区的衰退则意味着区域内部税基的转移。这些税基是从最贫困的、问题最多的社区，转向了最繁荣和最富足的社区。这些过程和问题，比美国社会目前所面临的任何其他问题都更具有挑战性，而且还具有更高的复杂性和危害性。事实上，没有任何联邦层面的城市政策可以阻止这种两极分化的发生或者应对它所产生的影响。[16]

在某些城市，20世纪80和90年代蓬勃发展的经济带来了新一轮的郊区蔓延，也带来了城市生活的复兴和再发现，以及低收入地区的士绅化。士绅化迫使低收入居民和新移民不得不迁移到更加老旧的近郊区或远郊的小城镇。这些地方的居住成本较低，但由于缺乏公共交通，给工作地点位于远郊区或商业区的人们带来了不便，通勤成本也大幅增加。[17]以马萨诸塞州的福尔里弗（Fall River）市为例：由于该城工业已经出现衰退，在20世纪90年代波士顿地区房价飙升的时候，福尔里弗成为一个相对可以负担得起的居住地。因此，这座城市吸引了来自波士顿地区的许多低收入居民。大量人群的迁入增加了城市的负担，以至于福尔里弗市极力拆除了现有的公共住房，而不是接受联邦政府的基金来对这些公共住宅进行修缮或翻新。[18]

最后，低密度的城市扩张无法解决所有问题，即使对那些能够居住在高端社区的居民来说也是如此。很多人都渴望郊区的理想生活，但社会隔离、长时间驾驶、交通拥挤这些问题又会使人们对郊区生活有些失望。对某些人来说，下一步就是逃离到更远的周末寓所和度假村去。这会使城市蔓延进一步扩张到乡村地区，也会使人们到离大城市更远的郊区定居。在这些超低密度的郊区，目的地之间的距离仍然很远；长途驾驶会成为人们日常生活中不可缺少的一部分。因此，这种向远郊区不断迁移的过程实际上只是一种逃避，它仍然需要长时间的驾驶来完成通勤的需求，而没有真正解决汽车社会的不利影响。现有的这种解决问题的方式，正是当前这些问题变得更糟的根本原因。

总而言之，目前这种景观和区域变迁的方式，以及那些逐渐退化的自然生态系统，对低收入人群有着显著的负面影响；对那些生活优裕的人而言，这种变迁带来的价值改变也是值得讨论和商榷。绿道不能解决景观变迁中产生的所有问题，但它们还是具有重要贡献的。通过让城市和郊区生活更有吸引力、更有意义，绿道有助于减轻城市发展对周边乡村地区的压力，并减少交通和能源需求。然而，在经济分化与社会隔离不断加剧的今天，仍然有许多迫切的问题需要回答。比如，如何在不同地区和社会阶层之间公平的分享自然保护所带来的福利，如何通过公共空间来促进不同社会群体之间进行积极的社会互动等。

实现这些目标的具体方法将会在后续章节中进行讨论。但在此之前，我们需要先把目光从这些现实而紧迫的问题上暂时移开，并对形成当前现状的、更深层次的原因进行挖掘。下一节我们将对有关历史、概念和社会制度方面的内容进行探讨。只有通过对这些内容进行理解和反思，我们才能以积极而长效的方式来引导景观改变的发生。

景观改变的社会基础：观念、社会制度、公众参与

不同于其他生物，人类能认知并有意识的引导景观改变，同时也会反思和调整其自身的行为。我们的认识通常并不完整，在实现预设目标的同时，往往也不可避免地带来意料之外或消极的改变。将影响景观改变的社会过程纳入考虑之中，会增加我们成功对未来进行规划的可能。除了考虑具体的社会过程之外，审视那些影响我们感知、思考和改造环境的文化与制度，能够帮助我们更全面的了解人类在景观中所扮演的角色。

几乎人类的全部知识和行为都是由社会建构的。这意味着除了要反映人类作为生物物种的基本属性以外，共享的观念和与之密切相关的社会制度（如规则，规范，日常行为模式）也会成为某一群体或社会的基本属性。这些属性长期以来被组合在一起、不断重复，以致被广泛接受、习惯，甚至被认为是理所当然或自然而然的。因此，人们对自然、社会和环境的某些观念并非绝对意义上的正确，也并不是纯粹的个人观念；相反，这些观念会受到人们所在群体文化背景的影响，或者是文化发展所处阶段的影响。

我们对日常生活中的一些观念和社会制度都有着直觉上的理解；但是，如果想对更复杂的社会生态系统进行长期而有效的干预，我们就必须更深入的理解决定社会生态系统形成的观念和制度体系。规划的潜在影响越是深远，对其所涉及的深层社会机制的理解就越为重要。

在这一节中，我们将探讨观念和制度对于公共开敞空间规划设计的重要性。首先，我们要讨论当代西方社会所强调的一个观点，即只有那些遥远而荒野的地方才是最重要或"真实"的自然景观。在本书看来，这种观点是有问题的，因为它把人们关注的焦点从大多数人实际生活的地方移开了。通过将自然引入到人们的日常生活，绿道或其他社区附近的自然景观会帮助我们重新思考过去的观念，并塑造人与自然和谐发展的新关系。其次，本节会讨论社会制度（包括非正式的实践，正式的法规和组织等）对具体行为的引导，以及对社会生态功能和改变的直接影响。

这样的行文似乎有些割裂，因为观念与社会制度应当总是被一起讨论的；但这样安排是为了纠正两个明显的错误观点。这两个观点分别是：深入人心的理念和价值观是稳定且几乎不变的；就效率和实用性而言，通过教育来改变某些观念和认知是改变行为的关键。关于第一点，面对着现实的环境危机，质疑和反思我们当前对自然的理解是有必要的。至于第二个点，在改变现实方面，社会制度（以及改变制度的力量）与观念和教育至少是同等重要的。

自然与文化观念的演变

留在家中而不与他人交流，才是我们可能做出的最极端的
行为。

——特里·威廉姆斯（Terry Tempest Williams）[19]

当我们与自然的关系不断变化时，我们才会更好的反思关于人与自然关系的根本理念。社会的发展进程并非随机，而是与社会的物质生产方式密切相关。在工业革命以前，"自然"不会被认为是远离并隔绝于文化、社会的东西，而是大部分人日常面对的、赖以维持生计的农业生产的环境和基础。许多当今被关注的原始或秀美的自然景象，在过去与自然的概念并不相关。即使是在 19 世纪早期，崎岖的山脉和遥远偏僻的景观都被欧洲人和他们新大陆上的后裔们看作是无用的、令人生畏的，甚至完全丑陋的地方。[20] 时至今日，发展中国家的人们或发达国家的乡村居民，也并不向往这种荒野或原始的自然。[21]

随着资本主义和工业革命的到来，这些地方逐渐有了新的意义。越来越多的人迁往钢筋水泥铸成的城市。城市的空气和水变得肮脏且不健康。工人们日复一日地重复着单调、琐碎、毫无意义的工作。越来越多的白领精英们也不得不面对办公室中那些无聊和烦冗的工作。穷人和外来人口对于维持廉价劳动力有重要意义，但上层社会亦会因这些人群持续增长所带来的麻烦而感到厌烦。无论这种新的发展有何好处，其对产业工人来说都是一个残酷的世界，而对那些拥有更好生活的人们而言，这也同样是一个不断变化的、令人焦虑的时代。

面对上述现实的一种反应，就是移居到远离城市的乡村地区。这一过程首先出现在富人中，然后是中产阶级。亨利·福特（Henry Ford）说道"我们应该通过离开城市来解决城市问题"的时候，是为了强调汽车的作用和意义；[22] 但这一想法在伴随着客运铁路和观光旅游的出现、发展的时候（十九世纪中期）显然还是有效的。领略蕴藏在遥远、荒野景观中的瑰丽之美成了一种新的潮流，而这种美和我们所面对的工业城市是截然相反的。在这里我们既可以找到一种脱离工业城市的愉悦；也能在精神层面从上帝造物最纯粹的形式、超凡的特质中寻找到生活的意义和面对生活的信心。

自相矛盾的是：这种荒野的、非人工的"自然"却要依赖现代性的标志来衬托；这些标志不仅包括城市环境的改变，还有新型的交通方式，包括：蒸汽船、铁路，以及后来的汽车。资本主义工业，以及与之相伴的城镇化、便捷交通的快速发展，使得这种新的自然观从根本上成了主流。虽然也发生了一些变化，但这一观念在今天仍然占主导地位。仍倍受欢迎的自然观光旅游业和民众对远离人类的、荒野的自然的偏好，都印证了这一点。

早期的人类社会更重视自然的生产功能，强调粮食种植和其他物质生产的需求。与早期社会不同，现代工业社会已经将这种物质生产的功能划分到更具体的产业部门之中，而对自然的态度也开始强调要进行全方位的开发与利用。这一点已经真实地发生了。首先是我们所推崇的这种对自然风景的观光和消费；由于对能源、交通、产品、服务等方面消费的刺激，观光旅游在客观上也已经成为某种形式的物质消费。

这种对于遥远自然的强调也形成了丰富的文化和艺术传统，为人们提供了逃避城市生活压力的方式，同也保护了生态系统和生物多样性。然而，比计算这些好处更为重要的是：这一观点已经深刻的植入我们的思想和习惯；这是我们与世界的联系中不可或缺的一部分，而且是不容忽视的。

但是，这也会导致严重的问题。例如，在国际上，有一种趋势是将这种基于"荒野自然"的保护理念强加给第三世界国家的居民，而不去考虑他们的实际需求。这种对西方价值观的极力推崇，实际上是一种殖民思想的残余。[23] 在这种观念的倡导下，产生了许多自上而下的、独断的项目；这些项目引发了很多伦理问题的讨论、地方的消极抵抗，保护的结果也不尽人意。[24] 类似的情况也经常出现在发达国家。生活在城市的环保主义者，总是希望通过吸引城市居民对荒野自然体验的需求来对乡村景观进行控制。这往往是很好的出发点，但从对乡村社会的实际影响就能看出其想法的幼稚。[25]

关注远离人类居住环境的荒野之美，能够让我们更容易的逃避那些棘手的城市环境问题和消费行为的影响。这些问题和消费行为，可能与自然的观光旅游有关，也可能发生在我们生活和工作的环境中。这种解决城市环境问题的方式，以及当下对经济持续发展的要求，正是环境破坏的根源所在。与此同时，这也使得我们持有这样的观点：如果我们所做的事有助于环境保护，那我们就在做着正确的事情。事实上，这些贡献只占我们经济发展和资源消耗中的一小部分；而大多数经济发展和资源使用的过程，都会在某种程度上降低环境质量。最后，只有在远离城市的地方才能找到美好生活的观点正在被普遍接受；只有生活在被荒野自然所包围的或者低密度的乡村地区，我们才能够创造出田园般的景观环境。但是，这一观点却在进一步鼓励城市向着我们所珍视的、充满荒野与自然之美的地方不断扩张和无序蔓延。当然，在这个复杂而有限的世界里，我们很难证明这种亲近荒野自然的观念所产生的综合结果一定是弊大于利的。

另一种措施，则是重视我们日常生活、工作所在的地方与自然之间的关系。对那些更偏好荒野自然的人群而言，这种转变在短期之内意义不大。但是，这可以增加人们的场所感和与社区之间的联系，以及形成一种对环境更有利的生活方式。通过在我们日常生活空间的周围创造更具功能性、美感和价值的公共空间，我们就会更清楚地知道：自然并不只是在"那遥远的地方"，而是以丰富的空间类型围绕着我们的日常生活。当我们周边的自然环境逐渐成为文学、艺术创作和环境教育的焦点时，我们就可以强调这样一种观点：对自然环境的认知、体验和关怀并不只是与荒野有关，而应该是融入我们日常生活的一部分。通过让日常生活更变得有趣，我们就可以减少旅游消费，以及避免城市和那些远郊区间的通勤的需求。通过对具有物质生产功能的绿地（例如：社区花园、林地）的设计，我们会发现自然并不只是那些我们可以观赏、游憩的景观，也是我们生存的根基；它能让我们学会如何积的极参与到自然过程、自然循环之中。

当然，并不是在说荒野自然不重要。问题的关键也不是要在"荒野的自然"和"身边的自然"之间选择其一，这是那种过于简单的、二分法的思考方式。出于生物多样性保护目的而设立的大型自然保护区的意义在本书的第三章中已经进行了讨论，而如果有机会接触到这些保护区，无论从文化、心里或精神层面，我们都会从中受益。相对于二选一而言，面对着我们身边的这个变化的世界和变化的自我，一项更为重要的任务则是重新思考我们和自然之间的关系。非常重要的第一步，就是我们如何感知和改造我们生活空间周围的景观环境。

社会生态系统中的制度与规则

制度（Institution）指的是：引导人们活动的各种规范、准则、日常行为模式等内容。当今社会的大众文化，一直在强调我们作为个体的独特性和多样性，以及强调我们决定自身的行为。但实际上，除了在小范围内我们可以进行自主选择之外，我们大部分行为（作为个体或群体）都会被社会制度影响和约束。因此，改变人类的行为，并不只是我们通常所说的教育或价值观念问题；而是要改变这些制约我们的制度。了解制度如何产生影响、如何发生改变、如何限制改变，对我们了解和引导景观的改变具有非常重要的意义。

制度可能是正式的（法律、行政机构、宗教仪式）或者非正式的（风俗、传统、习惯）。从我们的角度出发，正式制度的实例包括：土地利用的法律法规，房产的产权和范围界限，行政管辖权范围，政府部门和私人组织，公众参与、决策的法定程序。非正式制度则构成了一个复杂的网络体系，围绕或融入上述的正式制度之中，具体包括：组织文化、行业规范、传统土地利用方式、休闲娱乐行为、市民互动等。

作为人类社会的产物，制度与之前内容中讨论的观念、理念大体相似，而且也有紧密的联系。由于某些行为不断地被重复，或者说被制度化，这些行为则会被简单地认为是理所当然的。例如，荒野的自然往往被不容置疑的认为是令人愉悦或者极其美好的地方，所以远足、风景摄影、旅行这些活动则会被认为应该在这些地方进行；但事实上，在仅仅几个世纪以前，这种行为看起来是非常奇怪的，未来或许也将如此。

然而，和观念一样，制度也并不只是会受到长时期的、历史性的改变的影响。随着时间的推移，正式的制度会不断地被有意识的评估和调整，甚至形成全新的制度。制度的改变也可能是无意识发生的。比如，可能是因为个人或群体为了适应新情况而做出的调整，或者只是单纯的尝试如何把事情做得更好；但是，这些新的方式、方法则可能会成为一种新的范式。改变复杂的正式制度（例如：政治体系、行政架构、当然还有法律法规）的尝试，通常会面临巨大的阻力。因为，这种改变会影响到不同主体的既得利益和习惯。因此，权利或者说个人、群体影响他人的行为的能力，是影响或改变制度的最根本因素。

在一个特定环境里，一系列制度的总和可以被看作是一种生态系统——制度的生态系统或制度体系。[26] 跟自然生态系统的概念一样，制度的生态系统也具有高度的复杂性。系统内部有很多互相重叠、互相依存的组成要素，这些要素往往跨越了多个尺度，以及超出不同组织和政策界限。以一条滨河绿道为例，其自然生态系统会受到许多方面的影响，包括：水流、养分、周边用地中物种的影响；本地及区域空气污染的影响；来自世界其他区域的入侵物种的影响；潜在的温室气体和全球变暖的影响。正如第 2 章中提到的，自然生态的视角强调的是对生态多种过程和跨尺度的分析。对于制度的生态系统而言，也应当通过这种方式来进行分析和理解。

上述的那些自然生态过程也会同一系列的社会制度相互交织在一起，例如：当地游憩方式的传统，临近区域以及廊道上游的土地所有权和利用方式，狩猎和捕鱼等传统的资源利用方式，当地流域管理机构和土地信托基金组织；市、州、联邦的项目或法令；以及在最广阔的层面上，区域和全球物质能量消费格局对污染的影响等。综合的考虑所有这些元素是不可能的（正如无法考虑所有的自然生物要素和其关联），但是研究和规划人员应该知道社会制度的相关内容和其复杂性。只有这样，在面对具体项目时，上述人员才有能力识别、分析和处理自然、社会系统内部和二者之间的重要联系。

尤其值得在此讨论的是制度的空间一致性（制度在空间上是否与那些重要的自然和社会过程相匹配？）和制度的动态适应性（随着社会和自然情况的改变，制度是否有足够弹性和适应性去经过时间的检验？）。与这两个问题密切相关的则是通过广泛的公众参与来引导和支持制度的必要性，这些是在本部分和本章的后续内容中将要重点讨论话题。

制度的空间一致性

绝大部分行政边界都是很久之前划定的，那时的生态和环境问题并不像今天这么备受关注。这使得行政边界、法律框架、政府部门设置等制度性的安排，与实际的生态、社会过程并不匹配（图 5.2）。胡佛（Hoover）和香农（Shannon）指出：

> 在美国，通常情况下，一条绿道所穿越的每一个行政区的范围都需要一系列的制度性的实践活动（例如，土地利用规划、农业发展战略、税收结构），而这些地方性的、制度性的活动一直都是动态变化的，而且彼此之间是相互独立的。对于绿道的保护而言，这种相对隔离的、地方化的制度，实际上是地方间恶性竞争和相互冲突的土地利用政策造成的结果；这些政策的制定都没有将绿道作为一个整体来进行考虑。[27]

用地的产权边界也有同样的情况，空气、水和物种会持续地穿越其中。此外，除了这种空间层面的不协调之外，还有许多试图避免这些问题的管理方案。[28]

实现功能层面的匹配，可能需要：现有的、地方性的制度的整合（例如，城镇或县的政府机构，或者当地土地信托管理机构）；一个能够在景观尺度上进行综合统筹的制度（例如，一个流域管理委员会，或者州政

图 5.2

这幅图片展现的是制度不协调的一个典型实例。从自然生态的角度，这种随意安排的土地开发和行政边界，极大地限制了土地开发者和政府机构之间的合作。这种随意性与景观中的自然过程、生态流之间也极不协调。这些不一致的生态过程具体表现在：来自上游农场的（图右下角）过量的养分物质；向河流中排放的污水处理厂（图中部的左侧）的尾水；绿道自身的人类活动、水流过程和野生动物的活动；以及来自发电厂所排放的污染物。（绘图：乔·麦格雷恩）

府、联邦政府），或者创建一个全新的、更精确匹配的制度，例如投身于具体绿道、绿道网络、流域管理等事务的非政府组织。现有的制度如果能够适应新的任务并且能够与周边相关机构相互协调，这种情况通常会比建立全新的制度要更加可靠和有效。[29] 当已有的、更大尺度上的制度需要扮演特定角色时（出于财政支出、科学技术或者法律权限等原因），我们应当建立一种更好的、地方性组织的反馈机制来和这种情况相平衡，而这种机制的构建应该是建立在跨尺度的、经常性的交流与合作的基础上。如果制度体系中存在明显的衔接缺口（例如，现有的制度缺少相应的资源或专业知识，或者无法进行有效的合作），应该通过尽可能多的引入不同利益群体，来建立新的组织或政府机构，从而共同承担起跨领域或跨边界的设计与管理工作。"只有通过创建一个参与者、信息和行动互相耦合的网络，才能有效地超越那些传统管理方式的局限。这一网络应该能够体现多元社会中不同的利益诉求和发挥多元社会的优势。"[30]

　　对制度的生态系统进行跨边界的设计和管理还需要注意非正式制度。与自然生态系统一样，制度的生态系统中的某些元素比其他元素可能更容易被观察到。自然生态系统中包含大型的或明显的元素，由于它们对系统功能的重要作用，它们能够立刻引起我们的注意（例如，树、溪流和大型动物），但同时也包含更多不明显的成分，至少对于初步的观察来说是更难看见或了解的。但是，它们同样也具有极其重要的功能（例如促成养分循环的土壤微生物、帮助植物授粉的昆虫）。类似的情况，制度的生态系统也同样包含以下这两个方面：显著地、正式制度和非正式制度。非正式制度则包括一系列密切相关的，在政客、管理者、志愿者、土地所有者、游憩资源使用者之间日常性的行为方式和作用关系。成功的干预通常需要同时关注这两个层面。

　　假设我们现在需要考虑一个新的滨河绿道项目的规划设计问题。这条绿道穿过了很多的城镇，其两侧也与成百上千的私人住宅用地相邻。如果要实现水质保持的核心目标，就必须在廊道沿线执行连续的管理。当出现一些超预期的困难或无理的要求时，绿道项目的倡导者和规划师的热情往往会遭到打击。例如，城镇之间利益关系的协调，可能需要一个新的协作或管理部门，也可以由县或州政府进行协调，但这两种措施都可能会遭到抵制。因为，它们可能会挑战城镇官员的权威性，重新分配管理经费和职员薪金，调整员工的工作习惯和工作关系，甚至会影响官员的委任机制。另一方面，私人土地的所有者们可能会被要求改变他们的房屋或土地使用习惯，例如：限制草坪的面积、限制树木的砍伐、

阅读材料5.1"大河绿化"组织：一个制度调整和协作的创新案例

明尼苏达州的"大河绿化"组织是一个年轻的非政府组织，创立于1995年，已经在河道生态系统的跨界保护与管理中取得了令人印象深刻的成就。大河绿化与400多个组织、企业建立并发展了专业联系或合作关系。它们在明尼阿波利斯-圣保罗（Minneapolis-St. Paul）大都市区的范围内，沿着密西西比河（Mississippi River），明尼苏达河（Minnesota river）与圣克罗伊河（St. Croix river）开展了一系列的河流恢复工作（图5.3）。这些河流穿越五个县、数十个城市，以及数以千计的私人用地。

图5.3

大河绿化组织划定了一个大的生态功能区，并协调明尼阿波利斯-圣保罗大都市区范围内七个县的一系列组织、机构、政府部门来共同开展保护行动。这一举措保障了密西西比河、圣克罗伊河、明尼苏达河沿岸的生态系统功能和制度功能的匹配和一致。

这个非政府组织最早起源于一个项目，该项目希望通过种植25000棵乡土树种来恢复4000英亩（1619公顷）的废弃工业用地。这需要93个集体土地所有者的合作（初期很不情愿），招募7000名志愿者，以及同明尼苏达大学景观研究中心合作来编制土地与乡土植被恢复的规划。在此之后，大河绿化组织不断扩大其在大都市区内关注的范围，也成为大都市区廊道保护（Metro Conservation Corridors）组织的合作者，而这一组织则与13个公共机构或非政府组织开展合作，有15000多名志愿者，种植了41000棵本土的乔木和灌木，栽种了73000棵乡土花草，以及控制了550英亩（223公顷）范围内的入侵物种。

大河绿化组织的使命包括促成"志愿者种植本土植被，清除入侵野草，搜集乡土植物的种子，以及对公民进行环境教育和引导其参与公共活动的相关管理工作"。同这么多机构和人群合作往往是一种挑战，但也是建立长期信任与合作的关键。这个案例的成功不仅仅归因于专业技术，更应当归功于该组织"像催化剂一样，在机构、行政区……私人土地所有者……以及科学家中间建立有效合作关系的组织能力"，而这一能力有效的跨越了已有行政界线和产权所有方式的割裂与限制。[1]

[1] Great River Greening. August 9, 2005，(http://www.greatrivergreening.org).

限制化肥的使用。这些改变可能引起一些人的不满和抵制。即使最赞同这些改变的土地所有者，在看到他人不合作的情况下，也会忍不住用"我一个特例是没有本质意义"的这种看似合理的借口来拒绝合作。当然，从单一个体的角度来看，这是完全正确的推断；如果每个人都持有这种观点，那就是一场灾难了。

在这种情况下，成功地实现对自然景观的干预需要三种制度方面的变革。第一，也是最明显的步骤，通过取得廊道本身的土地产权（全部或部分使用权亦可），来改变管理和决策的主体。第二，对正式管理制度进行调整，并实现跨越行政边界的协调和统一；改变个人和群体的非正式习惯（例如，土地所有者，尤其功能使用者、土地管理者），而这往往是最为困难的。第三，最后这个层面的改变需要通过教育、激励或处罚（罚金或其他惩罚，最后的备选措施）等方式来实现。

即使最不正式的社会互动，对于培养长期的社会共识与彼此互信也是非常重要的，而这反过来会促进正式的制度性合作。在纽约北部图盖山（Tug Hill）地区的一项针对绿道的研究中，胡佛和香农指出：土地所有人的日常联系和协商，是建立跨边界、跨尺度的信任与合作关系的关键。[31] 他们还分析了一些州或区域层面的规划管理项目，这些项目都是通过约束个人产权和限制地方自治的方式，来实现景观尺度上的生态保护目标。在研究中他们发现：州政府对项目的接受程度与两种情况是正相关的，即在历史上州政府和当地社区有过密切的合作，或者那些州具有较好的非正式的交流与协商网络。他们强调：日常性的非正式的制度与人们对干预或改变的接受程度之间存在紧密而长久的联系，即"公众参与背景下的决策制定，是一个渐进的过程，最初的交流机会是构建复杂协商机制的前提和基础。"[32] 即使看似不重要的沟通与合作，也有助于建立相互信任与理解的传统。而这对更大目标的实现至关重要。

制度的动态适应性

面对着社会和自然生态系统动态变化的本质属性，以及区域甚至全球尺度上的景观快速变化，在制度体系设计的过程中，我们不仅要实现当下的功能，还要考虑对未来变化的适应。制度的适应性，也就是它们发现并响应变化的能力，与社会学习的过程是紧密相关的。社会学习不仅取决于个人，同时也根植于群体和组织的行为之中。社会学习的效果在下列情况下会得到增强：（1）具有多种信息资源（例如，对价值和目标等问题的公众参与和讨论，对本地资源使用者的非正式监管，正式科学研究，正式行政过程）；（2）对规划和政策持有实验的态度，即对干预进行及时监测、评价和调整；（3）社区、组织和政府部门内部或彼此之间具有跨尺度的、经常性交流的机制。[33] 上述实践活动的实现需要更多的资源和努力，但如果它们能够融入正式和非正式的制度之中，制度更有可能去学习和适应条件的变化。

霍林（Holling）对于世界范围内 28 个资源管理实例的比较，透彻地阐释了适应能力的重要性。[34] 他发现了一个显著且具有一致性的规律：对单一资源管理所取得的短期成功（通常也只关注一个尺度上的问题），往往会导致高度集中化的、缺乏弹性的管理体系的形成，而这种体系会变得无法预判和适应新的变化或更系统性的问题。在大多数案例中，长期结果却是生态系统的普遍退化。霍林的研究主要关注的是区域层面和资源（木材、渔业、放牧等）开发方面的问题，而不是土地保育的问题。初看上去，这些发现与绿道设计之间似乎没有什么联系；但是，我们要意识到：绿道或许就是上述的那种备受关注的成功案例；这就会降低绿道管理制度的灵活性，以及失去应对更大尺度上的生态变化或威胁的能力。这些威胁可能包括：由区域内人口、经济发展趋势带来的发展压力，或者酸雨、全球变暖这种更大尺度上的过程。因此，成功的绿道或其他地方性的行动，很有可能造成一种错误的安全感，同时反而阻碍了对于更大尺度的、全局性问题的反应。这种风险是真真切切存在的。

认为地方性的保护活动是孤立的或与其他更广泛、更复杂的问题毫无关系，是一种错误的观点。相反，越来越多的证据表明：那些成功的、长期资源管理的模式，通常与其在多尺度上来应对问题的能力具有紧密的联系；而较小尺度或地方性尺度上的信息和制度弹性，则是这种能力发展的关键。[35] 例如，广泛但分散分布的、由志愿者所主导的、基于地方性的生态监测活动，已经被证明可以很好地补充大多正式的生态研究所固有的监测时间短和空间范围小的不足。地方性的监测活动也在逐渐成为大尺度生态评估、管理的组成部分，具体的实例包括：全球珊瑚礁监测网络、加拿大国家生态监测与评价网络。[36] 同样，本地的民间草根群体也可以为解决州、国家或全球尺度上的问题做出重大贡献，尤其当他们与其他民间组织联合起来的时候。而规划和管理制度，某种程度上则会有助于将宏观、战略层面的分析整合到它们的日常性活动之中，包括：对更大范围内生态和社会趋势的追踪，对新兴问题的评价，以及探索它们如何对更大尺度上可持续性的实现而做出贡献。

适应性在更小的尺度上也同等重要，而且对应着更具体的内容。对一条具体的绿道而言，可能会出现新的问题，例如：绿道本身使用强度的增加、邻近土地开发强度的增加、空气与水体污染水平的加重，以及政治和财政环境的改变（对问题本身和管理能力都会产生影响）。

某些情况下，新的威胁也可能会带来制度安排优化的机遇。例如，瑞典的一个流域管理制度起源于 20 世纪 80 年代对于酸雨问题的担心。[37] 当地渔民对这一问题的普遍关注，政府也拨款向湖水中投放石灰来降低酸度。这两件事的共同作用，促使了流域管理组织的形成（这个新的制度既填补了功能上的空缺，也超越了地方政府的管理边界）；同样，也促成了地方与国家间的合作，从而更好地开展水体质量的恢复工作。这种新的制度框架实际上是建立在当地的小龙虾收获的传统活动的基础之上的，而这一活动也是一种社区层面主要的社会互动，而且它为进一步的创新做好了准备。这种创新的结果尤其体现在对社会学习方面的影响，包括：应用和整合当地居民的非正式的信息，系统性的生态监测，以及正式的科学资源。社会学习，反过来很可能会有助于保持高水平的社会合作和对未来新变化的适应性。

公众参与对景观改变的引导

人们对于究竟是什么从根本上带来了行为和制度的改变是持有不同观点的。人们也是根据这些看法来指导各种规划的。一些人倾向于认为改变的关键在于教育，即人的知识、理念、价值观和态度等方面的问题。如果一个人的思维方式发生了变化，他的行为也会改变。如果群体或社会整体开始以不同的方式来思考问题，这就形成了制度变革的基础，而这一点反过来又会影响到个体的行为。另外一些观点则认为权利和政治是重要的，即控制资源、决策和制度的能力；同样，通过对制度的控制，可以引导或限制个体的行为。在现实世界中，观念和权利都是至关重要的。

在面临选择如何行动时，人们的观念和价值以及知识水平，在他们的决策过程中扮演了重要的角色。与此同时，正如我们所看到的一样，选择也会极大地受到制度的影响和制约，而这种影响和制约反过来又会成为政治活动的目标。在这些政治活动过程中，个人和不同群体都会奋力促使潜在的变化与他们自身的利益诉求相一致。此外，观念和权利两个领域也是密切相关的。观念会影响行为方式和政治博弈；而权力会通过对研究资助、媒体宣传、学校教学等方面的影响，来决定信息和理念的传播。因此，如果希望人们所生活的景观具有生态与社会的双重效益，我们需要关注理念、信息，同样也需要关注政治的现实情况。

我们把公众参与视为一个极其重要的领域，不仅是因为它兼具信息传递和决策参与的功能，还因为理想情况下它能将上述两种功能整合在一个讨论、协商的过程之中。这一过程能够促进个体、社会的学习和参与，加强社会公平和决策民主化的发展。我们需要牢记的一点是：景观设计本质上是一个政治过程，即使当目标看上去纯粹是为了公共利益的时候也是如此。设计如果要做到公平和对公众负责，在进行相关的政治决策时，就应当最大程度的促进公众参与。这么做并不完全是因为有道德义务，可能也是一种务实的选择。因为，这些项目的长期发展要依靠广大公众的支持；反过来，公众的支持与否，则取决于项目对多样化的公众需求的响应和满足程度。

正式的参与形式有时会被看作是一种征询个体意见的过程，而这些意见之后会被纳入到自上而下的、逐级进行的决策过程之中。在常见的公众听证过程中，"普通市民"的意见通常会被收集，有时在政策制定的过程中会被专家所考虑；但是，很少会有公众被直接邀请去参与政策制定的情况。[38] 换句话说，这种情况的信息是简单且单向流动的，权利最终是掌握在官方"决策者"手中的，而市民对决策的认可度、市民间的互动，以及社会学习的收获都是明显偏低的。但是，通过更充分和更深入的公众参与，我们可以让参与决策的权利分散化，信息的交换也具有更高的综合性与交互性，参与主体之间也可以相互学习和共同进步。因此，公众参与将会成为：

> 一种集体性的参与……思考与批判的过程。人们不断分析他们将要选用的规范和理论，斟酌他们制定的或将要进行的决策。他们力争理解彼此间观念的冲突何在，以及这些理念与他们的现实行动又为何相悖。在条件不断变化的情况下，他们要一直探索并找到最佳的选择。这种商议式的参与方式，能够培养"公众的探索与发现能力"……，通过这种集体式的参与方式，不同的意见可以得到修正，许多的前提可以进行调整，共同利益也会被重新发现[39]

同上面提到的"制度适应性"一样，这一过程也会耗费大量的资源与时间成本。但是，从长远来看，这一过程也会带来很多的红利，即被优化的决策与更广泛的公众支持。与单一的大型听证会不同，商议式的公众参与活动包括许多更亲切的讨论会的形式，例如：规划项目的学习研讨会、社区交流会、市民顾问委员会的咨询会，以及其他更持久的、贯穿某个项目始终的一系列活动。这种时间和资源的保障也并非总能实现。但只要实现，其结果就有助于产生更大的包容性，更好地阐明不同群体间的潜在冲突和共性，建立更持久的共识与目标，以及促进参与者彼此之间更多的学习和奉献。

尽管不是专门针对绿道，克里斯汀·迪（Kristen Day）用加州科斯塔梅萨（Costa Mesa）市的案例，说明了在项目的各个阶段都开展广泛的公众参与的重要性。[40] 这个案例是"新城市主义"（New Urbanism）思潮的典型代表，它强调邻里特征、居民和商业用地的功能混合、增加公园和绿地空间、非机动交通优先等理念。这也是它常被与绿道设计联系在一起的原因。20 世纪 90 年代，科斯塔梅萨市西部的社区主要聚居的是收入相对较低的拉丁族裔，很多白人业主深受这些区域中乱象的困扰，包括："恶劣的街道环境，肮脏的人行道，溢满的垃圾桶，稀少的植被"。总体上，这些社区呈现的就是一种"极其混乱的形象。"[41] 政府为"西区"规划了一项新的城市复兴方案，强调物质空间和环境美学方面的改进，包括营造更多绿化、行人友好的"传统街道"，以及通过吸引更清洁的高新技术产业来替代现有的工业。

然而，这一规划最终并未实现，因为拉丁裔居民担心这些改变会对现有产业和廉价的多户住房产生影响。特别明显的是：在该项目的公众参与阶段，拉丁裔居民的建议并未着眼于规划和设计问题，其关注的是一些非物质空间层面的问题。例如，城市和居民之间的交流、公众安全、"年轻人的受教育和游憩机会"。[42] 但是，"这个强调空间规划的决策……之前就已经决定，而且也没有进行过公开的讨论"；拉丁族裔所关注的问题也从来没有被认真地对待过。因此，这种规避了社区内部的多样性和冲突的做法，最终导致了这一规划的无疾而终。这种对问题预先识别和设定的方式，会直接关系到我们对社区性质的判断。迪总结道：

> 直接关注物质空间层面的规划与设计问题，可能会掩盖掉潜在的、不同群体之间的差异性，而这些差异可以通过……来更好的理解。作为改善城市社区的一种策略，"新城市主义"优先考虑设计和规划的内容。但是，聚居了不同人群的社区，首先需要建立的是相互之间的信任，然后是识别不同群体之间的共性和差异。在此基础上，不同群体才能针对规划设计问题的优先性展开讨论。一开始就关注规划设计层面的问题势必将引发分歧，因为不同群体正是以排除异己的方式来强调自己的社区属性的。[43]

对于绿道的倡导者而言，让公众在较早的阶段就介入项目未必总是好事。因为，这可能将绿道从百利无害的神坛上请下，而且增加了公众优先考虑其他问题或行动的可能。假设各类社区对绿地都具有广泛的认可和需求，绿道项目更为常见的结果应当是：如何通过公共参与来引导绿道项目满足所有利益主体的需求，而不仅仅是满足那些绿道的推崇者和组织者的需求。无论关注的是绿道还是其他需要优先考虑的问题，那些能够更响应公众需求并获得公众支持的行动才是最终的目标。

应用：绿道与"公地"的复兴

在开始讨论绿道设计的具体应用之前，有必要首先说明本章对当今世界上重要且值得做的一些事情的设想。这个设想的核心观点之一认为：绿道本质上是一种具有重要社会功能的公共空间。它们并不仅在严格的法律意义上是为大众服务的，而且代表着一种由来已久的、但又重新注入活力的"新的概念"，即公共持有与公共管理的资源，并能在社会中发挥极其重要而影响深远的作用。

理想的情况下，绿道既是平等的，又是民主的。说其平等是因为：至少在理论上，绿道能让所有的社会成员受益，不管其权力、财富、社会地位的差异。说其民主是因为：它们既依赖公共参与的传统和集体决策，也会进一步加强这种传统和意识。

"公地"（the commons）传统上是指人们共同拥有的农业或林业用地，它们在很多社会中都发挥了非常重要的作用，具体包括：生产共享的资源与分享相关的受益、为穷人提供安全保障（在资源短缺时也为所有人提供保障），以及作为市民活动和文化交流的场所。然而，在基于私有产权和自由竞争的资本主义经济体系中，"公地"却饱受批评。这种持久的趋势一直延续到今天，具体的实例很多，包括：许多国家发展过程中对私有化和"经济结构调整"的推动，以及美国的私权保护运动和对联邦土地的产品生产功能的重新强调。对于那些担心制度的天平过于倾向私有制的人们而言，绿道所带来的活力是令人欢欣鼓舞的，它也成了未来进一步行动的聚点。绿道（或者广义上的绿地）如此的受欢迎，反映了一个普遍的共识：如果我们重新关注"公地"的社会和生态功能，我们可以收获更多。有一些很重要的需求和功能是纯粹的市场经济所无法提供的，这些功能通常需要责任的分担和共同的努力，即使在亚当·斯密时代，经济学家们就已经意识到了这一点。

绿道在"公地"的复兴方面可以发挥尤其重要的作用。这是因为它们是聚集了许多公共价值的战略宝库；因为它们将社区、区域和其他的公有空间彼此紧密地连接在一起；也因为它们仍然存在潜在的探索和创新的空间。这种"公地"的复兴同时也伴随着人们认识的重新转变。人们会认识到：这并不只是在为政府做事情，而可以成为政府和公民社会之间的共同事业，包括：吸引非营利组织，组织社区参加，以及更广泛

阅读材料 5.2 公众参与的首要原则

在一个针对"基于社区的生态系统管理"的讨论中, 学者们关注的是: 如何通过考虑明确的政治问题和发挥市民互动的作用, 来构建有效的管理制度。在讨论过程中, 莫特(Moote)等人提出了有关公众参与的一些"关键因素"和基本原则。[1]

- 包容性和多样性对于民主进程和信息的有效传播都非常重要。"让具有不同背景的社区成员, 在项目的规划、设计、决策、实施和管理阶段的最开始就积极地参与到项目中来是至关重要的。"尤其应该关注并尽量克服权利不均衡的问题, 也应当确保边缘和弱势群体的有效参与。

- 可达性是确保公众稳定而有效参与的关键。应该通过调整相应的方式、方法,"来满足相关群体在需求类型和沟通方式方面的差异"。要确保较高的可参与性, 组织者可以尝试一系列的创新方式, 例如: 学习研讨会、邻里集会、私人会面、书面沟通、可多选的会议时间和地点、非正式沟通、个人召集等。

- 决策制定过程的透明度对于彼此间互信、包容与合作的建立也至关重要。"参与者是哪些人, 决策的程序是什么, 谁具有最终决策权, 参与者的建议如何被整合"等问题应当事先给予明确。

- 相互学习的原则, 意味着公共参与活动应该是积极的、与人分享的和非等级性的。类似这样的活动包括:"实地考察、场地调查(如管理、培训、修复、植树); 学习研讨会中的工作, 例如规划编制、问题剖析、信息处理、交流讨论等。这些活动比被动式的参与演讲、听证、观看视频等更能塑造参与者的认知和理解能力。这种主动学习的方式, 还要求原来被认为是'专家'的人们转换角色; 他们应当从之前的主要演讲人转化为参与者当中的资源共享人, 学习过程中的引导者, 以及互动过程中的协调者。"

- 在探索共有价值和共同利益的基础上, 找到一个人们所共有的"集体愿景"是非常重要的。利益和价值的分析过程不仅能定义愿景, 而且建立了互信的前提; 同时, 它也创造了大家共同努力和承担责任的基础。如果一个社区能够找到非常多的共同价值……, 它将拥有更强烈的自我认同感和开展共同行动的基础。

[1] Moote, M. A., B. Brown, et al. (2000). "Process: Redefining relationships." pp. 97-116, in Understanding Community-Based Forest Ecosystem Management. G. J. Gray, M. J. Enzer and J. Kusel, ed. New York, Food Products Press.

的市民参与。这种多元化的合作形成了一种新的力量, 也扩大了更多的选择和潜在的策略空间, 例如: 土地信托, 土地使用权租用, 流域及社区资源保护组织, 社会运动与行动, 公众参与, 公私合作等。各级政府的行动非常重要, 但这种广阔而具有创新性的公共参与, 是体现公民积极性的关键, 并且对于景观和民主的健康、完整都有益。

接下来主要讨论的是：绿道作为一种现代形式的"公地"，如何能发挥最大的功能。首先，我们会分析绿道如何成为一个环境教育和环境艺术的平台，而这两方面对于我们重新审视社会与自然间关系这类关键议题非常重要，同时也能帮助我们形成更直接的理解和灵感。其次，我们进一步讨论了绿道如何加强社会联系和促进积极的社会互动，以及如何增加社区居民的福利。最后，我们提出了绿道的经济意义。但是，最后这个话题，并不是基于新古典经济学的视角来讨论绿道是如何增加私人财富累积的，这种观点可能在别处已经被充分的讨论过了。[44] 相反，我们从生态经济学的角度来考虑绿道，这一视角更多的是直接关注价值导向方面的问题，包括：关于经济活动的目标和影响（是为了增加财富，还是以可持续的方式来生产有用的产品？），以及关于财富的分配（经济活动是否实现了公平的利益分配？）。和对待传统经济学的方式类似，在以下的内容中，我们对身心健康的效益、美与美学，游憩设施的设计这些不那么具体的社会问题会尽可能少的涉及。因为，这些重要的话题同样在别处已经有过研究了。[45]

环境教育与环境艺术：人与自然关系的反思

在之前的章节里，我们讨论了美国人那种强调遥远的、荒野的、风景优美的自然观是有问题的。通过鼓励人们在日常的居住地亲近自然，绿道在帮助人们反思这些关系和习惯方面能够起到重要的作用。但这并不只是一个通过抽象思考就能解决的问题，建设新的绿道或提供休闲设施也还远远不够。环境教育和环境艺术，通过新的和强有力的方式将相关的经验和概念传递给了人们，从而可以有助于促进这一转变过程的实现。

绿道对于理解和体验自然尤其重要，因为它们通常临近大都市区、具有线状的几何特征、较高的线面比。这些特点使得绿道成为一个相对容易进入、临近人们居住地的自然区域。因此，绿道也就非常适于人们探索人类与自然的关系。线状的几何特征和绿道所能带来的通行的机会，同样可以使绿道成为一个能够叙述故事的场所。这一节讨论了如何通过多种创新形式利用绿道来发挥环境教育和环境艺术的功能。艺术家们，通常与社区和市民一起，可以更深远地发掘我们与自然不断变化的关系，通过这些探索来激发人们的觉醒和促进人们积极地参与到地方性的环境保护事务中来。

环境教育（莱恩·菲斯曼（Lianne Fisman）撰写）

环境教育的目标在于：帮助市民了解自然生态系统及其问题，帮助他们知晓可以用来解决这些问题的策略，以及促使他们参与解决问题的工作之中。[46] 传统意义上的环境教育，关注的是如何传递环境问题方面的知识（认知学习），而其关注的对象往往是大多城市或郊区居民不容易接近的原始或荒野的自然。这种方式会带来一系列问题。首先，它忽视了情感在人们形成对待环境态度和行为过程中的作用。其次，它暗指了远距离的自然景观在本质上比人们居住地周围的自然环境有更高的保护价值。再次，它没认识到与某一场所的持续接触对于建立一种关怀和保护的感觉的重要性。最后，这种侧重关注"荒野自然"的环境教育方式，进一步助长了人们对于人类可以不依赖其从属的生态系统而独立存在这一错误观念。如果进行适当的设计和组织，绿道可以为所有年龄段的居民提供体验身边自然的机会，提供了解自然和社会环境的机会，并让他们认识到他们本身正是这些环境的一部分。

实在的知识对培养人们的环境意识和责任感非常重要。但研究表明，情绪或情感学习也是同等重要的。[47] 俄勒冈州波特兰市负责公园和游憩事务部门的主任查尔斯·乔丹（Charles Jordan）认为："我们不重视的东西，就不会去关心；我们不关心的东西，就不会去拥有；我们不拥有的东西，就必然会失去。"[48] 如果有机会能在较长的时间里接触某一地方，我们就能发现和理解景观中重要的组成部分，也会对该场所产生一种情感的依恋。对大多数人而言，那些方便可达的景观通常位于他们的住所周围；但这些场所大多并不符合传统环境教育认识中的那些荒野的自然的意象。

基于人们周边的自然来开展教育活动实际上传递了一种信息：本地的自然环境是具有生态价值的。它也使得人们能够持续的接触自然，而这是获得环境知识和增加人们对环境关注热情的一个必要组成部分。[49] 同本地周边的自然环境建立联系的重要性还被一项研究所印证。该研究的结果表明：围绕荒野自然体验而开展的环境教育，实际上可能是一种减少青少年的环境责任感的行为。这些工作倾向于进一步将原始的自然（那是值得保护的）与青少年的日常生活环境隔离开来。[50] 这并不意味着对荒野自然的体验，不能成为一个更全面的环境教育课程的一部分；但是，除此之外，我们更应当强调那些具有地方环境价值的项目的必要性。

所有的保护区都是进行体验学习的潜在地点；先不讨论绿道的资源特点如何，大多数绿道的显著特点则是其极高的交通可达性。其中一些绿道会穿越城市街区,为那些不属于传统环境保护运动(着眼于保护荒野自然)的支持者们提供了可达性。因此,绿道为城市居民提供了在他们身边环境中体验自然的机会。绿道还可以成为一些正式的教育项目的起点。这些项目主要是围绕社区居民所关注的共同问题而展开的,包括:当地的动植物保护问题、周边不同性质的用地(例如,公交站场或洗衣店)对绿道的环境质量的影响,以及如何营建小型公园和社区花园等休闲服务设施等。绿道可以美化社区的环境,还能帮助人们建立一种荣誉感和归属感,而这会引导人们自发的开展社区的建设与管理活动。下面描述的一些案例说明了环境教育和市民教育之间潜在的、密切的联系。

正式和非正式的教育经历,都能实现兼顾情感和认知两方面的学习。绿道很易为非正式的、相对轻松的教育活动提供机会。当沿着绿道移动的时候,人们能够观察到自然和社会景观的变化,以及能够学习和理解相关的知识。这种学习的过程可能是不知不觉的,或者也可以通过应用标识与指示系统使其更明显,例如指示牌,纪念碑;此外,还可以通过公共艺术的方式对绿道进行解说和加深人们的理解。但是,有一点需要我们牢记:如果对某一景观特征进行标识,我们就是在将其赋予意义,而且也意味着这一特征确实是景观中非常重要的部分。同居民进行协商与合作,有助于我们恰当的设立引导标识,从而能够体现当地的认知文化、价值,并且能增强人们对于当地资源的荣誉感和归属感。

探索之谷(Valley Quest)是一个位于美国佛蒙特州的项目。该项目通过一种新颖的方式对景观环境进行了介绍,也通过非正式的方式增加了人们的环境教育经历。在贯穿了佛蒙特州与新罕布什尔州的康涅狄格河谷地区,当地的一些社会团体、学校和许多个人在他们各自生活地区的周围设置了一系列的"藏宝地点(我们所熟悉的过关游戏)",后来这些藏宝点以书的形式被汇总出版。这些过关游戏利用自然或人工建成的景观元素(例如旧磨坊、瀑布、墓地、单间校舍)作为进行环境探索与学习的资源。当本地居民或游客选择了某个具体的过关游戏时,通过利用游戏提供的线索,他们能够了解到那个地方的生态与社会发展的历史。这种活动的独立性的特点,意味着探索者们具有足够的机会去探索、思考和发现那些原本并不容易被识别的景观要素。每一次的探索游戏结束时,都会出现一个藏宝盒,而盒子里装有一个橡皮图章(可以盖在探宝手册的背面)和一个可以在上面签名的游戏日志。整个游戏中最值得关注的是:它能让当地的利益主体了解并交流他们所处环境中最重要的资源和要素。通过一定的调整,这种模式可以很容易地推广到任何的绿道案例之中。（更多的信息可参考 http：//www.vitalcommunities.org/ValleyQuest / ValleyQuest.htm）

正式的学习一般在学校或通过课程的方式进行，而且倾向于认知性的学习，尤其是科学和博物学。[51] 绿道沿线的任何区域几乎都可以被用作户外教室和实验室。探索社区花园、公园、运动场和受干扰区域中正在发生的自然过程，有助于人们意识到他们周围的环境也是生态系统的重要组成部分。"公共开敞空间作为学习场所"项目，是一个通过多种空间来开展正式环境教育活动的一个成功案例。这个项目是由康涅狄格州纽黑文市的"城市资源行动"（The Urban Resources Initiative）组织所发起和推动的。该项目利用 6 种不同的开敞空间来帮助小学生们了解生态学和环境科学方面的知识。通过对校园、空地、公园、河流、池塘和墓园进行深入的探索，孩子们获得了学习和体验的机会；学习的内容涵盖了动植物的适应性和纽黑文市当地的地质条件等诸多方面。

环境教育的一个关键目标是吸引市民参与和付出行动。所以，考虑那些可能会引导市民关注生态问题的活动很重要。公众科普和参与式的研究，显然会吸引人们参加生态研究和监测活动。除了传递科学知识和信息之外，这种方式还帮助人们形成了对当地环境的归属感和责任感。[52] 另一方面，这种参与式的研究，使人们有机会来更好地了解他们的社区，并获取了那些可以帮助他们改善或更好管理环境资源的知识和信息。例如，沿着绿道监控空气质量使得居民了解了不同因素（交通、植被等）对空气质量的影响。对这些问题的了解，有助于人们对生态过程和人类的健康与福祉之间的联系进行更深入的思考。这些信息，结合人们与日俱增的成就感，会进一步激发社区的活力和鼓励人们对各种活动的参与。

学生或市民团体参加沿河的水质采样和分析工作，很好的证明了这些开敞空间可以被用来帮助人们理解生态连续性和促进环境保护行动。参与者们能够了解到相关的科学方法，也发现了上游的活动会对下游的环境产生影响。例如，作为一家非政府组织，波士顿市的城市生态研究所（The Urban Ecology Institute）就同小学和高中合作，开展了包括水质监测在内的一系列生态监测的项目。[53] 项目当中的一些监测场地就位于参与学校的附近，这使得参与项目的年轻人可以经常性的、方便的到场地中来。另一方面，每年都可以对同样的场地进行监测，这就提供了长周期的、具有可比性的数据，这也使得学生们能够探究和理解他们当地环境的改变和发展趋势。

参与绿道或线状公园的规划和维护的居民们，可以有机会了解政治、文化和他们所生活环境之间的复杂关系。波士顿市的西南廊道工程就是这样的一个实例。20世纪60年代，现在这片已经成为绿地的狭长土地刚刚被平整，并准备用于建设高速公路。高速公路建设的暂缓，以及后续对绿道的设计和建设的倡导，很大程度上是由项目周边三个社区居民的共同努力和协作所推动的。居民变成了土地利用规划的"专家"，也了解了他们当地的社会与自然环境之间的联系；中心城区的年轻人们通过与咨询师、工程师一起工作的方式，也得到了正式的培训；哈佛大学和麻省理工学院的老师们也通过这个项目场地向学生们讲授具有公共参与导向的环境规划。[54] 这些教育和规划方面诸多努力的结果是一系列丰富的社区公共资源的形成，包括：绿地、篮球场、社区花园和具有多用途的廊道。这同样也是一个能够充分反映公民教育与环境教育有效结合的典型案例。如果环境教育是以提高环保意识和促进市民参与为目标，创造那些能够培养人们同时理解社会与自然的学习机会是至关重要。

费城西部景观项目（West Philadelphia Landscape Project），是另一个展现环境教育和市民教育结合后产生巨大效益的典型案例。这个项目将位于费城西部的米尔溪（Mill Creek）社区作为苏兹贝格（Sulzberger）中学和宾夕法尼亚大学的学生课堂；学生们在这里可以"学会如何解读街区的景观，追溯它的过去，理解它的现在，展望它的未来。"[55] 借助于旧地图和老照片，学生们发现米尔溪不仅是街区的名字，而是一条真实存在的溪流，只是60多年前由于被暗渠化而埋在了地下。这些尘封历史地解开，让学生们意识到：暗河的存在（偶尔破裂的管网会导致地下室被淹）和社区经济发展的衰退，实际上解释了许多沿街房屋出现沉降和普遍失修的原因。这个项目也引起了费城市水务部门的注意，该部门与学生、社区成员们一起合作，将学校旁边的一块空地规划为雨水的滞蓄设施。通过设计，这个场地同时也具有湿地、水景花园，以及学校户外课堂的功能。

这个景观项目不仅让学生们更好地了解了当地的生态环境，也向大家传递了一个重要的信息：社区范围之外的决策对地方的发展会带来非常重大的影响。该项目值得关注的另一点是：它吸引了年轻人的参与，并赋予他们参与决策的权利；而这些人正是规划和教育活动应当关注的重点人群，因为他们是环境资源未来的管理者。

乔拉（Chawla）发现，大多数的环保人士都将他们对环保事业的选择归结为两种因素的结合：(1) 童年或青少年时期，他们在户外的自然环境中度过了一段长期的美好时光；(2) 一个教育他们尊重自然的成年人。[56] 这个发现表明了绿道具有为青少年提供多种学习机会的重要性。因为，这种早期的学习，是促使一个人在成年后成为具有知识和热情的社区参与和管理者的基础。对于环境规划者和教育者而言，应该首要考虑如何为青少年提供容易接近的自然环境和有意义的环境教育体验。令人遗憾的是，事实往往并非如此。城市化以及家长对于孩子们活动的限制，使得孩子们探索自然世界的机会越来越少；而城市中来自社会弱势群体家庭的儿童更是如此。[57]

位于城市地区的绿道，能够为青少年探索自然提供"安全"的空间，也为代际间的交流和信息交换提供了重要的机会。绿道使得儿童能够独立的行动和探索不同的环境，从而增加他们对于生态环境的体验和认知。创造这种空间的一个最有效的方式，就是让青少年参与到规划设计的过程之中。吸引这些利益相关者的参与，能够让绿道包含他们认为有价值的空间，并且有助于设计出那些他们愿意参与的活动。[58]

多功能混合的廊道，为代际间的交流创造了重要的机会；这些廊道通常会临近运动场或篮球场，而且往往被认为是传统意义上成年人为主的活动场所（例如社区公园）。人们通常认为教育是单向的（成年人向青少年），但我们要认识到成年人也有很多东西需要向年轻人学习，包括：哪些场所会对年轻人有吸引力，某个地方的生态知识等。"粮食计划"（The Food Project），是一个致力于农业可持续发展事业的非政府组织，该组织的某些工作印证了年轻人可以成为教育者的这一观点。这一组织吸引了来自波士顿市区和郊区的许多青少年，并让他们在市中心的罗克斯伯里（Roxbury）街区的农场（还包括郊外 12.5 公顷的农场体验活动）里进行耕作体验活动。通过这些活动，年轻人向成年人传授了可持续农业方面的知识，包括：同当地居民、农场志愿者们讨论不同的种植方式，铅污染土壤修复的方法，以及为不同规模的农业会议上的展示活动提供帮助。[59]

绿道的社会与自然背景的差异，决定了它在其空间范围内所能开展的环境教育的类型。滨河绿道可以用于展示、介绍湿地和其外围区域之间的关系，以及滨水缓冲带的功能。相反，一个穿过高度城市化区域的廊道，可以有机会向公众传递城市中的野生生物、城市林业等方面的知识。不论在每个具体场地上我们能学到什么，我们始终需要牢记的是绿道可以为我们提供以下重要的机会：(1) 与自然环境间长期的联系；(2) 对自然环境、自然过程的认知和感受；以及 (3) 理解人类在塑造当地环境过程中的作用。因此，只有当教育者、规划师、环境保护人士、决策者和广大居民一起合作，并设计出创新性的教育内容和方式，这些潜在的教育机会才能最大限度地发挥。

环境艺术

自 20 世纪 60 年代开始，环境艺术作为一个领域，就开始对工业社会进行了深刻的批评，并推动和传播了许多关于自然和环境的新思想。通过艺术家、规划师与社区之间的合作，绿道可以成为进行创作的空间：这里可以讲述有关个人、场所和历史的故事；可以促使我们重新思考所处的世界；培养社会互动与对话交流的可能；鼓励我们采取社会和生态保护的行动。

艺术家露丝·沃伦（Ruth Wallen）对这些可能性进行了如下的描述：

当今的环境艺术家们关注的是自然、生物廊道与生态系统的文化、政治和历史等方面之间的相互作用，并且也致力于直接向社区推广环境理念和实践活动。环境艺术会挑战我们的观念，向我们阐释生态系统的复杂结构，分析某个具体问题（例如：某种生态关系，或者修复自然环境的具体努力）。[60]

特别是当学生或者社区成员们参与到一项需要集体创作的艺术项目时，生态艺术提供一种媒介，从而培养人们系统性思考、解决跨学科问题、彼此间合作交流、树立社会与环境责任感等方面的能力。[61] 通过对那些先验假设和直觉观点的质疑，艺术能够帮助我们重新思考当代的这种自然与文化之间的二元冲突。即使是从纯粹的实用主义的角度出发，为了获得更多的资金和公众支持，艺术可以成为"一种积极的贡献，因为它可以使一个需要长期投入的修复工程马上获得公众广泛的关注。"[62] 通过同时探索生态过程的自然功能与文化意义，环境艺术同样质疑了被人们普遍认同的科学和管理是客观中立的这一假设。

由于艺术本身是创造性、探索性、实验性的，在此给出具体"如何去做"的建议是不适用的。相反，本节中将介绍的这些成功的、具有创新性的项目实例，就是针对绿道的应用，或者通过调整后可适用于绿道等线状景观资源的情况。

- 露丝·沃伦和加州圣贝纳迪诺市（San Bernadino）的孩子们一起合作并建成了一个"儿童的森林漫步"（Children's Forest Nature Walk）项目（图 5.4）。在一系列的学习讨论会上，当地儿童创作了许多能反映对场地观察、体验、想象的绘画和故事。这些绘画在扫描和附上相关文字后被制成了永久性的展板，并沿着一条由

孩子们设计的、具有解说功
能的林间小路放置。这个项
目让孩子们参与到了一个特
别场所的营造过程中，在这
里可以得到自然与人文的双
重体验；项目也利用了游步

图 5.4

露丝·沃伦参与营建的、位于
加州圣贝纳迪诺市的"儿童
的森林漫步"项目（Children's
Forest Nature Walk）（摄影：露
丝·沃伦，图片经授权使用）。

道线状的特点，很好地实现了教育性和创造性的目标，并增加了
社区居民对公共空间营造和管理方面的参与度和责任感。

- 马克·布雷斯特·范·肯彭（Mark Brest van Kempen）的"小圣弗
朗西斯科溪流的 15 立方米（15 Cubic Meters of San Francisquito
Creek）"（图 5.5）项目是一段仿建的溪流和滨河生态系统。该项
目向人们展示了相应的生态过程及其复杂性。游客们可以从各个
方向观察生态系统各组成元素在结构与功能之间的相互作用。对
这一生态系统的重构，则是煞费苦心的参照和依据真实生态系统
的图像记录和参数的测量来完成的。另一方面，突出而不是隐藏
维持这个封闭系统所需要的水泵、过滤器，范·肯彭是想强调生
命系统需要具有更大尺度上的联系和支撑；同时他也阐明了这些
联系可以是自然的，也可以是人工的。

- 史蒂文·西格尔（Steven Siegel）用消费过的废品制造了引人注目
的雕塑。这些雕塑既展示了从自然资源到消费产品的转换，也强
调了垃圾和回收利用的问题（图 5.6）。"大量压扁的易拉罐和塑料
瓶所做成的巨石、许多层报纸所叠成的屋脊状的纸堆"，都在提醒
我们"垃圾填埋这种人为地质过程的存在"。同时，这些雕塑也是
在质问我们："我们对地球的累积影响是什么？……西格尔仿佛是

图 5.5

马克·布雷斯特·范·肯彭的"小圣弗朗西斯科溪流的
15 立方米"项目（摄影：马克·布雷斯特·范·肯彭，
图片经授权使用）

图 5.6

史蒂文·西格尔利用废弃材料创作的具有"感情和精妙美
感"的雕塑。雕塑将"消费的结果"和自然的美感并置在
了一起。a）橡树，韩国，2004。b）货物和桶，三河艺术节，
匹斯堡，2004。（摄影：史蒂文·西格尔，图片经授权使用）

图 5.7

池田一的"80 升水箱"作品，它提醒了观者水资源的珍贵性，这一点在欠发达地区尤为突出。（照片由池田授权使用）

在利用我们用过的废品，来作为这些美丽的艺术公园中的标点符号。"[63] 环境艺术不仅要关注自然本身，而且要能吸引我们去关注自然是如何是被人类活动所改变的。尽管不是专门为绿道而设计，像西格尔这样的作品如果能沿着游步道有序的排列，完全可以让使用者沿着这条路径感受一些探索和惊讶的过程。

- 池田一（Ichi Ikeda）的"80 升水箱"（图 5.7）项目展示了：在满足人类基本生活质量的前提下，每人每天所需的 80 升（21 加仑）水量所对应的容积。这个作品是一个容量为 80 升的透明水箱，水箱被放置在溪流或池塘的边缘，水箱侧面贴有人双手捧水的图片，上面还写有全球水资源的需求量和分布的信息。发达国家过度的水资源消费，与全球 3/4 人口的人均日用水量（少于 50 升）的数据形成了鲜明的对比。在水资源对当地的重要性非常明显的地区，这个实例能够将人们的思考拓展到类似的、更紧迫的问题上去，而这些问题可能正发生在其他地方或发生在更大的尺度上。池田的水箱提醒了我们：那些在本地区看似自然、可持续或公正的事物，可能同其他地方或者更大尺度上的情况是具有巨大差异的。

这些项目让我们对环境艺术的作用有了初步的认识，同时也知道了它如何以不同的途径挑战我们的思维方式。这种项目可以通过委托艺术家的方式完成，但这不是必需的。尤其像沃伦这样的作品，完全可以由志愿者或学生们来完成，或许也可以在当地艺术家、手工艺人或施工人员的协助下完成。

职业艺术家在某些情况下是更适合的，但这里所列举的案例能鼓舞人们更广泛的参与到创意设计中去。这种方式的创意设计，也许能和艺术家们的作品具有相同的艺术感受和教育效果，同时也会激励更广泛的社区参与。

连通性，社会互动，社区

通过社会连通性的加强，绿道和保障绿道管理的相关制度，能够影响社区内部和社区之间的社会互动，也会影响到人们生活环境的共有特征和场所精神。景观和建成环境会影响社会的观点很多年来一直存在争论，而早在埃比尼泽·霍华德（Ebenezer Howard）、勒·柯布西耶（Le Corbusier）、弗兰克·劳埃德·赖特（Frank Lloyd Wright）等建筑师和规划师的著作中就已经开始了。[64] 事实清晰地表明了：这些宏大乌托邦式的计划最终没能实现既定的目标，甚至是适得其反的；因为，它们过于理想化，而且脱离了人们的实际需求。[65] 那些具体且适度的尝试，尤其是考虑和反映了社会、经济的复杂性与广大公众呼声的努力则比较有实用性。

绿道与社会互动

近几十年，人们对于美国的社会孤立和种族隔离的关注一直在持续增长。整个国家的民族多样性虽然比以往任何时候都更丰富，但至少过去的十年里，很多城市在社区层面的种族隔离现象不断加剧。[66] 自 20 世纪 80 年代以来，大多数州的犯罪率都在显著下降；但封闭式管理社区的流行，则体现了人们仍然心存恐惧和彼此疏远的心理，以及希望同具有相同外表、背景和经历的人群居住在同一社区的愿望。隔离不仅导致了不公平的问题，还有可能减少不同群体之间的共同经历和相互理解。罗伯特·帕特南（Robert Putnam）则讨论得更加广泛，他认为是社会志愿团体的减少导致了过去几十年里"社会资本"不断减少的演变过程。[67]

认为这种问题能够被轻易解决的想法是错误的，但越来越多的证据表明公共空间的存在和其设计对社区内部、社区之间的社会活动确实具有实际的影响。索莱茨基（Solecki）和韦尔奇（Welch）在波士顿市的一项研究中指出：那些碰巧与不同阶层或种族聚居社区的边界位置一致的"边界公园"，会成为社会隔绝的屏障，并会加剧这种空间的隔离。[68] 格博斯特（Gobster）在很多芝加哥的公园里也发现了类似的情形，但他还发现了相反的情况，有一个"边界公园"实际上促进了社区间的融合与互动。[69] 他认为这些案例之间的差别可能部分是源自于与绿地设计无关的因素，比如这种潜在的隔离或多或少的早已有所显现，但格博斯特也发现了促进社会多样性和社会互动的设计与管理方法。这些方法同简·雅各布斯（Jane Jacobs）关于城市社区和公园的经典著作中提到的方式是一致的，[70] 包括：找到那些位于公园边界的、受欢迎的设施或者用途，这些地方能够将公园和周边的社区联系在一起；在公园中设置多种多样的使用功能；为不同年龄段和文化层次的人群提供相应的课程或活动；以及保证公园设施、环境的完备和安全。简而言之，这归根结底需要的就是一种兼具综合性、多样性、可达性和安全性为一体的设计策略。这些发现表明："边界公园"并非一定会成为不同群体之间的障碍，至少在一些案例中它们可以成为"抵消边界影响的活性剂"。[71]

另一些学者已经证明：公共空间和绿地除了能够创造多样性外，还具有形成社会资本的重要意义。郭（Kuo）等人调查和分析了市中心的保障性住房，他们发现公共植被情况的好坏与对这些空间的总体使用情况、社会联系的程度都具有紧密的联系。[72] 类似地，权（Kweon）等人对居住在市中心的老年人（64-91 岁）进行了访谈，研究的结果表明："户外绿地空间的使用既能增加社区间的社会联系，还能增强人们的社区认同感"。[73] 这些研究虽然并不是专门针对绿道的，但绿道的线状特征所具有的更高的可达性则更能够增加这些效应，尤其当它们被有意地设计来支持多种实用功能的时候。这一点与格博斯特的发现是一致的。另一方面，理想情况下绿道应该同社区尺度的"微型绿道"和"社区公园"整合在一起。通过这种在多尺度上增加绿地空间的方式，人们能够获得更多的使用机会，也会增加他们积极参与管理的热情。

但是，我们不能对这些研究进行过于简单的解释。因为，绿地和社会互动之间存在相关性的事实，并不能告诉我们哪个才是真正的原因。也许，具有较强社会联系的社区，相比其他社区而言更愿意建设绿地空间。最有可能的情况则是这种因果关系是双向的，即这两个因素通常是互为因果、交互影响的。某些情况下，例如新的房产开发，可能会要求规划和设计新的公共空间。另一些情况下，例如绿地很少且没有市民参与的传统街区，可能就需要通过社区组织合并、设计和管理支持、材料提供等多方面措施的整合，才能激发当地的社区行动。

线形特征、尺度、网络结构

线状绿地所具有的较高的"周长 - 面积比"虽然会给当地的野生动物和水资源保护带来问题（第 3 和 4 章已经讨论过），但这却能提高人的可达性。当绿道穿越一系列不同的社区时，它能为更多的人提供这种可达性。例如，格博斯特与韦斯特法尔（Westphal）对长 241 公里（150 英里）的芝加哥河进行了研究；同许多其他位于大都市区的滨河绿道一样，这条廊道"穿越了一系列不同的自然环境与人文空间。"[74] 这些多样性的社会环境，反过来又促进了社区内部和社区之间的社会互动，这一点在前文中已经进行了详细的讨论。

许多关于绿道的讨论，都在强调那些数十甚至上百英里的长距离廊道可能具有更多的社会功能，而不是本地的绿道网络。[75] 长距离的绿道似乎更能抓住游憩者和绿道倡导者们的注意力，因为他们是如此强烈的被这些绿道所描述的意象空间所吸引。这些意象空间跟麦奎兰（McQuillan）所描述的荒野小路的"神话"没有什么区别。"这个神话的基本要求是连续性…在其中的人们会认为……景观并没有被分割为城市或乡村的，公有或私有的，荒地或伊甸园般的：……你可以在林荫廊道中一直行走

2015 英里的距离 [沿着阿巴拉契亚游步道]"。[76] 当然，几乎没有多少绿道具有这种荒野的特征，但是那些被描绘出的、带有浪漫气息的、穿越了无穷尽自然保护区域并联系着包括历史遗迹、美丽乡村景观的静谧的意向则是相似的。对这种情境的描绘，与提到的对于荒野的迷恋并没有什么全然不同。它会进一步强调人与自然之间的这种"界限"，而不是促进二者之间的融合，即使是在地方性的尺度上也是如此。

当然，长距离的绿道也是具有优点的。从宣传的角度来看，它们是十分有效的，也非常适用于生物保护的策略，并在人们居住地的附近提供探索和冒险的机会。但是，过于强调这一点，确实容易让人们忽略利用这种廊道进行长距离旅行的需求并不多的事实，而且也会转移人们对同等重要的、绿道网络系统的注意力。长度有时不是一个首要考虑的因素。在绿道的建设过程中，单纯的一条廊道要比复杂的绿道网络系统更容易规划和实现，尤其是沿着受保护的滨河用地或铁路两侧的防护用地时。出于以上的原因，许多规划师和绿道的支持者们习惯于倡导单条廊道的建设，而这些绿道会连接一些主要的目的地，而且越长越好。

格博斯特则强调了平衡长距离游步道和具有更多功能的局地绿道网络之间关系的必要性。[77] 他调查了芝加哥大都市区范围内 13 条绿道中约 3000 名使用者，并且发现：使用"局地廊道"（指那些被调查居住地 8km 范围内的廊道）的居民通常会利用这些廊道进行短距离的活动，而且大多情况下是用来日常的通勤。相对而言，人们对那些离家较远的、"区域尺度"或"跨州"的游步道的使用则较少，而通常情况也是出于休闲游憩的目的乘车到达这些廊道。这些发现表明：

> 局地的游步道应该成为大都市区廊道系统的基本骨架，因为它们能够更全面的满足人们对休闲游憩、工作通勤和亲近自然等方面的日常需求。局地游步道的相互连接可能会实现某些功能需求，但简单地将这些步道连接去营造一个连续不受干扰的、长距离廊道，可能会忽视局地绿道的潜在功能与价值。在某些情况下，穿过公园和邻里街区的小型环状步道可能会更好地满足人们日常的需求和使用；在人口密度较高的地区，这种廊道具有更高的性价比；而且线状的绿道在这些地区也很难找到空间来建设。在另一些情况下，同铁路和电力线路平行的林荫大道或专用自行车道可以构成狭窄的"迷你绿道"的基础……也会成为了促进大都市地区的破碎化条带状景观要素生态恢复的催化剂。[78]

为了鼓励局地绿道的使用，格博斯特提出了一种更加多样化和局地服务导向的步道网络系统（图 5.8）。这种步道网络的布局，使得居住区到绿道的距离不会大于 8km（5 英里），甚至可能会不到 1.6km（1 英里），距离的选择取决于服务人群的类型。例如，保守的估计，如果自行车骑行 8km（5 英里的）需要半小时，那么步行可能需要两倍多的时间。因此，步道距最远居住区的距离不应超过 1.6km，或者两条步道之间的距离不超过 3.2km（2 英里），这样的距离可能是一种更为合适的安排。

如果能建成这种密度的步道网络，格博斯特所提出的通过"微型绿道"和"带状自然要素"连接其他廊道的建议就会更有吸引力。比起建立稀疏的、交通不便的长距离游憩绿道而言，格博斯特所提出策略能够将自然要素、公共空间和通勤廊道更全面的整合在社区尺度上，从而减少汽车和能源的使用，为那些热衷于休闲游憩活动、偶尔使用者或其他具有使用需求的人群提供锻炼的机会。除了连通性的改善，小尺度上的绿地对于提升社区的生活质量和环境正义也都有积极的作用。"就实现个人或家庭的社会正义而言，小型城市林地的影响是非常显著的；因为，这些树木或林地斑块带来的益处显然会直接作用到不同的个人或家庭。"[79]

尽管如此，还必须考虑这一模式与出于野生动物和水资源保护目的而建的长距离绿道之间的平衡关系。理想状况下，这两种类型的绿道应当融汇成一个多尺度的网络；由于资源条件的限制，这种情况往往很难实现。因此，必须设定相应的目标和优先考虑的重点，这一点将在第 6 章中详细介绍。

公共空间的设计：意义与适应性

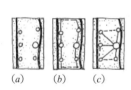
(a)   (b)   (c)

除了能促进社会交流，公共空间还可以成为一种媒介；通过这种媒介，场所精神、社区及公民身份等社会认同感都会得到影响和加强。[80]某些绿道的设计往往没有考虑当地特色、想象力匮乏，或者仅仅是根据标准化和常规思路来进行设计的。这样的绿道在形式上会彼此雷同；由

图 5.8

格博斯特所描述的城市中不同游步道网络结构的设计方案（Gobster，1995）。(a) 沿着两条线状景观资源要素的（粗线）目的地点（圆圈）。(b) "区域发展策略"。这一策略中，主要步道（实线）和次要步道（虚线）所构成的网络系统最大化地发展长距离的绿道网络。(c) "局地发展策略"：这一策略中，目标是最大化的增加起点和目的地点之间的功能连通性。（根据 Gobster P.[1995] 改绘。"Perception and use of a metropolitan greenway system for recreation." Landscape and Urban Planning 33；401-413）

于缺少独特性，绿道在功能发挥和体现社区认同感方面的潜力也都大大下降。例如，一条两侧种有草坪的笔直的步道，相对于狭窄的人行道或完全没有步行空间的情况来说是一种改善。但是，它完全没有任何差异性可言，也并不能为通行者创造出任何空间变化的韵律。这就是没有充分利用地形或当地生态和文化特征的典型结果。(图 5.9)

图 5.9

沿着河滨绿道设置步道的两种不同的形式。左图中的路径是相对单调的直线，而右图中的步道有时让人们离开河边进入历史场地（左下），时而穿过具有良好视野的山丘，时而进入森林（上）。

另一方面，强调多样性和地方特点能创造绿道的独特性。蜿蜒穿过景观的步道，具有不同特征、结构的步道网络，以及通向当地重要场所的山坡小路都可以提供多样性，即使它们只是在利用现有的道路或相应的路权。在空间有限的情况下，引入随机的曲线或是有创意的景观可以增加独特性和多样性；而教育展示，环境艺术，公众集会、活动举办等空间的引入，则会增加人们的相互学习、创新思考的机会，以及加强使用者与社区之间的对话和交流。

这种手法有助于建立共同的场所精神和归属感，促进交流与合作。绿道不但在空间上将社区组织在一起，而且在创造独特的公共空间和体验的层面上也将社区联系在一起。理想情况下，地方独特性的营造不仅要依靠职业设计师的努力，它更需要社区的理解和参与。

奎尔（Quayle）和凡·德·李克（van der Lieck）设计了一个假设的绿道模型。这个模型对如何让上述方法更容易实现进行了详细的说明，也为如何在绿道的公共空间中综合与平衡公共和私人之间的功能需求提供了深刻的见解。[81] 他们强调了邻里景观所带来的日常性体验的重要性，这些景观传递了两种基本信息。

　　第一种信息，告诉人们社区的存在，即体现出了某些资源在居民之间分享与共有的特征。第二种信息，表明了在社区的内部，每个人也都是独立的，个体之间也存在彼此不同的独特性。但是，这两种信息……在城市景观里越来越难以传达。[82]

为了阻止这种趋势，他们提出了"混合景观"的概念。这一概念强调将公共空间和周边不断变化的、更加私人化用途的空间结合起来。这种强调私人参与的观点反映了：

　　创造事物和营建场所的行为本身，比其完成品或结果更加重要。庭院和房屋经常成为被创意化改造的对象。园艺和其带来的心理上的平静和安宁，也能营造出"微观疗养的环境"。[83]

奎尔和凡·德·李克 (图 5.10) 将绿道视为这种混合景观的一种形式。他们的模型强调多样性，功能性和开放性，与周围使用功能的协调，以及对于不断改变的需求和环境进行响应。

图 5.10

奎尔和凡德李克将绿道视为一种"混合景观"的形式，该图是对这种情形的描述。这种"混合景观"为公众和个人活动提供了空间的多样性。(Quayle, M., and T. C. D. van der Lieck. [1997]. "Growing community: A case for hybrid landscapes." Landscape and Urban Planning 39: 99-107.)

　　在这种混合的景观中，主干性的绿道……是一条穿越邻里街区的步行道，它能联结日常活动或需求所涉及的主要场所，包括：家、工作地点、娱乐场所、商店和交通站点。理想情况下，这条绿道在空间位置上和社区生活中都占有重要地位，就像过去的村镇广场一样。

　　绿道沿线及其周边，要有各种可以集会或休息的、大小不等的非正式场地，这样就可以开展不同的活动。其中某个场地要足够大，可以安排一场小型集市，举行社区会议，在万圣节前夕出售南瓜等。其他场地有的要小到可以满足私人交谈、家庭聚餐或是独自思考……

　　上述核心区域的外围是一些相对散乱的空间，这些空间与典型公共景观中的井然有序形成了反差。这种少量的散乱对于消解大多数城市绿地给人的那种僵硬感是有必要的。这些空间也会吸引人们进入更自然的地方，如儿童、观鸟者或是寻求独处的人……

　　混合景观的边缘则会响应周围土地的利用方式。例如，一所学校可能会建有一个环境展示的庭院，一个日托中心可能会建一个儿童探索花园或是冒险场地，一栋公寓可能出资建立一个租户的花园，一个高级社区也许会提供一个有树木荫蔽的室外聚会场地……

　　距离主要步道较远但仍在视线之内的地方，是一些工具棚或有遮蔽的工作场所，这里会用来进行一些太大或太脏而不能在住所内进行的工作，例如：老家具涂漆，儿童玩具车或汽车的修理。此外，还可能会有：存放或培育阳台植物的盆栽棚或苗圃，为居民委员会会议准备的石桌、国际象棋场地、曲棍球场、溜冰场，以及玫瑰园、黑莓灌丛等。[84]

　　这种混合景观的场景符合上文关于社会交流的讨论，与华尔兹(Walzer)对两种空间的区分也具有很大的一致性。这两种空间对应的是：只设定有限使用目标的"专用空间"；……为多种用途设计的……被不同市民使用的"多用空间"，在这里人们会容忍他人做自己不做的事情，甚至可能会对这些事情产生兴趣。[85]混合景观强调了社区的复杂性、多面性的特点；同时，也突破了目前关于社区（均质化、一致的）与个体（独立、自由的）之间二元对立的观点。因为，理想的城市生活的"社会关系应当肯定而不是否定不同群体间的差异。在保持各自的特征、生活方式、价值观的同时,不同的社会群体可以紧密共存。"[86]

当然,让混合景观成为现实绝非易事。奎尔和凡·德·李克提出三个基本原则:(1) 责任感和管理权要逐渐转移到社区层面;(2) 开放性,而且应当经历一个参与和探索的过程;(3) 改变应当是渐进的,这样"可以进行经常性的评价,并及时做出调整。"[87] 同生态系统一样,邻里和社区也是存在差异和不断演化的。因此,同生态系统管理一样,如果要实现上述目标,采用的措施要具有灵活性、适应性和探索性。

经济与正义: 价值的形成与分配

绿道的经济影响被很多群体所关注,包括:关注房产价值的居民和土地所有者,经济发展机构和其他主体,力图通过财政支出议案的政府机构,以及试图建立联盟和寻求政治支持的环保人士。最近的研究已经关注了这些问题,并指出:管理良好的开敞空间,通常会为附近的业主和社区带来经济效益。[88] 有一些潜在的风险可能会降低房产价值,例如:噪音、垃圾、损坏公物等,但只要引入一定的管理和提升使用者的责任心,这类问题就会大大减少。另一方面,开敞空间带来的舒适性会使某些社区变得更加令人向往,也会增加其房产价值,还会刺激附近的商业,尤其是那些与休闲和旅游相关的商业。[89] 从城市或县的层面分析,绿地的保护或建设同样能带来正向的收益。因为,新的土地开发对公共服务支出的需求,可能要远大于土地开发本身所带来的税收收入。[90]

上述的经济收益也许非常大,而进一步增加这方面的收益可能会为某个项目争取更多的支持。但是,一味地强调货币收益和强调从公共事业中获取个人利益,并不意味着这会有助于更宏观的社会或环境目标的实现,而有时甚至是与之相悖的。如果更大的社会效益是考虑的首要因素,关注和考虑产生这些问题的背景是非常重要的。其中,最重要的两个方面是:首先,这种货币收益影响的空间分布(某些组织或社区的获益是否比其他群体更多?某些群体是否会受到士绅化和空间平等现象的影响?);其次,这些新的经济活动在总体上的生态影响(它是否依赖于不可再生的资源,以及是否会产生污染?在提升当地生活质量的同时,它是否能为更宏观的可持续发展目标的实现做出贡献?)。

生态经济学的观点有助于分析和解决上述问题。与只关注货币收益的指标不同,生态经济学会在生态与社会的综合背景下来分析生产和消费间的相互作用关系。

> 生态经济学没有将人类（和经济）看作是自然的外部环境，而是将其看成生态系统的内部要素和积极的参与者，……生态经济学更强调自然生态系统的综合评价而不是单纯的货币收益评价，而且强调分配的公平性而不是单纯的效率优先。[91]

生态经济学认为全球生态系统的承载力是有限性的；因此，经济不可能无限制的增长。这使得我们应该认真思考一下增长（材料和能源消耗的增加）与发展（人类社会总福利质量的提升）这两个概念之间的区别；至少，发展对于增长而言是相对独立的。单纯的货币衡量方法（公司的利润或国民生产总值），没有区分这两个概念的差别，同时也忽略了经济的外部性问题，包括正负两个方面的效应（例如，污染或志愿者服务）。这些外部效应没能被纳入到市场的体系中，也无法用货币来计量。这并不意味着货币的收益不重要；相反，当绿道穿过低收入的社区时，对直接经济收益的关注非常关键。但是，单纯用货币来衡量成本和收益的方式是不全面的；因此，需要考虑潜在的生态关系、非货币价值、收益分配的公平性等方面来作为对该方法的补充。

生产力的目标和本质：消费与生产

社区经济发展（community economic development，CED）的思想与生态经济学的观点具有一致性。这一思想强调本地的自力更生、公平分配和环境的可持续发展。社区经济发展的核心是想在地方层面上来实现生产和消费之间的均衡，以及实现个人与社区的自力更生。"具体的实现方式是通过：社区协作、能力培养，以及让企业、资本、劳动力等要素的控制权从全球市场返回到社区。"[92]当地生产要素（人力资源或自然资源）的应用，减少了长距离运输的需求，提升了资源的使用效率，增加了产品的劳动和服务附加值，而且使得原本遥远的、生产与消费的空间与生态关系得以显现。通过设法用本地产品代替进口商品，"人们能够更清楚地了解经济活动对社会和环境的影响，以及明确如何明智的对当地的产品和服务进行投资，从而让当地经济更多的受益。"[93]这种战略的想法不是要孤立本地的经济。即使当地经济能够孤立的发展，这样的目标也是有问题的；因为，当一个地区某商品的生产效率显著高于与其他地区时，贸易的益处是显而易见的。相反，社区经济发展的目标是：将经济目标从不惜代价的增长和积累，转向均衡了社会和生态影响之后的适度与持续发展。

这与许多绿道和经济学讨论中所采用的消费导向的方法形成了鲜明的对比。人们一般认为房产价值上升对经济而言总是好的消息。与上述假设密切相关的观点是：绿道和其他游憩用地能够促进消费，进而可以拉动当地的经济增长。这种拉动效应的变数很大，但很多案例也都展现出了这种效应。[94] 同房产价值的情况类似，这一效应可能会促成公共财政对绿道项目的投资，而且还能带来就业和收入的增加。此外，很重要的一点，我们要考虑消费和生产之间的不同。生产和消费虽然都是最基本的经济活动，但绿道的经济学讨论通常只关注了消费和单纯的货币收入问题。

消费增长能够给某些商业带来利益，一定程度上也能使整个社区从中受益。这显然也会促进当地经济活动的增加，但可能同时也会减少人们在其他地方的消费；反过来，这些地方可能会采取相应的措施来促进消费和增长。最后的结果往往可能是：总体上的消费增长，也可能是地方层面促进增长措施的失效，或者二种情况的某种中间状态。不论何种情况，产生的收益的大部分往往都会流向地产和企业的所有者。此外，当绿地或游憩设施被用来促进旅游发展时，还会产生能耗增加、污染、本地的交通拥堵等问题。因此，这种强调增长的好处和其对旅游业促进作用的假设，实际上掩盖了许多潜在的问题。

相反，值得强调的是，绿道和绿地网络不需要增加消费也能够提高当地的经济活力，同时还能以可持续的方式进行能源和资源的利用。例如，这种绿道网络所具有的许多连接不同目的地的短途步道，能够促进非机动交通的发生；这不但减少了化石能源的消耗，而且有助于人们通过锻炼而保持健康。幸运的是，这已经成为许多绿道所关注的焦点。在俄勒冈州波特兰市，修建步道与自行车道已经成为城市降低能源使用和温室气体排放的一项主要举措。自从 1990 年开始，波特兰市基于步行和自行车的交通通勤量增长了 10%，而人均碳排量也减少 12.5%；这一成就部分原因应当归功于上述举措的实施。[95]

阅读材料 5.3 马萨诸塞州维斯顿镇的绿地、社区农业和社区林业

在 20 世纪的 60-70 年代，马萨诸塞州的维斯顿镇，利用土地和水资源保护项目的联邦配套资金保留了 2250 英亩土地避免开发，而这占到了该镇总面积的 20% 以上（图 5.11）。

图 5.11

韦斯顿镇的绿地网络，包括了社区管理的林地和农田。当地管理的步道网络将这些生产性用地彼此连接在了一起。（根据文献（Donahue，1999）改绘）

在《公地的回归》（Reclaiming the Commons）一书中，布里安·多诺华讲述了维斯顿镇绿地系统的发展历程，并将其作为一个经典的案例来阐释：如何将自然保护和土地的生产功能相结合，从而提供健康的食物，持续的利用森林，帮助青年就业，以及开展体验式的环境教育。[1] 这一绿地系统并不是严格意义上的绿道网络。但是，对野生动物和人而言，该系统确实有效的增加了功能连通性，并用事实证明了这种创新性的项目尝试是可行的。

维斯顿的社区农业开始于 20 世纪 70 年代，一方面是为镇上的年轻人提供交流活动的机会，另一方面也为波士顿的奥查德帕克（Orchard Park）社区的居民提供绿色而低价的农产品。最开始，蔬菜只是被运到城里，但后来奥查德帕克社区的居民也参与其中，他们会开车到维斯顿来帮助采摘。此举不仅从行动上表达了善意，也营造了互帮互助的社区氛围。

1980 年，一个名为"土地捍卫者"（Land's Sake）的非营利组织成立，并从青年委员会那接替了维斯顿镇土地的运营和管理工作。这个改变被证明是该项目发展历程中至关重要的一步，因为，它给管理带来了更大的灵活性，包括：增加了通过募捐、同私人土地合作来获得收入的能力；另一方面，也消除了镇上对此项目持怀疑态度的人们的顾虑。土地捍卫者组织与镇政府、镇上居民镇紧密地工作，并共同设定了土地管理的目标，包括：农业、林业，以及 65 英里步道系统的维护。这一步道系统将自然区域，镇中心，学校和住宅区联系在一起。所有项目都是从多种使用功能的角度出发的；在项目的规划设计过程中，也会致力于实现生态、教育、经济和美学 4 方面均衡与协调的原则。

农业（主要是蔬菜、浆果和花卉）一直是最成功，获利最稳定的活动。它为青少年提供了工作和教育的经历，为当地的农产品市场提供蔬菜，并开发了自主采摘的经营方式，而且多年以来一直处于盈利的状态。此外，食物也会定期的送给无家可归者，而每年的草莓节和南瓜节也已经成为维斯顿镇和周边社区居民的固定活动。

维斯顿镇的林地也是一些活动较多的主要场所。每年都有 50-100 捆木柴被砍伐和出售，这为青少年们提供了另一个可以工作和接受教育的场地，同时也为这些林地的长期维护和改善提供了资金支持。薪柴和木材的生产目前已经受到了限制，但在保证可持续发展的前提下，该镇 1000 英亩的高质量林地具有每年生产 500 捆木柴和 20 万英尺木料的能力。土地捍卫者组织估计，即使上述土地中有 10% 被划定为严格的生态保护区，剩下的资源每年也足够建造 12 座房屋和替代 7.5 万加仑的燃料油。枫糖是维斯顿镇林地的主要产品，在每年春季进行生产。收集树汁并熬制糖浆的工厂位于小镇中学的旁边，而这也成了学生们放学后经常光顾的地方。

除了每年都作为当地高中的生物教学场地之外，维斯顿镇的林地也是组织和开展公民活动的一个重要场所。布里安·多诺华在其书中具体描述到：

续

近些年来,我们已经对林地的运营方式进行了一些转变,这意味着每次伐木的工作都会在一群热爱森林的人们面前进行。在开始伐木之前,我们会邀请所有对此有兴趣的人在周日午后进行林中漫步,然后喝喝咖啡……我们会在客厅的地板上摊开"森林与游道协会"制作的地图,介绍整个镇的林地管理项目的理念和本次采伐的具体目标。被邀请的居民们会发表他们的建议,而我们也会了解一些本应知道的情况;当然,我们也有可能会对我们的方案进行调整……不是每个人都会喜欢电锯的声音,但至少你的身后会有大部分人的支持。[2]

就经济收益而言,维斯顿镇的社区农业和社区林业的产出,可能根本无法与纯商业的运行模式相比较,更不要与价格最高的房产市场上的土地投机或开发相提并论了。但是,作为公共土地的使用而言,它带来了非常大的综合效益,包括:粮食和木材生产、教育、公民参与、低收入社区服务,以及游憩和风景体验。因此,这个案例可以成为向人们展示地方保护项目用途多样性的一个经典原型。

[1] Donahue,B.(1999).Reclaiming the Commons:Community Farms and Forests in a New England Town. New Haven, CT,Yale University Press.

[2] 同上,p.264-265

在涉及了社区公园、农场和林地的项目中,极少有项目能够使用有机的与可持续的技术来避免较高的能耗或大量化肥、农药的使用。但是,这些可持续的技术和生态恢复项目,可以被用来开展实验性的环境教育活动,也有助于促进社会合作和培养社区的管理能力。空地或现有公共土地上建立的社区公园,可以变成活动、学习和生产的节点。分配给个人或家庭的绿地空间,可以加强人们对土地、场所的归属感,也会给低收入人群带来潜在的经济收益。社区农业生产的农产品也可以在路边或者当地农贸市场进行出售,而收入可以用于土地恢复或环境教育项目。社区的林地可以成为绿道网络的一部分,并用来展示可持续林业的具体实践;木材可以供给当地的服务项目或高中的职业教育项目使用,也可以通过出售来增加收入。将这些项目纳入到绿道和游步道的网络中,会使这些用途更容易被整个社区发现和使用。总体而言,这些活动有助于向我们展现自然并不是一个远离或与人类隔绝的世界,而是一个我们每天的生活都要依赖于它的世界。只要我们能精心的管理资源,生态系统的健康马上就会恢复,它也会为我们提供更多的物质产出。

绿道与环境正义：个人和公共利益的分配

在过去 20 年里，环境正义已经成为环境运动的重要组成部分。环境正义的倡导者和有关学者都在批判主流环保组织所强调的荒野的自然、休闲游憩功能、中产和上层社会的主导性等理念；他们用大量的案例来说明：低收入和少数族裔的社区更容易受到污染和有毒废物影响；他们也推动了尝试解决上述问题的、大规模的草根民权运动。[96] 最近，一些学者已经开始关注环境利益分配不平等的问题，尤其是乡村的自然资源和城市中绿地与游憩资源的可达性问题。[97] 作为一种新型的公共空间，如果要有效地发挥绿道的功能，它们产生的效益应当是被公平分配的，而且应当致力于在更大的范围内实现社会正义的目标。

在某些情况下，河流恢复和绿道的项目会直接导致环境不公的发生。1990 年发生在丹佛市的一个项目就是这样的情况。根据莉萨·黑丁顿（Lisa Headington）的描述，那些无家可归而"暂时的，季节性的，或者相对永久地居住在河边的"流浪者被强制搬离，从而为一条旨在提供游憩资源与促进经济发展的绿道项目让出空间。[98]

> 市政府的解释是：无家可归者的搬迁，对于吸引使用者和投资而言是必要的。政府采用了一系列的措施来让这些流浪者从河边搬离，包括：强行的"清理"，颁布新的宵禁和禁止宿营的法令，调整景观的功能，使其不适宜在河边睡觉或生活。一些无家可归者和反对者认为这些方法可能会增加这些被驱赶流浪者的犯罪倾向；更为严重的是，出于城市更新的目的，丹佛市最近拆除了数以千计的低收入住宅，而新的收容所或可负担的住宅还没有被建设完成……这种城市的改造项目非常不公平的将无家可归者排除在利益主体的范围之外，还将他们置于恶劣的和不安全的环境之中；从城市和公众的角度，他们被视为影响或限制河流恢复项目的障碍。[99]

另一个类似的案例发生在 20 世纪 90 年代印度的加德满都（Katmandu）。在加德满都，联合国发起了一系列河流恢复和绿道的项目，这些项目将巴格马蒂（Bagmati）河与毗湿奴马蒂（Bishnumati）河沿岸寮屋（指违法建设的房屋、构筑物）中的居民视为引起河流退化的原因，并强烈要求他们搬迁。事实上，一些寮屋内的居民是在积极地参与河流的管理工作；同城市其他地方排入的污染物相比，他们的生态影响是微不足道的，而这主要是因为它们极低的消费水平。[100] 加德满都的寮屋居民比丹佛的无家可归者，在迎战要求他们搬走的命令时要略微成功一些（最近，尼泊尔的政治骚乱已经把人们的注意力引开了)。但是,这两个案例都反映了将先前受工业污染或"荒废的"河道恢复成一种新的公共空间的国际潮流。这一潮流总体上是积极的,但在河流恢复的过程中往往会倾向于将边缘人群排除在这种新的"公共空间"之外。在丹佛,"沿河居住的无家可归者被认为只是'被遗忘的景观'中的一部分",他们是需要一同被净化的,"而不是将他们视为这一公共空间的利益主体"。这些退化的河流景观已经获得了重生的希望;相比之下,无家可归者住所内遗留的活动迹象(塑料花、书、芥菜酱)正在被人们窥视着,就好像是被一群漠然的看客在事故现场的围观。"[101]

黑丁顿指出,这一冲突看上去似乎难以克服;但是,从设计的角度,如何把这些无家可归者也纳入到这一新的公共空间中的有关答案也几乎无人给出。基于对南普拉特河等相关案例的研究,她提出一些有助于缓解或解决冲突的措施,例如:在使用强度较大的区域,设置步道来减小踩踏的影响;作为一种交换,鼓励人们通过参加绿道的维护和管理工作来获得宿营的许可;将廊道的某一段规划为露营区,而这些区域可能最后会演化成一种永久的'绿色'社区。[102] 考虑到无家可归者的资源使用较少的特点,这些社区实际上已经比大多数社区更环保了。她还指出:最重要的一点是:要让这个问题呈现在公众的视野中,让人们对无家可归者持一种更尊重的态度,以及引导设计师、规划师和其他参与者将热情放在寻找更具创新性的解决方案上面。正如这一章先前提到的,在政策制定和规划编制的最前期,就应当让边缘化或低收入人群介入到项目中来。

纽约市布朗克斯河的绿道项目却呈现出了一种截然不同的情景。20世纪 90 年代,一些来自低收入社区的倡导者,开始发起这条位于高度工业化地区、已经退化河流的恢复工作,他们同时也给出了这河流设计成连续绿道的具体方案。基于公私合作的关系,许多利益相关的社区团体和机构共同组建了新布朗克斯河流联盟(new Bronx River Alliance)的组织;由于这条绿道的基层民众自发的特点,该组织非常明确地将环境正义的原则纳入到了项目的目标体系之中。在城市房价飞涨的背景下,社区群体没有将关注点放在如何吸引私人土地开发或旧城改造上面;相反,他们一直在迫切的要求加入那些他们认为重要的项目,而这些项目才能确保当地居民真正分享绿道或公园带来的经济收益。这些项目包括:可以停放小船的教育和环境中心,建在恢复后的棕地上的 400 栋保障性住房,兼具旅舍和青年公寓性质的综合住宅。

住房需求一直以来都非常紧迫,而当地的倡导者也敏锐地意识到他们正在致力于实现的这种改变可能是一把双刃剑。因为，作为当前纽约市环境最为恶化的社区，随着布朗克斯河修复工作的开展，这些社区的情况可能会发生转变。由于房产价值的提升和房租的上涨，现在居住在那里的低收入人群，可能要面临被迫搬迁的风险。人们提出了许多策略来应对这一紧迫的问题，例如：建立社区的土地信托基金、推行具有包容性的区划条例等。[103]

除了这些与河流相关的案例外，环境正义的问题在乡镇、城市、地区刺激经济增长的过程中是经常发生的。在媒体和政客们所常用的反映总体经济增长的指标中，财富是如何在社会中进行分配的这一问题往往是被忽视的。相反，应当采用分解的方式来考察经济究竟如何影响特定个体或群体的日常生活。对于大多数的绿道和绿地而言，我们的视野不能仅仅着眼于它们对经济增长的刺激，而是要在城市增长机器（本章前文中提到）的背景下来考虑这些增长所带来的影响。

我们倾向于认为土地保护在本质上与经济增长是对立的。但是，当土地保护能增加商业活动和推动房产升值的时候，上述的假设则未必正确。绿道在一定程度上能够刺激经济活动，并吸引居民、商业、甚至企业的进驻；这一作用也经常被绿道的倡导者们所强调。但是，绿道还能发挥第二重的作用，具体而言：降低当地城市蔓延的负面影响，但反过来又会支持城市的增长机器，并进一步促进被保护绿道周边和城市范围内的土地开发和增长过程。

土地保护、增长机器和士绅化之间的关系虽然没有被学者们阐明，但被保护绿地与地产价值之间的关系则相对比较清楚。城市中邻近绿地的区域，由于离绿地远近的差异，其地产价值会增长 5%-30% 不等。[104]这些数据常常被绿道的支持者作为积极效益而强调；当然，这对于产权所有者和城市税收而言的确如此。但是，增长对更大尺度上环境正义的影响也是考虑问题的关键。增长所产生的更大的社会影响会逐渐发生，但随着时间的推移，经济的分化与隔离会加强。这意味着更富有的群体会因为居住在附近而可以更充分的利用公共开敞空间，而低收入群体可能则住在距离这些资源较远的地方。

出现上述情况的这种风险，不应该被当作反对绿地保护的论据；相反，它指出的是对绿地的设计、分配和项目间协调进行综合性思考的必要性。当然，绿道在提升社会公平和正义方面能发挥更大作用。因为，相比于传统的公园而言，绿道可能会穿过更多数量和类型的社区，而且能够提供更广泛的可达性。除此之外，还有许多措施能够有助于人们更

平等的受惠和避免经济隔离的问题。这
些措施包括：相比面积较大的示范项目
而言，待建绿地应当选择面积小、数量
多、较分散的用地结构；在城镇和县域
规划、州的土地购买计划和私人组织的
发展计划中考虑空间分配的原则。通过

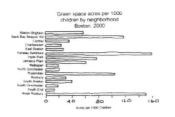

图 5.12
波士顿基金会提供的年度调
查，图中指标为社区中每千
名儿童拥有的绿地面积。

上述措施的运用，以及在具体项目中考虑并重点关注低收入的社区，完
全可以在镇、县和区域的范围内实现多尺度上的公共开敞空间的公平分
布。有两个非政府组织已经开展了促进公共开敞空间更加公平分布的工
作。其中，波士顿基金会（Boston Foundation）将"每千名儿童拥有的
公共绿地面积"（图 5.12）作为评价的指标，并在其每年的《波士顿指
标报告》中进行公布。另一个组织，公共土地信托组织（Trust for Public
Land），则同全国各地的公共和私人团体共同保护受威胁的公共绿地，
尤其是关注低收入社区中的此类问题。[105]

　　许多的土地开发都源自于人们对美好居住环境的追求。为了最大化
地降低这种增长所带来的问题，城市和区域层应当鼓励高密度的集约式
发展，而不是低密度的扩张；另一方面，可以考虑通过城市增长边界、
城市或区域的区划法令等工具来限制新增开发建设的数量。[106] 一个地方
的土地开发如果受限，可能会导致其他地方开发的增加。因此，在条件
允许的情况下，这些措施应该在邻近的行政区之间进行协调；更理想的
情况下，应当在州或区域层面进行统筹。最后，在较大的范围内限制开
发，很可能会使房价升高并迫使低收入居民迁到绿地匮乏的区域；因此，
有必要保持充足数量的廉价住房可以供给。正如上面布朗克斯河绿道案
例中提到的，对某些保护项目而言，可以考虑将一些环境敏感性较低的
土地用作保障性住房的建设。其他一些解决这一问题的机制包括：租金
管制和稳定的法规，建设公共住房，商品房配建保障性住房，社区土地
信托基金等。[107]

　　当然，这些措施所涉及的一系列政治和经济问题已经完全超出了绿
地项目的范畴。绿道的规划设计师们并不需要解决所有问题，而是要识
别出这些问题，并同其他专业人士或机构建立交流与合作，以及告知那
些有权利或有义务负责的政治家等决策者。在区域层面有正式的规划和
管理机构的情况下，这种合作已经被证明会格外的成功[108]。对于环境和
社会行动的提倡者来说，各自推行他们自己的目标可能是很有吸引力的，
但协同合作的方式往往更有成效。

结论

　　本章中隐含了一个观点：规划师和设计师应该更多的关注社会科学和社会问题，并将其作为他们工作中待解决的跨学科综合问题中的基本内容。这意味着我们不能仅仅局限在对游憩、美学功能方面的考虑，也应当超越社区和"场所感"这种理想化概念的限制。这意味着我们要将社会系统与自然生态系统放在一个均等地位（如果无法在项目的目标层面实现，至少应在分析过程中做到），并通过更加综合的视角来分析现实景观中自然与社会系统间相互作用的所有过程和联系。这意味着我们要考虑绿道的自然和社会连通性，并理解它们是如何影响社会互动、公民参与、环境正义和自然观的。这意味着我们要透过那些看似双赢结果的表面，来理解人类社会系统内在的异质性和冲突，考虑由此所带来的差异和创新的压力，并通过民主参与来赋予公民权利、解决冲突和达成共识。这样做能够为人与自然的和谐发展提供更有效的解决方案。

参考文献

1. This description of the human landscape is informed by Machlis, G. E., J. E. Force, and W. R. Burch. (1997). "The human ecosystem part 1: The human ecosystem as an organizing concept in ecosystem management." Society and Natural Resources 10: 347-367; and Field, D. R., P. R. Voss, T. K. Kuczenski, R. B. Hammer, and V. C. Radeloff. (2003). "Reaffirming social landscape analysis in landscape ecology: A conceptual framework." Society and Natural Resources 16 (4): 349-361.

2. Gobster, P. H. (2001). "Neighbourhood-open space relationships in metropolitan planning: A look across four scales of concern." Local Environment 6 (2): 199-212. p. 199.

3. 同上

4. Berkes, F. (2004). "Rethinking community-based conservation." Conservation Biology 18 (3): 621-630.

5. Agrawal, A., and C. Gibson. (1999). "Enchantment and disenchantment: The role of community in natural resource conservation." World Development 27 (4): 629-649.

6. Gunderson, L. H., C. S. Holling, and S. S. Light, ed. (1995). Barriers and Bridges to the Renewal of Ecosystems and Institutions. New York, Columbia University Press; Agrawal and Gibson, (1999), "Enchantment and disenchantment"; Berkes, (2004), "Rethinking community-based conservation."

7. Orfield, M. (1997). Metropolitics: A Regional Agenda for Community and Stability. Washington, DC, The Brookings Institution; Calthorpe, P, and W Fulton. (2000). The Regional

City: Planning for the End of Sprawl. Washington, DC, Island Press; Hayden, D. (2003). Building Suburbia: Green Fields and Urban Growth, 1820-2000. New York, Vintage Books.

8. Kennedy, M., and P. Leonard (2001). Dealing with Neighborhood Change: A Primer on Gentrification and Policy Choice. Washington, DC, Brookings Institution Center on Urban and Metropolitan Policy.

9. Palmer, T. C. J. (2004). "For property owners, parks mean profits." Boston Globe. June 14. p. A1.

10. Slack, D., and C. Reidy. "One neighborhood wary, another welcoming." Boston Globe. June 15. p. A1.

11. 同上

12. Grove, J. M., and W. R. Burch. (1997). "A social ecology approach and applications of urban ecosystem and landscape analyses: A case study of Baltimore, Maryland." Urban Ecosystems 1 (4): 259-275. For related work linking human demography to vegetation characteristics, see Field, Voss, Kuczenski, Hammer, and Radeloff, (2003), "Reaffirming social landscape analysis."

13. Hayden, (2003), Building Suburbia.

14. Logan, J. R., and H. L. Molotch. (1987). Urban Fortunes: The Political Economy of Place. Berkeley, University of California Press.

15. Logan, J. R., R. B. Whaley, K. Crowder. (1997). "The character and consequences of growth regimes: An assessment of twenty years of research." Urban Affairs Review 32: 603-631; Jonas, A. E. G., and D. Wilson, ed. (1999). The Urban Growth Machine: Critical Perspectives, Two Decades Later. Albany, State University of New York Press.

16. Orfield, (1997), Metropolitics. p. 1.

17. Calthorpe and Fulton, (2000), The Regional City.

18. Goldberg, C. (2001). "Massachusetts city plans to destroy public housing." New York Times. April 12. p. 1.

19. Williams, T. T. (1994). An Unspoken Hunger. New York, Pantheon, p. 134.

20. Nicolson, M. H. (1959, reprinted 1997). Mountain Gloom and Mountain Glory: The Development of the Aesthetics of the Infinite. Seattle, University of Washington Press; Cronon, W. (1995). "The trouble with wilderness; or, getting back to the wrong nature." in Uncommon Ground. W. Cronon, ed. New York, W. W. Norton, pp. 69-90.

21. For example, Gomez-Pompa, A., and A. Kaus. (1992). "Taming the wilderness myth." BioScience 42 (4): 271-278; Guha, R. (1998). "Radical environmentalism and wilderness preservation: A third-world critique, " in The Great New Wilderness Debate. J. B. Callicott and M. P. Nelson, ed. Athens, University of Georgia Press; Little, P. E. (1999). "Environments

and environmentalisms in anthropological research: Facing a new millennium." Annual Review of Anthropology 28: 253-284; Dove, M. R., D. S. Smith, M. T. Campos, A. S. Mathews, A. Rademacher, S. B. Rhee, and L. M. Yoder. (In press). "A paradox of globalization: Revisiting the concept of Western versus non-Western environmental knowledge." In Local Science Versus Global Science. P. Sillitoe, ed. Oxford, UK, Berghahn Books.

22. Quoted in Lazare, D. (2001). America's Undeclared War: What's Killing Our Cities and How We Can Stop It. New York, Harcourt. p. 131.

23. Guha, (1998), "Radical environmentalism and wilderness preservation."

24. Berkes, F., J. Colding, and C. Folke, ed. (2003). Navigating Social-Ecological Systems: Building Resilience for Complexity and Change. Cambridge, UK, Cambridge University Press.

25. For example, McCarthy, J. (1998). "The good, the bad, and the ugly? Environmentalism, 'Wise Use,' and the nature of accumulation in the rural West." In Remaking Reality: Nature at the Millennium. B. Braun and N. Castree, ed. London, Routledge; Braun, B. (2002). The Intemperate Rainforest. Minneapolis, University of Minnesota Press.

26. Imperial, M. (1999). "Institutional analysis and ecosystem-based management: The institutional analysis and development framework." Environmental Management 24 (4): 449-465.

27. Hoover, A. P., and M. A. Shannon. (1995). "Building greenway policies within a participatory democracy framework." Landscape and Urban Planning 33: 433-459.

28. Berkes, (2004), "Rethinking community-based conservation."

29. Hoover and Shannon, (1995), "Building greenway policies within a participatory democracy framework."

30. Knight, R. L., and T. W. Clark. (1999). "Boundaries between public and private land: Defining obstacles, finding solutions." In Stewardship across Boundaries. R. L. Knight and P. B. Landres, ed. Washington, DC, Island Press, p. 181.

31. Hoover and Shannon, (1995), "Building greenway policies within a participatory democracy framework."

32. 同上 , p. 457.

33. Berkes, Colding, and Folke, ed., (2003), Navigating Social-Ecological Systems.

34. Holling, C. S. (1995). "What barriers? What bridges?" in Barriers and Bridges to the Renewal of Ecosystems and Institutions. L. H. Gunderson, C. S. Holling, and S. S. Light, ed. New York, Columbia University Press. p. 3-34.

35. Gunderson, L. H. (2003). "Adaptive dancing: Interactions between social resilience and

ecological crises." In Navigating Social-Ecological Systems: Building Resilience for Complexity and Change. F. Berkes, J. Colding, and C. Folke, ed. Cambridge, UK, Cambridge University Press.

36. Environment Canada, Ecological Monitoring and Assessment Network. Retrieved August 12, 2005, (http: //www.eman-rese.ca/eman/). United Nations Atlas of the Oceans, Global Coral Reef Monitoring Network. Retrieved August 12, 2005, (http: //www.oceansatlas.org/servlet/CDSServlet?status=ND0xMjcy OC40NDk1NyY2PWVuJjMzPXdlYi1zaXRlcyYzNz1pbmZv).

37. Imperial, (1999), "Institutional analysis and ecosystem-based management."

38. Hoover and Shannon, (1995), "Building greenway policies within a participatory democracy framework." p. 436.

39. Landy, M. (1991). "Citizens first: Public policy and self government." Responsive Community 1 (2): 56-64, quoted in Hoover and Shannon, (1995), "Building greenway policies within a participatory democracy framework." p. 436.

40. Day, K. (2003). "New urbanism and the challenges of designing for diversity." Journal of Planning Education and Research 23: 83-95.

41. 同上 , p.86.

42. 同上 , p.88.

43. 同上

44. National Park Service. (1992). The Economic Impacts of Protecting Rivers, Trails, and Greenway Corridors. San Francisco, National Park Service, Western Regional Office; Lerner, S., and W. Poole (1999). The Economic Benefits of Parks and Open Space: How Land Conservation Helps Communities Grow Smart. San Francisco, The Trust for Public Land; Quayle, M., and S. Hamilton (1999). Corridors of Green and Gold: Impact of Riparian Suburban Greenways on Property Values. Vancouver, University of British Columbia, Faculties of Agricultural Sciences and of Commerce and Business Administration; Irwin, E. G. (2002). "The effects of open space on residential property values." Land' Economics 78 (4): 465-480.

45. Little, C. (1990). Greenways for America. Baltimore, Johns Hopkins University Press; Flink, C., and R. M. Searns (1993). Greenways: A Guide to Planning, Design, and Development. Washington, DC, Island Press; Fabos, J. G., and J. Ahern, ed. (1996). Greenways: The Beginning of an International Movement. New York, Elsevier.

46. Strapp, W. B., D. Bennet, W. Fulton, J. MacGregor, P. Nowak, J. Swan, R Wall, and S. Havlick. (1969). "The concept of environmental education." Journal of Environmental Education 1 (1): 30-31.

47. Kellert, S. (1999). The Value of Life: Biological Diversity and Human Society. Washington, DC, Island Press.

48. Cited in Burch, W. R., and J. M. Carrera. (2000). "Out the door and down the street: Enhancing play, community and work environments as if adulthood mattered." in Understanding Urban Ecosystems: A New Frontier for Science and Education. A. R. Berkowitz, C. H. Nilon, and K. S. Hollweg, ed. New York, Springer.

49. Sobel, D. (1996). Ecophobia. Great Barrington, MA, Orion Society; Hart, R. (1999). Children's Participation: The Theory and Practice of Involving Young Citizens in Community Development and Environmental Care. London, Earthscan; Vaske, J. J., and K. C. Kobrin. (2001). "Place attachment and environmentally responsible behavior." Journal of Environmental Education 32 (4): 16-21.

50. Haluza-Delay, R. (2001). "Nothing here to care about: Participant constructions of nature following a 12-day wilderness program." Journal of Environmental Education 32 (4): 43-48.

51. Kellert, (1999), The Value of Life.

52. Bryant, B., and J. Callewaert (2003). "Why is understanding urban ecosystems important to people concerned about environmental justice?" in Understanding Urban Ecosystems: A New Frontier for Science and Education. A. R Berkowitz, C. H. Nilon, and K. S. Hollweg, ed. New York, Springer.

53. Urban Ecology Institute. (2005). Retrieved July 4, 2005, (http: //www.bc.edu/bc_org/ research/urbaneco/ default.html).

54. Peirce, N., and R. Guskind. (1993). "Boston's southwest corridor: People power makes history." Breakthroughs: Re-creating the American City. New Brunswick, NJ, Center for Urban Policy Research.

55. Spirn, A (2005). West Philadelphia landscape project. Retrieved December 8, 2005, (http: // web.mit.edu/ 4.243j/ www/wplp).

56. Chawla, L. (1988). "Children's concern for the natural environment." Children's Environments Quarterly 5 (3): 13-20.

57. Chawla, L., and I. Salvadori. (2001). Children for Cities and Cities for Children: Learning to Know and Care about Urban Ecosystems. New York, Springer-Verlag.

58. For a discussion of how to plan and implement a process that effectively engages children and youth, see Hart, Children's Participation; Driskell, D. (2002). Creating Better Cities with Children and Youth. London, Earthscan.

59. For more information, see The Food Project, (http: //www.thefoodproject.org).

60. Rosenthal, A. T. (2003). "Teaching systems thinking and practice through environmental art."

Ethics and the Environment 8 (1): 153-168.

61. 同上，p. 154.

62. Spaid, S. (2002). Ecovention: Current Art to Transform Ecologies. Cincinnati, Contemporary Art Center, p. 3.

63. 同上

64. Fishman, R. (2000). "Urban utopias: Ebenezer Howard, Frank Lloyd Wright, and Le Corbusier." in Readings in Planning Theory, 2nd eds. S. Campbell and S. Fainstein, ed. Maiden, MA, Blackwell. p. 21-60.

65. Scott, J. C. (1998). Seeing Like a State: How Certain Schemes to Improve the Human Condition Have Failed. New Haven, CT, Yale Univetsity Press.

66. Day, (2003), "New urbanism and the challenges of designing for diversity." p. 85.

67. Putnam, R. D. (2000). Bowling Alone: The Collapse and Revival of American Community. New York, Simon and Schuster

68. Solecki, W. D., and J. M. Welch (1995). "Urban parks: Green spaces or green walls?" Landscape and Urban Planning 32: 93-106.

69. Gobster, P. H. (1998). "Urban parks as green walls or green magnets? Interracial relations in neighborhood boundary parks." Landscape and Urban Planning. 41: 43-55.

70. Jacobs, J. (1961). The Death and Life of Great American Cities. New York, Vintage.

71. Gobster, (1998), "Urban parks as green walls or green magnets?" p. 54.

72. Kuo, F. E., W. C. Sullivan, R. L. Coley, and L. Brunson. (1998). "Fertile ground for community: Inner-city neighborhood common spaces." American Journal of Community Psychology 26 (6): 823-851.

73. Kweon, B. S., W. C. Sullivan, and A. R. Wiley. (1998). "Green common spaces and the social integration of inner-city older adults." Environment and Behavior 30 (6): 832-858.

74. Gobster, P. H., and L. M. Westphal (2004). "The human dimensions of urban greenways: Planning for recreation and related experiences." Landscape and Urban Planning 68: 147-165.

75. Gobster, P. H. (1995). "Perception and use of a metropolitan greenway system for recreation." Landscape and Urban Planning. 33: 401-413.

76. McQuillan, G. (2000). "The forest track: Working with William Cronon's The Trouble with Wilderness." College Literature 27 (2): 157-172.

77. Gobster, P. H. (1995). "Perception and use of a metropolitan greenway system for recreation."

78. 同上，p. 409-410.

79. Heynan, N. C. (2003). "The scalar production of injustice within the urban forest." Antipode

35 (5): 980-998.

80. Lindsey, G., M. Mataj, and S. Kuan. (2001). "Access, equity, and urban greenways: An exploratory investigation." The Professional Geographer 53 (3): 332-346.

81. Quayle, M., and T. C. D. van der Lieck. (1997). "Growing community: A case for hybrid landscapes." Landscape and Urban Planning 39: 99-107.

82. 同上 , p.99.

83. 同上 , p.102; "Micro-restorative environments" is from Kaplan, R., and S. Kaplan. (1990). "Restorative experience: The healing power of nearby nature." in The Meaning of Gardens. M. Francis and R Hestet, ed. Cambridge, MA, MIT Press.

84. Quayle and van der Lieck, (1997), "Growing community: A case for hybrid landscapes." p. 104.

85. Walzer, M. (1995). "Pleasures and costs of urbanity." in Metropolis: Center and symbol of our times. P. Kaasinitz, ed. New York, New York University Press. p. 321, quoted in Lindsey, Maraj, and Kuan, "Access, equity, and urban greenways: An exploratory investigation." The Professional Geographer 53 (3): 332-346.

86. Day, (2003), "New urbanism and the challenges of designing for diversity." p. 87.

87. Quayle and van der Lieck, (1997), "Growing community: A case for hybrid landscapes." p. 105.

88. National Park Service, (1992), The economic impacts of protecting rivers, trails and greenway corridors; Lerner and Poole, (1999), The Economic Benefits of Parks and Open Space.

89. National Park Service, (1992), Economic Impacts, Lerner and Poole, (1999), The Economic Benefits of Parks and Open Space, Quayle and Hamilton, (1999), Corridors of Green and Gold; Irwin, (2002), "The effects of open space on residential property values."

90. National Park Service, (1992), Economic Impacts; Lerner and Poole, (1999), The Economic Benefits of Parks and Open Space.

91. Rees, W. (2003). "Ecological economics and an understanding of urban ecosystems." In Understanding Urban Ecosystems. A. R. Berkowitz, C. H. Nilon, and K. S. Hollweg, ed. New York, Springer.

92. Roseland, M. (1998). Toward Sustainable Communities: Resources for Citizens and Their Governments. Stony Creek, CT, New Society, p. 160.

93. 同上 , P.161.

94. National Park Service, (1992), Economic Impacts; Lerner and Poole, (1999), The Economic Benefits of Parks and Open Space. Both of these publications provide literature reviews and

practical advice related to the economic benefits of green space.

95. de Steffey, M. R., E. Sten, D. Boyer, and S. Anderson. (2005). Global Warming Progress Report: A Progress Report on the City of Portland and Multnomah County Local Action Plan on Global Warming. Portland, OR; City of Portland and Multnomah County.

96. For example, Bullard, R. (1994). Dumping in Dixie: Race, Class, and Environmental Quality. Boulder, CO, Westview: Dowie, M. (1995). Losing Ground; American Environmentalism at the Close of the Twentieth Century. Cambridge, MA, MIT Press.

97. Mutz, K. M., G. C. Bryner, and D. S. Kenney, ed. (2002). Justice and Natural Resources. Washington, DC, Island Press; Headington, L. (2003). "The other tragedy of the commons: Redevelopment of Denver's South Platte River and the homeless." Department of Geography. Boulder, University of Colorado.

98. Headington, (2003), "The other tragedy of the commons." p. iii.

99. 同上

100. Dove, M. R. et al. (In press), "A paradox of globalization."

101. Headington, (2003), "The other tragedy of the commons." p. 366.

102. 同上 , p.376.

103. Byron, J. (2004). Transforming the Southern Bronx River Watershed. New York, Pratt Institute Center for Community and Environmental Development. p. 21.

104. See Lerner and Poole, (1999), The Economic Benefits of Parks and Open Space; Quayle and Hamilton, (1999) Corridors of Green and Gold.

105. The Boston Indicators Project (http: //www.tbf.org/indicatorsProject/) ; Trust for Public Land (http: //www.tpl. org/).

106. Calthorpe and Fulton, (2000), The Regional City.

107. 同上

108. Orfield, (1997), Metropolitics; Calthorpe and Fulton, (2000), The Regional City.

第6章
绿道的
生态设计

　　前几章对绿道和其设计相关的内容进行了介绍。本章会以回答一系列关键问题的方式，将前面章节的内容整合成一套可以用于实践的绿道设计方法。[1]

　　绿地通常被简单地认为是开敞的、未开发的用地，而绿道则更为复杂和丰富。由于具有防洪、水质净化等环境保护的功能，绿道被视为可以促进人类活动与环境协调发展的重要机制。诸多实际情况表明，城市绿道的上述功能大大减少了城市发展对于环境的冲击。在其他的案例中，尤其在非城市环境下，绿道还会保育稀有的生物资源。除了这些功能，绿道在城市设计中同样发挥着重要的作用，例如：对城市的整体风貌、视觉连贯性、场地的空间感都有所提升；同时也会提供其他社会功能，如帮助居民出行定位（帮助他们识别道路）。

　　对于绿道设计师而言，最大的挑战在于：如何理解多样而迥异的现状问题，并在设计中予以充分考虑。要实现这一点，绿道与其周围环境之间应当具有良好的协调性和一致性，从而使得重要的景观功能与属性不会被忽视。鉴于这些问题的复杂性和景观本身的多样性，绿道设计没有简单而通用的"食谱"，但仍有大量的实用信息可供绿道设计师们参考。

　　许多紧迫的领域都需要绿道设计的参与。里德·诺斯（本书第3章）指出："如果想制止地球上大规模的生物灭绝，我们需要对当前的土地利用规划进行彻底改革，确保物种在自然景观或人工景观主导的环境中都能维持一个稳定而持续的种群规模"。其他一些人则对人类自身的切实利益比较担心。在他们看来，如果不及时改变，城市发展将会永远把大自

图 6.1

生物学家雷蒙德·施佩格（照片所示）意识到：在他管理的自然保护区，黑熊和骡鹿已经不再出现。他怀疑这可能只是一个先兆，而查特菲尔德流域其他所有保护区都将发生这样的情况。

图 6.2

施佩格在科罗拉多州丹佛市的南普拉特公园工作。公园是位于丹佛市大都市区的一个沿南普拉特河分布的自然保护区，占地 700 英亩。

然隔离在人类的生存空间之外，而这将大大削弱城市居民的生活质量。

在查特菲尔德流域的案例中，绿道设计过程中的许多重要方面都被考虑了。列举这个案例的初衷是其在北美城市的类似项目中的典型性，同时它也被笔者所熟悉。对该项目及类似项目的补充说明，可详见本章的一系列阅读材料。

案例：查特菲尔德流域保护网络

1996 年，生物学家雷蒙德·施佩格（Raymond Sperger）（图 6.1）察觉到科罗拉多州利特尔顿（Littleton）市的南普拉特公园（图 6.2）正发生着一些不为人知的变化。自 1986 年开始，公园中不再有黑熊出没，而骡鹿种群的规律性回迁也在 1990 年终止了。与此同时，在这片横跨丹佛南普拉特河近 700 英亩（283 公顷）自然区域的外围，出现了越来越多的房屋，而附近的道格拉斯（Douglas）县也一直位于美国发展最快地区的前列。

施佩格具有生态学和环境教育两方面的经验。所以，他试图寻找到一种新颖的方式来告诉其他人这些正在进行中的事情，即栖息地破碎化和潜在的物种灭绝。他告诉人们：南普拉特公园和附近的其他保护区，正在逐渐成为城市开发大潮中的栖息地孤岛。由于栖息地破碎化，这项投资百万美元的野生动物保护项目已经岌岌可危了。

为了让当地决策者能更好地理解破碎化的影响，施佩格用了一张部分房间没有被走廊连接的住宅草图（图 6.3）来进行说明。此外，他将一张城市街道的地图裁剪并随机重组，使得某些房屋不能被街道所连接。他指着这些示意图说道："野生动物对景观连通性的需求，就像我们在家

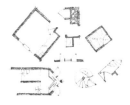

图 6.3

为了帮助人们理解栖息地破碎化的潜在影响，施佩格制作了一个简单的示意图：一栋部分房间没有被走廊连接的住宅。

图 6.4

施佩格利用航拍图制作了一张简图。他在图上标出了各类公园和其他的保护性绿地（深色的轮廓线），并用一些条带状区域（条纹线对应的区域）同上述公园或绿地相连。这些被建议的条带状区域，需要通过开展进一步的研究来确定其具体范围。

和社区中对走廊或街道的需求一样。"

施佩格并非只是简单地告诉大家这些问题，他还建议人们一起努力来共同促成一些事。施佩格认为：里德·诺斯和艾伦·库珀里德（Allen Cooperrider）[2] 撰写的《拯救自然遗产》（Saving Nature's Legacy）一书，很好地介绍和讨论了潜在解决方案。以诺斯和库珀里德的书作为指导，施佩格画了一张平面图，确切地说是一张简图。在查特菲尔德流域 363km[2] 范围的航拍图上，他用深绿色标出各类公园和其他保护性绿地（图 6.4）。随后，他做了一些更大胆的尝试。他绘出了一系列浅绿色的粗线，把上述深绿色的保护区域连接起来，并将其命名为"查特菲尔德流域保护网络"。施佩格与他人进行了交流，交流的对象都能够理解他的理念，而这些人代表了从环保人士到开发商等一系列不同的观点。对于这些需要广泛连接的区域而言，许多工作有待开展。施佩格等人发起了一项对该保护区域进行研究的资助计划；他们也一起致力于吸引资金和项目参与者的支持；利用筹集的资金，他们也聘用了专业的规划师和生态学家团队来同他们一起开展工作。

从施佩格所画的地图上看，那些深绿色的、已被保护的区域是确定的。当前的重点工作是确定能进一步细化那些浅绿色带状区域的基本准则。相关利益主体希望这些带状区域所提供的连通性可以：有助于野生动物的保护，为行人和骑自行车的人提供游憩的路径，对洪水进行调蓄，减少进入下游水库中的磷等养分物质。他们希望寻求和构建一个绿道的系统或绿道网络。[3]

这些在地图上初步选定的浅绿色线条给研究团队提出了许多的问题。如何保护以及保护哪些土地，能够促进野生动物的活动（详见第 3 章的讨论），鼓励人们对步道等人工廊道的使用（第 5 章），提升防洪和水质保护的功能（第 4 章）？在快速城镇化的背景下，面对着不同的社会需求（第 5 章），如何在大都市的环境条件下去设想、实施和维护这样一个雄心勃勃的保护网络？

这些问题也是激发本书写作初衷的基础性问题，而这些相同的问题也构成了本章中将要探讨的、绿道设计过程的基本框架。

结果会因设计而不同

生态学家理查德·福尔曼和莎伦·科林奇（Sharon Collinge）在一项模拟研究中得出以下结论：土地开发的过程是随机的（未经规划）还是基于空间规划引导的，对于自然保护的效果而言是具有显著差异的。他们在其试验中发现：经过规划的土地，在开发过程中能够保留五倍多的具有高生态价值的区域，包括：大型斑块、中型斑块、主要河流等。相比而言，没有经过规划的、完全处于无序状态的开发过程，则没有这样的保护效果。[4]"进行了通盘考虑的设计可以产生不同的效果"。这一结论也是许多设计师和规划师的共识，而这也是本章内容的出发点。

在许多北美城市正在进行的建设实践中，一个具有前景的、被称为"创造性破碎化过程"[5]的设计策略非常值得关注。这一策略认为：在开发建设之前，应当先进行绿地的设计，这也许就能避免城市开发侵占需要保护的区域，并引导开发建设活动选择其他适宜建设的用地。数十年前，身为作家兼城市观察家的威廉·怀特（William Whyte）就向人们阐释了这一美好的理念。怀特指出："社区要在开发建设之前就规划出彼此相连的公共开敞空间体系；然后，开发商应当在社区的规划框架下，来对具体的开敞空间进行部署或调整。河流廊道等自然景观会决定公共开敞空间体系的格局。在认可了基于自然景观的框架之后，社区会增加包括公园、学校、社区中心等在内的景观要素。"[6]通过这一方法，由一系列待保护区域所构成的骨架结构就能够被识别，并在城市开发之前被提前保护。这同福尔曼与科林奇在他们的模拟中描述的情况类似，而这一方法也是北美绿色基础设施运动的核心原则。当然，该方法的批评者们，会对这一方法是否会对发展产生限制提出质疑。

绿道设计的复杂性与设计师们的困惑

有些绿道项目可能没有专业设计师的参与，但具有广泛综合技能的人才往往是非常需要的。理解绿道对社会和自然的综合贡献，以及理解绿道和其周边景观的自然功能，在绿道的设计过程中通常也是必需的。

如果想引导和控制区域尺度上的城市开发与景观破碎化过程，人们要开展许多复杂的探索性工作。绿道项目的实现并非轻而易举，尤其是城市中的绿道网络；这些项目往往需要渐进的、多尺度的、长远的认知视角和实施途径[7]。除了市民的公共参与，绿道设计还需要各种专业人士的加入，其中一些人对自然的理解可能与普通民众截然不同。

例如，一些设计师提出：所有的景观设计都应当"展示出设计师的影响"。他们认为，模仿自然或故意掩盖一个地方的人为影响是不真实的。持相反观点的人则认为，能够做出足以媲美自然景观的设计才是对设计师最高的赞扬。但有一些人则力求去创造一些明显的景观标识，

(a)　　　　　　　　(b)

图 6.5

"景观被管护的提示"是一些暗示，它能够告诉人们：那些看似自然的景观，可能也是被人们积极地进行着管理的地方。上图中，(a) 是一片被管理的自然草地；(b) 进行了生态恢复，而且有明显被管理过的提示，例如：鸟屋和指示牌。(转引自 Hands and Brown. [2002]. "Enhancing visual preference of ecological rehabilitation sites，"Landscape and Urban Planning，vol. 58. pp. 57-60，with permission from Elsevier.)

例如琼·纳邵尔（Joan Nassauer）提出的"景观被管护的提示"（cues to care）的概念。这些提示能够表明眼前的景观是在被人们进行有效管理的；即使在那些显得无序的自然景观中，这些提示也传递了这样的信息。(图 6.5)[8]

　　绿道设计师观点的差异，会使得绿道项目的理解和实施过程存在较大的不同。某些设计师可能会把未开发地区看作神圣不可侵犯的，即使是这些地区已经受到人类的严重干扰；其他设计师则可能会随意的对待这些地区的土地，即便这里仍具有重要的生态过程。我们真正需要的是对自然进行实事求是的评价。

绿道：可持续设计的构成要素

　　本章介绍的绿道设计方法，涉及的是广义上"生态"的概念；这不仅是因为它运用了景观生态学理论，而且还因为它力求整体、综合和面向过程的设计导向。它力求实现生态适宜性或景观完整性，并努力实现更长时间尺度上的可持续发展的目标。英国景观设计师伊恩·汤普森将这个目标分解为三个方面：生态、社区和幸福感。[9]荷兰瓦赫宁恩大学（University of Wageningen）的景观设计师高州锡（Jusuck Koh）在他提出的生态设计方法中同样包含了三个基本原则：包容性的整体（人与场所的融合）、创造性的平衡（动态的均衡）和互补性（人与自然的整合）。这些原则对于绿道而言意义重大，可以为设计师提供具体的指导，但其具体应用必须综合考虑社会差异、不平等和政治等因素。

表 6.1　高州锡提出的关于生态设计的基本原则。这些原则在这被转化为非常实用的、两个层面的绿道设计目标：1）了解绿道在城市与景观设计中的重要性；2）绿道本身及其周边区域的设计策略。

通用的设计策略 [1]	可应用于绿道的设计目标
时间或时间特征的联系和表达：每日或季节性的节律；潮汐涨落；变化的过程，衰老，发展。短暂性的表达：转瞬即逝，轻快敏捷，变化无常。	让人们能看到或接触到绿道中不同景观要素的季节性变化（叶色、冰冻、果实）。
可再生的形状、材料和样式的运用；旧物新用或新旧并存；传统的保持；"闭合式的循环"（"输出／废弃物"作为"输入／资源"；节约能源，物种保育）	绿道周边用地的降雨径流中会有大量的污染物。应当在径流进入绿道前或进入绿道的过程中对其进行净化。
地面、地下、背景的处理：展示地表，限定背景，对地形的响应。	要在绿道中体现其重要的地形特征。
对人与自然、景观之间的感知：适合度（功能与内容层面，以及环境和背景层面）。	通过绿道来增加人们对自然的视觉与空间可达性（"连通性"）。
环形的布置方式：具有更高的公平性、一致性。	为社区中的不同片区提供均等的绿道可达性。将享有公共服务水平较低的人群作为绿道项目的目标人群；应对绿道周边社区的士绅化问题。
审美和设计的参与：公众参与，用户的参与；留白，开敞的空间，开放性，可打开的窗户，可改变或可动的座椅、墙体。	让绿道未来的使用者参与到项目的设计过程之中。在绿道中增加一些可以由使用者自由设置功能的景观要素，例如社区公园、探险游乐场等。
节俭之美，简单的生活，谦逊的态度。	在绿道的实施过程中，尽量运用本地化的解决方案。
视线的限定或引导：远观，隐蔽下的观望，"探寻／庇护"；瞭望台。	在绿道内部和周边的有利位置设立观景点。人们在那能看到野生动物、绿道的使用者，或其他有意思的事情。
直接性（消除屏障、围墙或幕布，避免为取悦富贵阶层而设置的、冷漠的"审美距离"），生动性。	要为绿道的使用者提供机会和帮助，从而让他们在绿道的内部就可以直接和生动地体验到相应的自然过程。
室内外的连续性与"深度的融合"：墙体、窗户、铺装的通透性；具有膜特性的、多孔或透水的墙体\边界。	在可行或适用的情况下，尽量将绿道的功能向外延伸，从而实现绿道与其背景环境的融合。
范围的界定，独特性与自治性：障碍物，围墙，栅栏，门槛，入口，门廊，通道，大门，范围标记，边界，边缘。	为绿道设置标识系统，尤其在所有的入口处，这能让人们更好地了解它的位置和功能。
水平过渡（公共空间到私有空间）：阳台，门廊，门槛，桥；垂直过渡（地面到建筑物，商业功能到居住功能，从世俗世界到宗教世界）。	为进入绿道的使用者创造过渡区域（门廊）。这能帮他们察觉并牢记自己正在进入一个特殊的地方；这些地方适宜的活动或行为，与之前是不同的。
接受、面对现状（不要清除或掩盖）。	找到待恢复的工业用地和其他性质待转换的用地。如果这些用地与绿道的目标兼容，可以将其作为绿道线路的一部分。不要试图完全隐藏这些用地之前的使用性质，也无须将它们伪装成未曾开发过的土地。
对细节的关注：自相似性和嵌套的层级结构（揭示事物是如何构成的）；不同材料、建筑物、地域之间的接合点与接合方式。	沿着绿道设置一些景观要素，这会提醒使用者：他们正处于绿道之中。这些要素能为使用者提供更多的、绿道功能方面的信息。

通用的设计策略[1]	可应用于绿道的设计目标
展示建造和维护的过程:搭建脚手架,分层堆积。	体现出人类对绿道的干预,而不是要试图将其隐藏,保留"景观被管护的迹象"。
边缘地带的辨识:界面的处理,边界的明确、范围的划定。	划出绿道边界或入口的范围,使用者们便会知道绿道内的规则是不同的。
人类的尺度和方式:具体的形状、规律、象征、体验。	条件允许的情况下,绿道内具有不同功能的地点(例如,游步道、观鸟屋)应当是显而容易见。
多重功能和无预设功能(分时共享)。	为游憩或其他功能提供机会,例如:社区公园或林地、人群的集散空间、农贸市场。
材料的使用:地方材料,天然材料,材料的触感。	绿道中的任何构筑物(步道、桥梁等)都要使用当地的材料;这样可以强调其独特性,并赋予场地专有的场所感。
增加设计内容与太阳、月亮、风景之间的指向性/对应性/相互联系:地方特色、场地特点和场所感;对知名的/神圣的景观意像或记忆的暗示(主体与象征意义的结合)。	绿道的线路设置,应当能帮助使用者通过观察和体验来更好地理解其所经过的景观;此外,还可以通过增加指示和标记来向人们介绍场地以前的使用功能。
多样性,多重性,生物多样性,斑块大小,网络(以及其他的生态学、景观生态学概念)。	在绿道设计的过程中,应当考虑并协调格局与过程之间的关系。
再生性、可持续性、恢复性的设计表达。	找到退化的区域,将其作为绿道项目的一部分进行恢复。
短暂性和持久性的结合:变化和连续性(环境变化和人类改变的结合);传统与创新。	不论周边的用地类型如何变化,绿道的设计都要保证其自身功能的连续性。
流动的特征/短暂的特征:展示/重现被暗渠化的溪流。	让那些被暗渠化的溪流重见天日;通常情况下,尽量让自然过程可以被看到、被感知。
河道的形态:污染,沉积,冲蚀,侵蚀,衰退,沉降,"混乱"、"分形"、"自相似性"。	保证绿道有足够的宽度,从而能够使其适应相应的自然过程(例如:侵蚀),以及协调景观过程的复杂性。

[1]Koh, J. (2004). Ecological Reasoning and Architectural Imagination. Inaugural address of Dr. Jusuck Koh, Wageningen, The Netherlands.

绿道设计:语言、原则、模型

描述绿道或其他绿地的概念和语言是比较混乱和矛盾的(见表1.1);因此,对绿道功能与设计(例如,原则和模型)的理解往往过于简单或没有意义的现象也就不足为奇了。

20 年前,当作者还是一名景观设计专业的学生时,就发现了这一点。在景观生态学尚未发展的那个年代,作者一直被灌输一个经验性的景观规划的目标:让不同栖息地之间的边缘地带最大化。这一方式被认为能够增加野生动物的数量;但是,该方式却没有讨论哪些物种的生存会受到积极(边缘种)或消极(内部种)的影响。这一方法也没有考虑景观格局或边缘效应潜在的负面影响。这是一条相对简单的原则（来自狩猎管理的经验）：只要能增加边缘地带的数量就要尽力而为，这将增加野生动物的数量。此外，涉及社会、社区和人的绿地规划设计模型，通常也没有被给予充分的考虑（第 5 章中讨论过）。

生态学研究在过去 20 年里取得了长足的发展。本节将对前述章节和其他资料中涉及的自然、社会科学或设计规划理论方面的概念、原则进行提炼。我们希望这些内容能够帮助读者构建相应的绿道设计模型，而这些模型能在读者各自的地区成功地发挥作用。

有的时候，这些"模型"和"理论"显得过于正式、专业和令人不悦。当然，这些模型和理论实际上只是我们将周边事物运行方式进行概念化的一种方式。通常情况下，这都是一个将复杂系统进行简化的过程。规划师克里斯·迪尔克森（Chris Duerksen）和他的同事们用"所有模型都是错误的，但某些是有用的。"[10] 这句话来提醒我们：简化是必要的，但这不可避免地会带来相应的局限性。科学家和其他学者们，通过开展一系列提炼优化和去伪存真的讨论，对景观的表示方式或相关理论进行了发展。设计师们对如何引导景观或其他被设计区域发挥功能的模型进行了发展。某种程度上来说，上述的模型都是错误的，可能因为过度的简化所致，也可能是由于其他的错误假设。尽管如此，仍有一些模型是有帮助的。实际上，模型是我们应对复杂性问题的一种非常重要的方式，而这一方式对于绿道设计而言非常实用。

从理论到实践

我们下面要介绍的绿道设计目标主要是借鉴了高州锡的工作，而高是著名生态规划学家伊恩·麦克哈格的学生。[11] 基于数十年的实践与教学经验，高始终在倡导一种内容更丰富、更综合的生态美学与生态设计的视角和方法，而这一方法需要统筹自然与社会系统的复杂性问题。高将其理论称为"相互关联的审美视角与设计策略"[12]；由于这一理论的生态导向的特点，我们很容易根据它总结出有意义的绿道设计目标。

高面对的是根植于建筑学与艺术视角的、现代主义背景下的景观设计。这种景观设计的视角与方法通常与生态学是不一致的，但他提出的生态设计则是寻求和强调人与自然之间更加紧密的结合。高认为环境设计与美学理论并不一定总是相互冲突的[13]，他也提出一种关于美的"动态创新理论"，来替代目前这种静态的、局限在文化层面的美学理论。[14] 他的设计视角与这本书中的生态绿道设计方法具有较高的一致性（表 6.1）。

另一位在绿道设计方面提出了实用观点的景观设计理论家（同为麦克哈格的学生），是美国麻省理工学院的景观设计师安妮·惠斯顿·史必恩（Anne Whiston Spirn）。安妮指出：景观具有一个深层次的结构，这一结构与"我们在景观外表看到的形式是截然相反的"；"它具有更高的持久性、鲜明而不同的节律，而这一景观环境中的所有生物都要对这些深层的结构做出响应"。[15] 她进一步指出：能够了解和响应这一深层景观结构的设计，更有可能实现相应的功能性、经济性与可持续发展的目标；我们可以认为这对绿道的设计也是一样的。[16]

绿道设计中的共同协作

在我们这个专业和知识高度细分的时代，设计师在绿道的规划建设过程中还要承担协调者和统筹者的特殊角色。在当前这个重视专人才的社会中，他们是复合型的人才。这并不是说科学知识与科学家对于绿道的设计、实施和管理并不重要，显然他们非常重要。科学家们可能更多的会运用推理的方法，而设计师、规划师和其他的非科学的专业人士则更倾向于使用归纳的方法。有研究指出：将上述两种方法整合在一起会具有更大的优势。[17]

丹佛市的规划师克里斯·迪尔克森和他的规划或生物学领域的同事们，提出了一些"栖息地保护的实施原则"，这些原则和我们现在讨论的问题有一些相关性。作为对科学家和设计师们的一种提醒，迪尔克森等人告诫我们："现在我们所乐于使用的那些基于科学发现而提出的经验法则，有一天可能被证明是错误的"；"复杂的环境问题也不存在单一的、基于'真理'的科学解决方案"，而我们应当据此来开展工作。[18]

阅读材料 6.1 网络理论

网络理论可以为设计师们提供如何构建绿道网络系统和发挥其功能的建议。下面将介绍的这些网络类型是简化后的抽象模型；它们与真实景观之间只有极少的相似之处，但它们仍然可以揭示一些容易被忽视的联系。在具体案例中应用这些网络结构时，有一个研究团队提出：这些基于理论提出的模型最好作为一般性的指导原则，而不是具体规划结果的目标。[1]

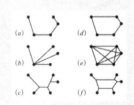

主要的网络类型包括：[2]

a"保罗·里维尔（Paul Revere）"模型。这是一个传统模型，通过单一的绿道连接两个以上节点；

续表

b 层级（Hierachical）模型。在该模型中，一个或几个节点非常重要，而其他所有节点都希望与之相连。这种情况可能是帮助人们便捷到达学校或其他社区资源的绿道网络。

c 建设者成本最低（Least cost to builder）模型。这一模型是将所有路径的长度控制到最小，从而提高经济效益。但该模型非常脆弱，只要一条路径被破坏，野生动物的活动就会被中断。

d "旅行推销员（Traveling salesman）"模型。该模型是一条单一的路径，沿该路径可以从起点出发，最终回到起点。这一模型对绿道游憩功能的使用者非常有利，他们不用折返便可以回到起点。

e 使用者成本最低（Least cost to user）模型。这一模型可以成为在绿道的网络结构规划过程中，进行总体概念性思考的出发点；因为，它提倡任意两点都要彼此连接。

f 贝克曼拓扑（Beckman Topology）模型。该模型是建设者最低模型（c）与旅行推销员模型（d）的综合。在不穿越其他节点的情况下，这种绿道网络的使用者也可以在任意两个节点之间自由移动。

---

[1] Linehan, J., M. Gross, et al. (1995). "Greenway planning: Developing a landscape ecological network approach." Landscape and Urban Planning 33: 179-193

[2] Hellmund, P. (1989). Quabbin to Wachusett Wildlife Corridor Study. Cambridge, MA, Harvard Graduate School of Design.

本书的设计方法：绿道的逐渐呈现

　　景观是一个极其复杂的系统，而成功的识别和保护一条绿道的过程也是容易令人困惑的。在下文中，我们将介绍一种设计方法；如果能够系统性的回答该方法中提到的关键问题，应对上述的复杂性会变得容易许多。除了基于之前章节中的内容外，这一方法的提出还参考了其他的资料来源，包括：科学发现（特别是景观生态学）、对北美绿道设计与管理者的访谈、生态规划与设计的参考文献、作者在设计方面的研究和从业经历。这个方法的流程在图 6.7 中有总体的介绍，并将在接下来的讨论中进行描述。本章余下的部分，将重点围绕那五个设计阶段进行详细讨论，并就如何在该方法应用过程中选择参考信息、选取设计参数等给出相关建议。

　　该设计方法并不是通过严格界定的或教条化的指导原则来给出明确的、普适的绿道设计程序。相反，它通过提出许多细节化的问题来确定绿道设计的关键内容，并对如何回答这些问题给出建议。显然，让设计过程适应当地的条件和需求，是项目设计者的主要任务，而他们还要提出并回答与项目相关的一系列具体问题。

(a)   *(b)*   *(c)*   *(d)*   *(e)*

图 6.7

本书提出的五阶段绿道生态设计方法的概要介绍。每个阶段所提出的问题，将有助于缩小绿道方案在该阶段的选择范围。*(a)* 第 1 阶段：识别潜在的问题、利益相关者，明确初步目标。*(b)* 第 2 阶段：在一个更大的区域范围上开展背景研究。*(c)* 第 3 阶段：选择节点和线路。*(d)* 第 4 阶段：选择备用线路，设置廊道宽度。*(e)* 第 5 阶段：实施与管理

    在每个设计阶段，设计师都要面对一个或多个相对粗略的问题；更多情况下，他们还要面对一系列具体的、辅助性问题。（各阶段的具体特征详见表 6.2）通过系统地回答这些问题，我们可以明确有关项目的具体目标、任务和工作内容。在每个设计阶段，也都会有具体的导则来指导上述问题的回答。每个阶段的辅助性问题，也都会提出更细化的步骤或工作内容，而这为绿道设计工作的推进提供了进一步的支撑。通过这种方式，各设计阶段中绿道的关键设计内容都会被评估，设计内容的可选择范围也会被缩小。

    这种设计方法很灵活，并且可用于多种绿道项目中。该方法旨在实现具体的科学知识（例如，本书其他部分提到的）与设计实践之间的衔接。它有助于分清绿道项目所处的社会和生态背景，并引导我们在每个设计阶段如何考虑景观的适应性，包括：景观的完整性和社区的和谐度。

    该方法用一种战略性的保护方式来替代更复杂的、保护整个景观的思路。通过对景观中重要线状要素的识别和保护，该方法可以构建一种保持景观可持续性的网络框架，从而实现景观环境保护的最大化。[19] 这种方法还吸收了理查德·福尔曼与莎伦·科林奇提出的"空间解决方案"和"生态系统或土地利用格局"的有关理论。这些格局能够保护区域或景观中的绝大部分生物多样性和自然过程，并对其最重要的属性进行保护。[20]

    这种方法非常符合之前提到的那种"创造性破碎化"过程。在这种被引导的破碎化过程中，残留栖息地斑块最终的空间结构在实际的破碎化过程发生之前就已经被主动的设定了，而不是在其他用地功能明确后需要被动选择。[21] 这种方法类似于美国前内政部长布鲁斯·巴比特（Bruce Babbitt）所提出的"精明增长与生物保育结合"的理念，"这种结合可以实现动植物栖息地的需要与人类空间发展需求之间的协同与交融。"[22]

总体架构的识别过程

　　就空间范围而言，绿道的设计过程应首先从广处着眼，当需要更详细的信息时再逐渐缩小。这一战略性的方法能够节约大量的时间、资源，而这些被节约的时间和资源可以用在更综合的方法之中。在每个阶段（表6.2），该方法都会凭借最全面的信息和知识，来筛选并排除那些不符合项目目标的区域。但是，在总体信息足以进行判断时，更详细的信息实际上是不需要的。在应用该方法的初期，我们应当反复对项目的可持续性、绿道的必要性等问题进行论证。

表 6.2　五阶段绿道设计方法的主要特征

阶段	利益相关者的参与	数据	持续时间
1. 识别潜在的问题、利益相关者，明确初步目标。	感兴趣的公众都可以参与；不应局限在传统的、具有共同利益的群体；关注群体的初期规模可能很小	现有的一切可用资料；纸质地图也许就已足够；现场和航拍照片	数周至数月
2. 在一个更大的区域范围上开展研究。	更多的利益相关者	纸质地图或地理信息系统（GIS）数据	数月至一年
3. 选择节点和线路	更多的利益相关者	GIS 数据，手绘地图亦可	数月至几年
4. 选择备用线路，设置廊道宽度	更多的利益相关者	GIS 数据，手绘地图亦可	数月至几年
5. 实施与管理	不同群体会侧重绿道的不同方面；总体上，会有许多群体共同协作。	GIS 数据，手绘地图亦可	数年、几十年甚至更长

　　设计过程被明确的划分为了几个阶段，不同的问题也都在其最相关的尺度上被探讨。绿道的许多问题都是尺度相关的。如果某一问题没有在适当的尺度上进行分析，往往会产生相应的问题，也可能会错失良机。

　　人们所看到的景观，取决于地图、航片等观察工具的尺度。如果你是站在美国加利福尼亚州一片古老的刺果松（bristlecone pine）林之中，你可能会觉得这一物种并无特别之处。如果你乘坐热气球离开地面或通过植被专题地图来直接观察这一地区，你会发现这一地区还有其他类型的斑块和物种存在。如果高度再上升一些，你会发现刺果松在更大的区域范围内是非常稀有的。尺度会对我们如何认知景观的这些方面产生影响。当在不同的尺度上工作时，我们可能会得出不同的结论。从上述刺果松的例子中我们可以看出：如果从如此狭小的视角来考虑问题的话，我们也只能在这种非常局部的尺度上来预估该物种的数量。

尺度的概念不仅仅局限于范围的层面（我们能看到多广阔或者多狭窄），同时也包括粒度或分辨率方面的特征。范围的扩大常常会引入新的景观元素（例如，上面提到的、更多的刺果松斑块），而粒度（或分辨率）的增加，可以呈现某一区域或景观元素的更多信息或细节。例如，随着分辨率的提高，栖息地斑块内部和周围所展现出的信息也会随之增加，斑块的边缘结构、其他影响生态过程的空间格局也会变得更清晰。在数据的空间分辨率较低的情况下，你可能无法识别出贯穿某一地区的植被廊道。因为，它可能根本看不见；而只有在更细的空间粒度下，这一廊道才能显现出来。

利益主体的共同协作

大都市区或其他类型的地区，可能会有相对复杂的产权类型、行政体制和管理职责。通常情况下，可能会有多个机构和组织分别对景观的不同方面进行保护或管理，包括：蓄滞洪区、野生动物栖息地、游憩步道等等。这些组织很少可能会有类似于绿道的那种综合性目标，但它们都能为区域层面的绿道发展做出了贡献。在产权结构和管理模式相对复杂的景观中，构建绿道的过程通常需要许多主体的参与。没有任何一个机构或组织可以独立完成，这使得合作变得至关重要。即便你的目标只是在一个有限的区域内构建一条具有简单连通性的绿道，你也会很快意识到：你的项目可能会受限或受益于外部的诸多因素。对于项目的协调者而言，建立项目内部的交流和商讨机制非常重要，而这些机制可以促进绿道项目本身更好地适应或协调其自身的分歧。

在绿道的规划建设过程中，普通居民的参与同样非常重要；他们可能还会成为推进绿道项目发展的人群。对某些公共项目而言，公众参与是法律规定的必要内容之一。更重要的一点，公众的广泛参与也是绿道项目能够长期维持和发展的关键。因为，当人们（尤其是绿道附近的居民）能够理解和支持绿道以及其目标时，他们会帮助进行绿道的监测、维护，并在出现问题时及时通知管理者。由于大量边界的存在，绿道很容易遭到入侵和破坏（人、宠物、家畜、外来植物等），而这些问题非常难管理。某些情况下，绿道可能并非公有土地，而是在法律上（甚至非正式）划定的穿越了私人土地的一些通道。

利益主体或利益相关者（stakeholders）是指：在一个具体的绿道项目中，那些可能与绿道项目有直接利害关系的个人或组织。这些利益主体与其他公民在绿道的设计、实施和管理的整个过程中，都能起到重要作用。他们可以帮助人们明确项目的目标，以及提供包括资源清查、场地建设、后期维护等在内的一系列志愿服务工作。如果利益主体参与了绿道项目的编制过程，他们将更容易了解绿道的真实需求，并给予支持。绿道设计的过程可以向公众传授绿道维护的知识，也能让他们了解自己是如何受益于绿道的。一个由市民、政府官员、科学家、技术专家和相关组织代表组成的咨询委员会，会成为绿道设计过程中的一个重要的补充。

正如第 5 章中所讨论的情况，每当一个或某些社会群体直接受到绿道的影响或从中受益的时候，我们需要自问哪些群体是没有被考虑到。这就是社区的本质。从定义上而言，社区首先是包容的，但无疑社区的这种包容是排除了某些人或社会群体之后的包容。一种替代"社区"概念作为规划的基础理念则是：允许和包容这些社会差异的存在，而不是排斥。基于这种理念，"社区规划将不再以单一的、共有的目标为依据，而是更多地去创造多样性，包括：多种多样的活动、生活方式和身份认同。"[23] 这是对绿道设计师的一项挑战。

阅读材料 6.2

观点的分享：观光巴士的调研之旅

在查特菲尔德流域保护项目完成的数年之后，大家在项目前期一起进行的那次巴士旅行调研，仍会被项目的成员们津津乐道。调研线路是一条穿越这个 140 平方英里流域的环路，而不同的利益主体在沿途各地会扮演向导的角色。最令人难忘的一站，是那个几乎可以俯视整个流域的节点。站在这里，整个流域的全景及其后方的落基山脉和山前丘陵尽收眼底。由于所有的主要地标一目了然，项目成员很容易看出并讨论潜在节点和路径的重要性。这次调研之旅，让参与者们有机会共同了解场地资源的现状、特点，否则他们只能以抽象的方式对这些情况进行讨论。这种方式同样加强了彼此间的工作关系，也是检验大家长期合作的试金石。

一起骑行

在丹佛市南普拉特河的规划编制过程中，项目的规划师和利益相关者们一起沿河骑行了数个小时，来获得有关场地情况的第一手的调研资料。亲自对廊道进行调研，不但加强了利益主体间的后续合作；这种远离会议室的户外经历，同样也改善了大家的工作关系。

续

一起升空

即使某一个地区没有特别好的观察点，我们仍然有机会通过航空考察的方式来对绿道所在区域的景观进行综合与整体的认识。当然，这需要那些关注环保和提供志愿服务的航空组织或飞机所有者的帮助。北美地区提供此类帮助的组织中，规模最大、时间最久的当属捷鹰（Lighthawk）组织（http：//www.Iighthawk.org）。在超过 25 年的时间里，该组织都在努力从航空观察的视角帮助决策者们了解相关的环境问题和环境保护的机会。具有类似航空观察效果的低成本方法，则是利用免费或相对便宜的网络应用程序。通过这些网络程序，我们可以将航空照片和其他地理信息缓存或下载到本地电脑上。这些应用能够让你模拟在景观中飞行，而且效果惊人。这些软件包括：谷歌地球（Google Earth，http：//earth.google.com）和美国国家航空航天局（NASA）的世界风（World Wind，http：//worldwind.arc.nasa.gov）。

项目的目标与远景

提出一个远景和相应的目标，有助于抓住项目的重点和有效的推进项目；涉及人员较多、持续周期较长的情况更是如此。有些情况下，项目远景和目标的提出看上去只是一种形式。但是，如果不能详细的阐明这些目标（要真正的达成共识），想让不同的群体在较长的时期框架下来有效的推进和管理绿道项目是非常困难的。

保证一个项目按照其设定的目标进行是非常重要的；同样，了解为什么要开展某项设计或研究也很重要。在本书提出的方法中，首先是基于目标引出一些相对粗略的总体性问题；通过研究，将这些粗略问题细分为一系列的子问题；根据本方法提出的步骤和导则，逐个回答上述的细化问题，进而最终回答初始的总体性问题。这种延续与承接的关系，意味着每一项规划设计的内容都可以被溯源到一个或多个初始目标上。如果某一内容无法完成这种追溯，这一内容就无法直接为该项目提供支撑。这种机制确保了设计能够符合项目的原始目标，也有助于向公众或官员们解释该项目的内在逻辑和建设安排。不过，目标设定的灵活性也非常重要；因为，设计过程中得到的信息，可能会要求我们去重新考虑初始目标的设定。

景观完整性的保护是本设计方法最基本的考虑（详见第 1 章中的有关讨论）。游憩和其他的社会目标也要同样给予考虑；因为，被保护区域长期的可持续发展，需要依靠市民的支持。当然，许多建成或待建绿道的主要功能是休闲游憩，但这不能成为设计师们放弃景观完整性保护的

借口。另一方面，即使绿道的主要功能是生物和水质的保护，在其他使
用功能可以兼容的情况下，我们要避免不假思索的排斥游憩或其他的社
会目标。

表 6.3 介绍了具体的技术是如何融入绿道设计的方法之中的，从而
支持这一方法中各个具体目标的实现。

表 6.3　绿道设计方法的特征或目标

设计方法应具有的特征或目标	特征或目标实现的技术途径
尺度的敏感性。生态及其他方面的问题应当在适宜的时空尺度下被认知和应对。	识别出评价和决策过程所对应的尺度；分析过去的景观格局，从而了解区域以往景观改变的动态过程。
战略性。相比综合性的方法而言，战略性的方法可以更有效的利用有限的规划资源	在宏观的尺度上研究相对宽泛的问题；之后，更具体的研究应当在较小的空间范围上开展。
政治敏锐性。决策的制定应当在适宜的范围和相关的群体中进行。	尽可能在最小的范围内或最相关的局域尺度上进行决策。
利益主体驱动。要让所有重要的利益相关者一起努力，来促进绿道的实施，特别是要让那些可能会反对的群体或被边缘化的群体参与进来。	尽量请相关的利益主体在项目的最开始阶段就参与进来。这会使他们树立主人翁意识，从而在未来多年的时间里都积极地参与和支持绿道项目。
适应性。不同地方的社会和生态条件存在差异，也会随时空变化而改变。因此，设计过程应该能根据上述条件的差异而做出调整。	了解当地的生态和社会条件，以及其动态变化的时空格局。基于新获取的信息，进行后续的相关决策。
具体问题导向。考虑具体的问题，而不是一般性的、模糊的问题	通过核心用途这一"镜头"，来观察景观和进行设计方案的决策。
系统性。应当把景观视为一个相互关联的整体，而不是彼此孤立的片段。	设计过程应当建立在生态学、人类生态学等科学的基本概念和生态设计的理念、方法的基础上。这会帮助我们理解景观的动态变化与相互关联的本质特征。
数据使用的灵活性与成本控制。即使数据非常有限，也应该最大限度的利用好已有数据；当获取了更好的数据后，可以再对原有分析进行更新。	不论当前数据的分辨率如何，都可以对设计中的相关问题进行分析和解答；但是，如果获得了更好的数据，要记得重新对相关步骤进行分析和判断。

阅读材料 6.3

在查特菲尔德流域保护网络规划的早期，相关的利益主体就一致的提出要实现生物保育、休闲游憩、水资源保护等多目标的兼容。在许多情况下，不同的目标对规划场地而言，可能同等重要。将不同的利益主体都聚集在一起，更容易达成共识。同样，牵涉利益的空间范围是如此之广（整个流域），将某些活动转移到其他地方是容易做到的，完全不需要在同一地点展开竞争。

图 6.8

一个典型的、近似方形的公园（*a*）相对于一条面积相似的绿道（*b*）而言，邻接地块的数量较少，与邻接地块的相互作用也相对较少。

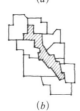

看上去似乎是具有一些挑战性，但将生态的观点融入设计是绿道项目成功的关键。绿道的生态学理论，同其他非线状或带状的保护区域所涉及的生态理论具有显著的差异。这种差异主要是因为典型绿道的沿线通常会毗邻许多的景观要素。此外，由于狭长的形状特征，绿道具有较高的周长－面积比；绿道所邻接的不同用地类型的种类和数量，通常也要高于面积相同的、近似方形的典型公园（图 6.8）。与面积相近的其他公园相比，这种狭窄的特征使得绿道的功能（例如：野生动物活动，水质净化或休闲游憩）更容易受到相邻用地的影响。相应的，与绿道相邻的土地利用类型越多样，绿道内部的更多区域就会受到边缘效应的渗透，包括潜在的入侵者（宠物、污染物、人等）。（详见前述章节中的讨论，特别是第 2、3、4 章）

核心用途的作用

核心用途的概念非常宽泛，但对后面将要详细介绍的设计方法而言则是非常基础的。核心用途往往是指绿道项目设计与管理的出发点（图 6.9）。一般化的设计过程通常效果并不好，因为它总是试图解决所有事情，而这在现实世界中显然是无法实现的。核心用途概念的引入是应对这一问题的良方。这一理念可以用来解决许多方面的问题，例如：某个或某类动物、植物对栖息地或日常活动的要求，不同类型游憩活动的标准（远足或观鸟），城市设计，水质保护或防洪标准等。当不同的使用需求在设计过程中出现冲突，对核心用途进行排序将是非常有帮助的。

只要具备相应的条件，绿道的任何潜在的使用功能都可以成为核心用途。例如，丹佛市南普拉特河沿岸的一个项目，将人（主要是观鸟者）和六种鸟类对绿道的使用视为在规划设计过程中的核心功能。有几种鸟类非常稀有或在当地的种群数量正在下降，但其中两种鸟的选择是由于受到观鸟或其他游憩活动欢迎的缘故。人类使用的需求也被作为核心用途，这是因为该地区具有观鸟及其他形式游憩项目开发的潜力。能够协调这些场地使用功能的准则，可以用来指导具体设计内容的选择和决策。[24]

选择项目的核心用途需要非常细致的考虑。有时会有明显的候选答案，有时则并没有。核心用途的选择应该主要依据项目的总目标。对于游憩活动的目标，应了解人们休闲游憩的需求是什么；对于生物多样性保护的目标，则要明确我们希望哪些物种或动植物群落会从绿道中获益；

图 6.9

绿道要围绕核心用途进行设计和管理；这将使得绿道的设计紧紧立足于现实需求。

对于水资源保护，需要解决问题的关键是否涉及防洪、水质控制或这些问题的复合。绿道在一定程度上具有抵消栖息地破碎化影响的作用，将保护对破碎化敏感的物种作为绿道的核心用途之一是非常实用的。由于核心用途对设计过程的巨大影响，其选择应当基于全面的考虑和听取相关专家的建议。

核心用途的选择，应当在有足够信息去明确每种核心用途需求的基础上进行。人们都会不自主地选择许多的核心用途；而核心用途如果太少，又无法完全满足人们对绿道的需求。但是，过多的核心用途也将是本方法难以驾驭的。前面提到的南普拉特河的项目，选择了生动物栖息地保护和提供游憩功能这两个主要目标，用人（观鸟者）和六种鸟类的使用或需求来体现核心用途。[25] 另一个研究野生动物廊道的项目，则将水獭对滨河廊道的使用和上游丘陵地区渔民的需求作为了核心用途。[26]

用来明确核心用途的一些条件或准则，可以作为具体项目的导则，并和其他导则一起使用。例如，一篇研究文章可能会指出：某一物种（该物种的保护可能是核心用途）会非常严格的避免在开阔地带活动。这个信息就可以作为绿道设计的导则之一。导则的内容越具体越好，例如，待保护的物种，是否从来不会出现在距林地边缘一定距离范围内的区域之内？如果是这样，这类事实将成为非常有用的经验法则。当一些参数（尤其是距离）是可信且明确的，它们应当被应被纳入导则之中；因为，这些参数对栖息地和不同活动需求所对应范围的划定是有帮助的。

提出问题的作用

"提出问题"在我们要介绍的设计方法中发挥着重要的作用。它能促使设计师们去了解不同设计阶段最重要的事情。对这些问题的回答，同样将有助于设计师们回顾决策的出发点，而且会使设计过程更加的透明化。本章所提出的问题，主要是基于本书之前章节中讨论的内容。这些问题是想提出绿道设计中的关键内容或者促进其他问题的提出。

目标设定的重要意义

如果要有效地设置绿道边界和做出其他关于绿道的决策，我们必须考虑某些评价方法的运用。这些评价工作的开展需要知道项目的目标。这些目标则表明了绿道项目的定位和服务对象。目标被阐述的越清晰，越有助于决策的制定。

在人类活动密集的地区，生物多样性保护、水质净化、近距离接触自然的机会越来越少。这使得单目标的绿道项目很难会有充分的理由去建设，而这类绿道的建设也尽量不要被提出。因此，本设计方法假定：每个绿道项目都至少是以生物多样性保育、水资源保护、提供游憩服务和促进社会公正的综合目标作为基本考虑的。这些目标的考虑是非常合理的出发点，因为大多数的野生动物廊道同时有利于维护水质；在不对生物保护和水质造成负面影响的情况下，许多廊道也都可以用于实现游憩或其他的社会、经济需求。

目标并不只是促使项目启动的缘由；它们会影响整个项目的设计和管理过程。当我们需要在绿道的线路走向、宽度、网络模式、节点设计、管理方案等方面的备选方案中做出选择时，项目的目标和更具有支撑性的细化目标可以用来辅助决策。

绿道的设计方法

第 1 阶段：明确潜在问题、利益主体、初步目标

本方法的第一阶段是：帮助设计师跳出对绿道项目本身的过度思考，让他们能够对项目的可行性有一个整体印象，从而获得超越常规的、更优的解决方案（图 6.10）。项目启动初期就来确定绿道选线或明确项目目标，可能会导致设计者忽略更好的选线、忽视更迫切的需求、没能识别重要的利益主体，从而导致项目最终只能获得有限的成功。"在寻求问题解决方案的过程中"，我们要始终保持怀疑的态度。在任何情况下，绿道都不会自动地给我们带来好处。如果不是在更大的时空尺度上去考虑待建项目的可持续性，有些事情可能是无法看清的。

景观设计师约翰·莱尔（John Lyle）指出："项目的初始阶段，应当是一个让观察到的信息完全被理解、听取大家意见（不要说教）、提出问题（答案并不重要）、缓慢吸收信息和交流思考的过程。"[27] 他还告诫设计师们：在项目的初始阶段，不要去下那些看似太过明显的、为时尚早的结论。

绿道之所以具有很高的效率，部分由于它能维持或加强不同节点之间的连通性，而这些节点就是被关注的或重要的区域。出于保护或游憩的目的，我们会设立避难场地、公园、分洪区和其他类型的绿地。这些绿地确实具有一些官方指定的功能，但它们不应当被理所当然地就被认为是绿道网络的有效节点。它们的功能也许已经完全或部分退化，或者与绿道的某些功能并不兼容。只有当这些绿地的资源质量和使用功能与

图 6.10

绿道设计方法的第一阶段是：帮助设计师用更开阔的视野去获得对项目可行性的整体印象，从而超越常规的解决方案。

绿道的目标一致的时候，或者通过生态修复后能达到一致，这些绿地的位置和面积才会影响到绿道的具体选线过程。

例如，人们对某个休闲游憩片区的使用强度较高，但这一片区又将被规划为野生动物迁移的中间节点；那么，这个区域可能会影响动物的活动或成为一种限制迁移的屏障。由于这种不协调性的存在，绿道的选线无法满足项目的目标要求。这种情况下，要么寻找其他的线路，要么重新思考原有的目标设置。

阅读材料 6.4

一个城市滨河绿道项目的主要组织者认为：在项目开始之前，让尽可能多的利益相关者面对面地交流是非常重要的。此外，要单独与每个组织的代表们进行会面，并向他们介绍项目的总体框架。每次会议中，项目组织者都会要求这些组织派出最高级别的代表出席。在这一过程中，企业和政府部门的利益与观点被充分的表达，而环保和社会公益组织也是如此。这种细致但有些耗时的公共参与过程，很可能是该项目在短短几年内就获得了 600 万美元捐赠款的主要原因（随后的时间里也获得了非常多的资助），而且该项目在实施过程中也取得了相当大的成功。

明确这一阶段的资源和人员

这一阶段需要评估绿道或绿道网络的区域适宜性，以及明确潜在的范围如何划定。取决于区域资源、政治的复杂性和项目发起者对项目所在区域了解程度的不同，这一阶段也许可以由少部分人完成，也不需要过于细致的分析。我们往往会倾向避免那些不支持绿道的人参与；但如果他们是利益相关者，请他们参与并认真理解他们的观点是很重要的。

这个阶段的重要内容之一是获得对项目的整体印象，但大部分人却只是片面地看到某一部分——这会导致全面保护和部分保护的差别。这种整体印象的建立，可以通过将下面提到问题的答案反映到地图（纸质或数字化）上的方式来完成，同时找出交叠的部分或潜在的冲突。

划定研究区域的总体范围

当我们开始考虑某一待建项目或被关注的区域时，第一个步骤是扩大我们所关注区域的空间范围，这一范围将作为项目的背景区域。这里所指的区域"通常包含一系列的景观,而这些景观则是气候、地形、生物、经济、社会、文化特征等因素相互作用的结果。"[28] 确定研究背景区域的具体界限可能并不那么重要。通常情况下,识别该区域的中心比边界容易,而本阶段所需要大致确定的是该地区的位置与区域特征。有些时候,这些区域会有具体的名称,人们也了解其大概的边界范围。还有些时候,人们可以很容易地用区域内的一些景观要素来命名这个尚未命名的空间范围,例如,因查特菲尔德水库而得名的查特菲尔德流域项目。

将注意力扩大到区域范围上,有助于我们在考虑和确定绿道的需求、空间位置、参与主体的时候避免犯常见的错误,即防止了我们在不了解背景关系的情况下妄下定论。

有助于理解区域背景的问题

下面的问题涉及许多不同的主题。通过回答这些问题,有助于我们形成对区域背景的整体了解。

- 本地区的滨河廊道在哪里,其所在流域的限制因素和基本特征有哪些?

滨河廊道显然是绿道系统中一类重要的潜在要素。因此,在明确研究背景的过程中应当首先被考虑。通常情况下,由于这些廊道会受到洪涝灾害的影响,或者廊道内有重要的湿地资源,它们往往在一定程度上已经接受管理或受到保护。这些河流所在流域的主要特征和健康程度也是应当重点关注的问题。多数情况下,流域范围很容易通过地形与河网来进行辨识。这种从流域角度出发的方法,非常适用于要优先考虑防洪与水质改善为主要目标的地区。

- 人们是否已经意识到他们所生活的地方属于某一特定的区域?

有的时候,由于地理或历史的原因,人们已经意识到他们生活在一个特定的区域,例如:太阳谷(the Valley of the Sun)、南坎莫尔(Southern Canmore)地区或三城地区(the Tri-City region)。现实当中,几乎每个大城市及其周边所在的区域都会以这个城市命名,如多伦多(Toronto)地区、什里夫波特(Shreveport)地区、西雅图(Seattle)地区。人们也很容易辨识河流所对应

阅读材料 6.5

最初,查特菲尔德流域保护网络有一部分边界是非常直的,其目的是表明这些边界的划定是主观的、没有进过充分研究的。在随后几年当中,保护网络的管理者们决定将项目所关注的区域进一步扩展到更大的流域范围上去。

的流域范围，例如：哈得孙（Hudson）、布莱克斯通（Blackstone）和雷德河谷（Red River valley）流域等。有的时候，这些被人们熟知的区域的范围可能太大，以至于在这一阶段对我们思考和提出问题并无帮助，而我们需要考虑其他方面的依据。

- 通过将不同物种所需的范围进行叠加，我们能够识别出何种生物保护的复合区域？

野生动物的迁移可能会定义一个相应的区域范围，例如：在冬季和夏季栖息地之间进行季节性迁移的马鹿。这种迁移将两类栖息地联合成了一个区域。对活动空间或领地范围较大的被保护物种而言，如果没有在它的整个活动空间上去分析它们的活动，我们很难建立起能促进他们活动的有效连通性。

- 区域的栖息地和其他自然资源的总体破碎化程度如何？

如果要了解栖息地的破碎化程度和它们对自然保护的潜在影响，我们需要研究该地区的植被分布图。我们需要明确：是否有一些地区的破碎化程度总体上会明显低于该地区的其他地方。尽管没有更多和更详细的已知信息，由于它们具备较好的自然条件，这些破碎化程度较低的地区也许可以成为非常好的、潜在的自然保留地。

在那些主要以森林或曾经以森林为主的景观中，破碎化是非常明显的；因为，森林和空地有显著的视觉反差。相反，草原景观的破碎化并不明显。如果通过航片判读或没有受过专业训练，原生的草原植被和外来的杂草群落间的视觉差异并不显著。即便是那些破碎化、退化的地区，通过生态修复的手段，这些地区仍可能会有助于实现绿道自然保护的目标。

美国内政部基于"保护生物多样性的地理学方法（GAP）"而开展的调查项目，绘制了美国大部分地区的数字化植被专题地图，而这一项目也绘制了美国本土 48 个州和夏威夷大多数地区的土地覆盖图。[29]

- 哪里可以提供远足、骑车等体验自然的机会，而这些体验活动与整个绿道系统空间可达性之间的联系如何？
- 绿道有关的环境教育或环境艺术项目的机会有哪些？这些项目关注哪些重要问题？哪些自然或社会的要素、资源可以被利用（例如，栖息地、物种、历史遗址、管理案例等）？

- 区域内是否有防洪或水质保护方面的问题？是否已经建立了相应的控制方法来应对这些问题？
- 影响该区域绿道项目成功与否的干扰方式和机制是什么？这些干扰会发生在哪些地方？廊道的宽度需要设置为多少才可能适应野火、洪水或其他潜在干扰的影响？

绿道可能会受到火灾、洪水和大风等自然干扰的影响。大多数情况下，这些干扰是绿道与其外部自然系统的生态健康的一种表现。例如，美洲黑杨的种子需要裸露的土壤和较高的地下水位这两个条件才能萌发，而这两点都与洪水具有一定的关联。在那些洪水问题被很好控制的地区，美洲黑杨的林地可能无法自我更新。

对于狭窄的绿道而言，许多干扰都可能会破坏它们的功能或效益，即使面对的是自然干扰也是如此。例如，一次自然发生的野火会有助于某些植物的发芽和生长，但这些植物会沿整条绿道蔓延，并侵入和破坏绿道原有的植被覆盖，而这可能会使绿道丧失对其目标物种进行保护的功能。在尚未开发或开发量较少的景观中，生物廊道的构建可能会有许多选择。在已开发的地区，绿道或许是野生动物进行活动的仅有选择。在森林景观中，参照典型林隙的尺寸和面积，同样能帮助我们确定绿道的宽度。宽度大于这些林隙的绿道，在受到干扰之后具有更好的自我修复能力。如果具有一些冗余的备用连接路径，绿道就不会那么容易受到某些干扰的影响。

- 该区域自然保护的总体趋势是什么？

该区域有多少绿地已经被保护，以及多少绿地保护的工作正在被讨论或开展，都会对某个具体绿道项目的开展产生影响。科罗拉多州拉里默（Larimer）县曾经有一项征税的提案，其目的是购买土地并建设更多的绿地。这一提案受到了县内一些人的反对，他们认为该县 50% 的公共土地的比例已经足够了。但事实上，上述的大部分政府（联邦政府）所有的土地主要分布在远离大多数人居住地的山区。如果居民和其他人认为该地区已经开展了"足够"的保护工作，我们将很难为绿道项目获取支持。

另一个潜在的挑战在于：是否有其他正在开展的保护或游憩项目。这些项目可能会吸引与绿道项目相同的、潜在的资金来源。在这种情况下，要寻求合作或避免竞争。

• 该区域开发建设的趋势如何？

对住宅、商业、工业、道路等用地的开发现状和开发模式的了解，有助于我们更好地去实施绿道项目。通过了解未来土地开发的趋势（未来开发建设的强度、类型、位置等），我们能够识别：哪些方面会促进绿道的发展；哪些方面可能会增加绿道建设和维护的困难。

非常可悲的是：大多情况下，绿地是土地开发后剩下的用地；通常因为它们缺少土地开发所需要的特征。如果绿色基础设施能够提高一个地区的生活质量，我们就有道理要求将土地开发和自然保护进行整体与统筹的规划，这样绿道和其他绿地就不再仅仅是土地开发后余下的部分。这非常有助于我们去尝试为这两种用途选择各自最佳的选址或位置，而不是将其视为彼此互斥、竞争的关系。

同房地产经纪人、规划官员进行交流，能够帮助我们去识别那些会威胁自然保护或其他绿道目标的发展趋势。尤其应当关注线形的开发项目，例如：道路、沟渠，以及电力、电话、燃气管线等基础设施建设；因为，这些建设很可能会导致绿道的某部分被切断。有的时候，这些线形的开发建设，也为某些休闲游憩活动和野生动物栖息地的构建创造了可能。

了解未来哪些地方会被开发，同样能够让绿道设计者意识到：哪些地方未来可能会成为待建步道的服务对象，或者绿道可以为哪些地方的居民提供在住所周边接触自然的机会。

• 该地区有哪些社会群体？它们主要位于什么地方？彼此之间的共性和差异是什么？
• 有什么证据表明本地区存在社会不均或社会隔离的问题？由于增加了居住"环境舒适度"而导致的士绅化过程，是否会加剧上述问题的恶化？
• 该地区的不同社会群体对于绿道或广义上的绿地持什么样的态度？
• 人们对建设绿道项目可能带来的变化作何反应？是否有相应的方式能鼓励儿童参与到规划过程中，甚至是在目前这种早期的阶段？

相对于将公众视为完全统一的整体，能够通过识别人们的种族、民族、经济地位或其他特征的差异，将社会视为由不同群体构成的体系则更为重要。这些不同的群体，不但对自然保护和休闲游憩有不同的看法，他们对景观的影响可能会存在更大的差异。这些群体在经济、交通问题，游憩需求，社会组织形式、公共参与方式等方面的差异是什么，而这些在丹佛市某个公园项目的规划中，规划师希望采用自然排水的方式，并用乡土植物来设计这些排水设施，从而来改善低收入社区的绿道。这个提议希望尝试的是一种更加生态友好的设计解决方案。但是，当地的一些居民则要求将方案换成以禾草草坪为主的带状公园，而这是他们在大多富人社区中所看到的、维护成本较高的景观。这些居民在怀疑这种自然化的设计建议是不是对他们的某种歧视。这个实例提醒了规划师：如果希望设计意图被更好的理解和接受，相应知识的传递必须与这些项目同步进行。

差异与绿道的规划又有哪些潜在联系？重要的是，我们还要了解：某些个体是否归属于相应的群体；不同群体之间是否存在冲突；某个或某些群体是否会受益于绿道项目，或者更多受益。在市场经济中，生活质量的改善或其中某些方面的改善，可能会在不同的社会群体之间产生复杂而多样的影响。这意味着并不是每一个群体都会从中获益；因此，绿道设计师有责任了解这种过程，并努力去寻求社会公正。

• 总体而言，该区域内哪些地方已经受到了保护，是由哪些组织或机构发起的、出于什么目的？
• 被保护区域周边的用地是否同样需要保护？

分析所在的区域，明确哪些地方已经受到保护或被指定了某些具有兼容性的社会或自然目标。这些目标可能包括：自然保育、洪泛区保护、户外休闲游憩、风景资源保护、耕地保护或城市发展缓冲。此外，还应当明确哪些机构和组织负责保护这些地方，以及他们这么做的理由和目的（表 6.4）。

表 6.4　科罗拉多州查特菲尔德流域项目中，涉及土地保护的政府机构和非政府组织的举例

机构 / 组织	项目中开展土地保护的目标
州立公园	自然保育，提供游憩功能，保护风景资源
县的公园管理部门	自然保育，提供游憩功能，保护风景资源
县的相关职能部门	避免大多的开发建设活动进入蓄滞洪区
联邦政府	保护湿地，管理森林、草原及其他生态系统
地方和国家的土地信托机构	控制增长，自然保育，以及其他目标
州立的考古协会	文物、历史遗产等资源的保护

相对而言，我们可以直接从一些公共或私人土地管理机构那里获取它们所保护土地的分布地图，例如：美国林业局（U.S. Forest Service）、加拿大公园管理局（Parks Canada）、省或州的绿地管理部门，或者大自然保护协会（The Nature Conservancy）这种非政府组织。可能还有一些不太明显但受法律保护的用地，例如：蓄滞洪区保护法、其他的区划法案，

湿地保护条例要求保留的土地，或者其他必须履行自然保护义务的私人土地。

将这些土地汇总到一起时，我们就可以开始着手考虑绿道的具体规划了。通常情况下，当我们将这些不同的用地汇总到一起考虑时，绿道项目的发起或支持者们可能会对项目所在区域被保护绿地面积的数量之大感到惊讶。

- 哪些未受保护的地区已经被确定为绿道的自然保护或其他目标的节点？

除了已经被保护的用地，通过了解某些规划方案、报告，或者同官方机构、专业组织进行交流，我们还可以明确哪些用地已经被列为即将被保护的区域。这也会反映相关组织近期的活跃领域，而这些领域就可能会存在潜在的合作关系。类似需要了解的资料还包括：县或市的总体规划、公园管理部门的征地计划、栖息地的保护规划，以及大自然保护协会的生态区域规划。

有的时候，上述的利益主体或其他人会认为：披露那些目标用地的具体位置过于敏感，或者不会详细地将范围绘制出来。他们可能正在进行土地征用的谈判，或者不想无意中暴露自己的意图，那样可能会更难和土地所有者达成协议。但是，某些利益相关者可能还是愿意在口头上向你传递他们一些大致的计划或安排。

- 是否还有一些重要的、没有受到保护或未被列入保护计划的用地，也应该成为绿道网络的一部分？

即使在回答了前面的问题之后，仍然会有一些重要的、没有受到保护或未被列入保护计划的用地被忽视了，这可能是由于他人的疏忽。自然保育的问题往往都会被给予充分的关注和分析，但我们不要忘记考虑其他潜在的机会或限制，例如：水资源保护、户外游憩活动、城市的防护隔离，以及其他应当被给予充分关注的因素。

我们要尤其留意景观中的各种线状要素；因为，它们可能会为绿道提供一些重要的机会（详见阅读材料 6.7）。有些线状的景观要素比较明显，包括：河流、道路及其附属用地；还有一些则较难识别，例如：山脊线、灌渠、行政边界。

"将点连成线"是另一种揭示绿道潜在路径选择的规划方法。识别那些有吸引力的节点、端点，或绿道网络中的其他"关键点"；在此基础上，进一步分析它们之间的相互联系。

确定各种景观要素和过程重要性并非易事。对当地情况的判断，可能会相对的直接和简单一些；因为，当地的情况通常会被大多数人所熟知。继续判断更大范围内不同地方的重要性时，问题则会变得越来越困难；因为，很少有人会对更大的区域有直接的经验和了解。美加地区及拉美国家的大多数州和省，都开展了"自然遗产项目"。这些项目帮助人们明确了哪些植物、动物和生物群落具有相对的重要性。[30] 如果国家、州或地方政府的相关机构或某些自然保护组织在一个地区已经开展了相关的工作，它们应该对这一地区自然保护的需求有比较广泛的了解。

在识别出区域内的哪些自然要素能被绿道保护之前，我们首先要知道绿道到底能保护什么，以及不善于保护什么。本书中的其他章节、其他关于绿道的专著和网站，以及自然保护和游憩领域的期刊论文，都很好的介绍和帮助我们理解了成功的绿道项目的特征。有两个组织的项目非常具有参考意义。一个是美国政府发起的项目，即国家公园管理局的"河流、步道与自然保护的辅助项目（Rivers，Trails，and Conservation Assistance program）"；另一个是非政府组织倡导的项目，即自然保护基金会（the Conservation Fund）的美国绿道项目（American Greenways program）。[31]

阅读材料 6.7 线状景观

许多不同类型、不同起源的线状景观都可能为绿道的建设提供一些重要的机会。尼亚加拉大断层（Niagara escarpment），是一组白云岩断裂的边缘地带，并以一条弧线的形式横跨北美地区数百英里的范围。断层的沿线包含了许多森林生态系统，而这些生态系统是落基山脉以东地区最古老的、受干扰程度最低的森林。这些森林中有许多生长了千年之久的雪松，动植物种类的多样性非常高，其中还包含了许多濒危的物种，例如：杓兰（lady's slipper orchid）、北美侏响尾蛇（Massasauga rattlesnake）、对开蕨（Hart's tongue fern）等。[1]

冷战期间遗留下来的 4000 英里长的"铁幕"廊道，从巴伦支海（Barent Sea）一直延伸到黑海（Black Sea），拥有大量的自然和文化资源（图 6.11）。随着冷战的结束，一些有远见的人很快发现了它作为绿道的潜在价值。[2] 类似于上述这种可以构建为绿道的、不同寻常的线状景观还有朝韩非军事区域[3]和前巴拿马运河区。[4]

图 6.11

"铁幕"廊道（虽然，它是一条特别长的廊道）是一个其存在原因与自然保育、休闲游憩都不相关的案例，但它却具有成为绿道的巨大潜力和价值。（摄影：克劳斯·莱多夫（Klaus Leidorf）/ 德国环境与自然保护联盟（BUND）- 绿带项目办公室）

续

对大多的社区而言，可能不会有上述这么极端的案例。社区尺度上往往是一些相对较小的线状保护区域，但它们在区域尺度上可能具有重要意义。

[1] Escarpment Biosphere Conservancy. (2004). Escarpment Biosphere Conservancy. Toronto, Ontario, Canada. Retrieved October 31, 2004, (http://www.escarpment.ca/).

[2] Leupold, D. (2004). Biologist with Umweltamt Salzwedel (Nature Conservation Agency). Salzwedel, Germany.

[3] Bradley, M. (2000), Korea's DMZ a rare chance for conservation. ABC Science Online, Australian Broadcasting Corporation. Retrieved July 2, 2004, (http://ww.abc.net.au/science/news/stories/s142141.htm).

[4] Funk, M. (2004). "The Route to Prosperity." Audubon. Retrieved December 22, 2005, (http://magazine.audubon.org/features0408/panama.html).

- 已经受到保护的廊道在哪里？由哪些组织或机构发起的？保护的目的是什么？
- 哪些廊道被列入了保护计划？哪些廊道既没被保护，也没列入保护计划？
- 哪些位于城市中心区的滨水工业区、工业废弃地、空地或其它环境退化的场地，可以通过修复的方式转化为绿道的组成部分？

从表面的逻辑上来说，我们不应当在绿道的规划建设过程中选择那些不具备相应特征的用地；但在实际情况中，选择这些用地也可能是正确的。对于包含了工业废弃地、已腾退的工业用地等在内的衰退地区而言，投入适当的资源来建设绿道，可以让这些衰退地区重新恢复活力，并为当地社区提供所需的使用功能（图 6.2）。有的时候，某一衰退地区可能正是一个绿道系统所缺少的关键要素，而这一要素的引入提高了系统整体的内部联系。以丹佛市一个区域性的绿道网络为例，其中的一条重要廊道是在城市废弃的国际机场下面 3 英尺（0.9m）的混凝土下发现的。[32] 自从韦斯特利（Westerly）河恢复之后，它的河道又被重新调整，河岸也种植了一系列高适应性的乡土植物。这条廊道在雨洪调控和水质改善方面都发挥了重要的作用。

对于工业废弃地的场地清理要求而言，将这些用地改造为绿地所需的要求，显然要低于居住等其他的用地类型的要求，而相应的清理成本也会大幅降低。因此，绿地是一种非常受欢迎的工业废弃地的改造方向。

工业废弃地为自然保护提供了许多重要的机会，同时也向我们呈现了重要的历史过程、历史经验。曾经参与过匹兹堡市九里溪（Nine Mile Run）

阅读材料 6.8

　　某些情况下，那些被认为是衰退的或高度工业化的地区，实际上可能生活着许多的野生动物。例如，曾经被高度污染的、丹佛市附近的落基山兵工厂（Rocky Mountain Arsenal），现在已经成为美国国家野生生物保护体系（National Wildlife Refuge System）的组成部分，而这里栖息着成百上千的鹿、鹰和其他野生动物。[1] 视觉上的荒芜不应与生态功能相混淆。一个区域可能被人类认为是难看的、无用的，并不意味着对于野生动物也没有价值。在建筑没有被拆除和填埋之前，丹佛的摄影师温迪·沙蒂尔（Wendy Shattil）和罗伯特·罗津斯基（Robert Rozinski）用镜头记录了鹿和其他动物利用兵工厂内生产和储存设施的过程。[2]

　　这些地方能吸引野生动物的一个关键原因可能是没有人。很显然，兵工厂和靶场是禁止公众进入的地方。但是，生存空间被人类挤压的野生动物却在这里繁衍生息。例如，弗吉尼亚州大约有30多个军事基地，占地共计20万英亩。这些基地已成为许多野生动物的庇护天堂，其中不乏受威胁或濒危的物种。[3]

[1] Hoffecker. J. F. (2001). Twenty-Seven Square Miles：Landscape and History at Rocky Mountain Arsenal National Wildlife Refuge. Denver, U.S. Fish and Wildlife Service.

[2] Shattil, W., and R. Rozinski (1990). When Nature Heals：The Greening of Rocky Mountain Arsenal. Boulder, Colorado, R. Rinehart, in cooperation, with the National Fish and Wildlife Foundation.

[3] McCloskey, J. T. (1999). "Aiding Wildlife on Military Lands." Endangered Species Bulletin 24 (1)：16-17

阅读材料 6.9

　　工业废弃地再利用的潜在方式仍在被积极的探索之中，而某些废弃场地未来很有可能会成为多功能绿道的一部分。在德国杜伊斯堡北部地区，奥古斯特·蒂森公司（August Thyssen AG）的一个245英亩的钢铁厂，被改造为了一个非常受欢迎的、典型的后现代公园——埃姆舍尔景观（Emscher Landschaftspark）公园（图6.12）。公园是以流经它的埃姆舍尔河的名字命名的。该公园最著名的是其非常奇异的、炼钢厂的遗址，在那里人们可以体验多种的休闲游憩活动，例如：攀岩、潜水、散步等。此外，该场地的大部分用地都是出于自然保育目的林地。

图 6.12
位于德国北杜伊斯堡地区的埃姆舍尔景观公园。该公园展示了如何将工业遗址转换成极具创新意义的城市绿地的潜力。

　　绿道项目的艺术家蒂姆·科林斯（Tim Collins）指出："暂且不论其他方面的功能，由工业废弃地恢复而建成的公共公开敞空间，应当具有展示工业化历程和工业遗产的作用；而不是将其拆除或在怀念中掩盖它。应当通过创造相应的场地意向和故事，来展示这些遗产形成的原因和效果，以及展示城市中的生态过程；此外，我们应当构建那些能够体现可持续发展理念和包含了生态系统过程的基础设施。"[33]

• 绿道在区域内的核心用途是什么?

在理解了区域的资源条件和社区对绿地的需求之后,我们需要回答绿道能为本区域提供哪些符合逻辑的功能?将这些用途划分为至少两个类别可能是非常有帮助的,一类是那些有强大的资源和支持的项目,另一类则是至少有一些资源和支持的项目。对于每一类用途而言,它都对应着相应的生态、社会或其他绿道特征,从而来支持这种用途。我们需要明确区域内的哪些地方具有这样的条件或特征。

将某一地区已有的使用功能进一步推广到其他地方是相对容易的。通过头脑风暴的方式,我们可能会讨论出一些其他的适宜用途,其中一些对该地区可能很新颖。例如,在对丹佛市切里溪(Cherry Creek)的一个河段进行恢复性规划的过程中,规划师们提出:可以考虑通过引入平底船,来实现游客在市区不同地点之间的摆渡。

• 在绿道项目的这一阶段,潜在的利益主体有哪些?

我们可以通过回答先前的问题,来识别出许多的利益相关者。他们中的一些人可能并没有意识到自己有相关利益或可能从绿道的设计过程中获益;而另一些人则可能在考虑其他并不兼容的目标,或者怀有敌对的态度。

• 绿道的实施过程中,限制改变发生的因素有哪些?如何才能克服这些限制因素?
• 某些问题是否会使保护工作变得更加困难,例如土地成本的提高?

可能有一些制度的、经济的或其他层面的因素会抑制某些改变的发生,而这些改变正是建设绿道所必需的。如何才能克服这些因素的限制?能否通过教育引导、活动参与、技术革新等方式来改变正式的制度,或者是否还需要其他方面的努力?

• 哪些地方可以有机会开展绿道项目有关的教育和艺术活动?

有些地方可能非常适合进行环境教育;因为,那里或周边地区的资源非常有利于开展教学。另外一些地方,可能更有助于开展环境艺术活动。

阅读材料 6.10 獾作为廊道的主要使用者

据《苏格兰人报》的报道,在苏格兰的因弗内斯(Inverness)市,獾(badger)及其迁移廊道,正受到人们的特别关注。苏格兰自然遗产(Scottish Natural Heritage,SNH)计划和其他一些组织认为:野生动物廊道应与发展规划进行整合,从而使獾能够安全地在景观中进行活动和迁移。[1]一位 SNH 计划的发言人告诉记者:"城市的不断扩张,会给当地獾的种群数量带来额外的压力;所以,作为当地规划过程中不可分割的一部分,提供一个对獾进行保护的策略是非常重要的。"在苏格兰,獾并不是特别珍稀的物种,它们也受到一定的法律保护;但在这个案例中,它们却受到了相当大的关注。

[1] Ross, J. (2004). "Badgers set to influence city's growth." The Scotsman. Edinburgh, Scotland.

阅读资料 6.11

查特菲尔德流域保护网络项目,从最初几十个相关机构发展到多达 75 个会员机构或组织的规模,这些团体包括:

- 州属的鱼类和野生动物管理部门
- 美国林业局
- 两个县的绿地管理部门
- 州立公园的区域办事处
- 流域范围内的两个州立公园
- 两个地方性的土地信托基金组织
- 一个全国性的土地信托基金组织
- 州属的交通部门
- 县属的规划部门
- 一个主要新城的开发商
- 县内杂草问题的监督管理部门
- 一个负责清理其污染场地的制造业企业

查特菲尔德流域保护网络项目最初的倡导者们决定:这个项目应当是开放与包容的。这意味着项目的所有成员只能保持中立的立场,而不是对某些富有争议的项目直接施加影响。在某一时刻,几个成员可能会为个别问题当众激烈的争论,但它们仍然会全身心地投入到项目的合作之中。由于种种原因,某些利益主体可能无法参与到项目之中,但向他们通报绿道项目的进展是非常重要的。

阅读材料 6.12

科罗拉多州朗蒙特(Longmont)市的几条绿道,因其中的雕塑作品而为人们所熟知。这些雕塑是与它们所在的环境相关的,或者会鼓励人们去探索这些环境。例如,艺术家杰里·博伊尔(Jerry Boyle)创作的、名为"101 张脸谱"的作品,是沿莱夫特汉德(Lefthand)绿道摆放的一系列混凝土的人脸雕塑。这些雕塑被隐藏在一条小路的不同地点,其目的是引导人们去找寻和探索这些脸谱。(摄影:劳伦·格林菲尔德(Lauren Greenfield))

- 区域内的哪些地方显著地体现了本地的特征或场所感，以及为谁传递了这些信息？
- 人们对场所感的概念是否有不同的定义和不同的期望需要进行协调或适应？
- 绿道的初步任务和目标可能有哪些？
- 通过前面提出的一系列问题，我们也许会发现区域内的生态、水资源、游憩、社区发展等方面的问题。其中，哪些问题应当被绿道项目所考虑？
- 对初始任务和相应目标的设定，能够帮助我们集中精力，也会吸引具有类似利益诉求的相关主体的参与。

判断绿道项目是否应该继续

绿道的规划涉及许多重要的问题，包括：区域的重要特征与功能有哪些，这些特征与功能的被保护程度如何，区域景观完整性的受威胁程度如何，各利益主体的潜在支持如何，区域内的其他需求有哪些等。在对上述问题进行综合的分析之后，我们需要明确：绿道的建设是否为这个地区的首要选择。项目早期开展的这些调查与分析，也许会产生一些其他结论，例如：该地区最急需的并不是线状的廊道，而是一大片生物栖息地；或者，流域中某个关键点的保护；或者，承担某些非常不同的社会目标。在本方法第一阶段的分析工作完成之后，如果还要进一步开展绿道项目，我们应当有相当充分的证据表明该区域具有相应的资源和利益主体的支持来保障项目的顺利进行。

第 2 阶段：界定项目背景研究的区域

对于第一阶段中的大部分工作，项目可能都没需要明确的目标或研究边界。但是，随着研究的深入，项目可能需要更多具体的方向或目标，并作为决策的依据。因此，本方法第二阶段的任务是：选择引导项目推进的目标和初步识别研究开展的空间范围，即研究的"背景区域"（图 6.14）。

这一阶段由四个主要部分组成：1）继续扩大项目参与主体的规模；2）向已扩大规模的参与主体们，重新提出并讨论第 1 阶段的问题；3）对景观进行一次快速地评估，从而更好地考虑适宜于本区域绿道的总体设想；4）结合对其他问题

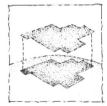

图 6.14

在第 2 阶段，绿道设计者需要选择引导项目推进的主要目标；在更大的区域尺度上明确项目研究范围，并将其作为绿道项目研究的背景范围。

的回答，设定项目的目标和明确研究范围。

同第一阶段一样，第二阶段中所涉及的地图制图工作也是相对粗略的。但是，由于大概位置的选择现在开始重要了，这一阶段需要通过多种方式将相关的专题地图进行叠加或合并。这些地图可能是手绘的，可以将它们叠加在地形图上，也可以直接画在上面；而这些地形图可以从加拿大国家地形测量系统（Canadian National Topographic System）或美国地质调查局（the U.S. Geologic Survey）那里获取。随着数字化的空间数据数量的增加和成本的降低，以及通过对地理信息系统的应用，部分的或完全的基于计算机来开展相关的分析是非常便捷的。

继续扩大利益主体的参与规模

召集第一阶段中所确定的所有的利益主体进行一次集体会议，并请各组织的代表或其他个人带上所有他们认为相关的规划方案或文件。邀请其他相关领域的专家，他们也许并不认为自己是直接的利益相关者，但他们在社会、生态、游憩、规划、保护等领域的专长可能非常有帮助。让参与者们讨论和确认是否有哪些人被遗漏了，而这些人可能会在某些重要方面做出自己的贡献。

相关的利益主体们可能来自于规划部门、州属的鱼类和野生动物管理部门、公园和游憩活动相关的组织、自然保护组织、土地信托基金组织和社会团体；但是，也有开发商、交通部门、建筑公司、业主管理委员会、保障性住房的支持者、帮助无家可归人群的组织、教育工作者和土地所有者等。

由谁来发出参加会议的邀请函是值得深思的事情。某些情况下，最好不要由与政府有直接联系的部门或个人来负责召集和组织工作。毫无疑问，政府部门在大多的绿道项目中都能发挥重要的作用，但如果由它们来主导项目，一些利益主体可能会对政府的行动和目的持怀疑的态度。

重新考虑第一阶段的问题

向有关的利益主体介绍第一阶段完成的初步分析与结论，请他们提出意见和讨论更多的细节问题，尤其是对以下被关注的内容或问题进行响应。

绿道在该区域的核心用途是什么，以及这些用途的目标点或其他保护的节点在哪里？

认真选择的核心用途会对应着具体的、实际的需求，而这些需求能够指导目标设定和决策分析。由于这个原因，本设计方法主要是识别绿道的核心用途和其对应的标准，而不只是提出总体性的目标，例如：促进野生动物的活动或提高社会的可持续性。由于相对泛化，这些目标本身并不具有什么特别的意义。

- 哪些用地已经被管理或保护，从而来实现生物多样性保护、水资源保护、防洪、游憩等绿地功能？
- 区域内还有哪些地方具备成为绿道节点的条件？
- 是否存在一些重要的节点，这些节点类似于福尔曼提出的"最后的抵抗"[34] 的概念，或者是具有巨大生物多样性价值的地区？
- 核心用途对应的空间环境与活动方式的要求是什么？
- 核心用途使用者对起始点和移动过程的具体要求是什么？
- 谁拥有那些可能成为潜在绿道的、衰退的用地，这些土地的总体条件怎样？
- 谁是那些能够促进该地区产生新的增长的开发商，具体的规划是什么？
- 该地区的干扰有哪些，以及它们可能发生在哪些地方？
- 是否存在一些通过绿道连接来恢复其连通性的生物栖息地？
- 是否存在一些能够增加人们之间联系的重要节点或目标点？

通过分析旧地图和其他历史资料，我们可以揭示：区域内有哪些目前处于退化的地方，以前曾经是具有较高连通性的廊道或景观基质的一部分。如果这种连通性能够被生态恢复，它们很有可能会重新作为生物廊道而发挥作用。生态学家里德·诺斯警告人们：人工建设的或非常狭窄的廊道，都可能由于增加了野草侵入的概率而使保护目标的实现大打折扣（见第 3 章）。由于新建廊道可能会对物种的遗传变异和种群的生存力产生潜在的负面影响，恢复以前的廊道或维护现有的廊道是一种相对谨慎和明智的选择。

对研究区域进行一次快速评估

理查德·福尔曼与莎伦·科林奇指出："社会可以不必等到详细的生态调查都完成后再采取实际的行动。"[35]

阅读材料 6.13

在查特菲尔德流域保护网络的项目中，一家关闭了制造业部门的大型企业将其所拥有的大量土地的权益转交给了该项目。这些土地中还包括了一条生态价值极高的河流。这条河流是丹佛大都市区范围内唯一没有被筑坝和渠化的河流。在最开始，该公司应邀参会的代表对项目可能产生的结果并没有任何预先的概念。后来，这一公司还为该县的绿地建设捐赠了大量的滨河土地。

基于此观点,他们接着提出了如何进行快速景观评估的方法。在关于"景观格局与过程总体调查"的其他文献中,他们还列举了一系列需要重点关注的景观元素,……包括:"地下水含水层、主要河流、大型的重要栖息地、生物多样性较高的地区、活动范围或领地面积较大的物种、生物迁移或生态流的中心节点,以及人类不同用地的空间分布。"[36]他们还指出:关于"局地的土地利用和自然资源"方面的、更详细的知识也非常重要;这些信息或知识包括:"小型的重要栖息地分布、水体的特征、当地的珍稀物种和土壤类型"。

以上就是本阶段工作所要达到的程度和涉及的范围,即对本地区进行一次快速地评估。通过这一评估,我们将明确下一步有哪些更细致的调查和分析工作需要开展。这些所有工作的目的,是为福尔曼与科林奇所提出的"空间解决方案"(图 6.15)提供基础。这里的"空间解决方案"是指:"对于给定的区域、景观而言,能够最大限度保留生物多样性和自然过程重要属性的生态系统或土地利用的空间格局。"[37]绿道可以保护空间解决方案中那些重要的线状景观要素,尤其当他们的功能是通过参照更大尺度上的空间解决方案而确定的时候。

福尔曼和科林奇关注的是自然保护的问题。但是,他们的方法同样可以被进一步应用到所有绿道功能相关的设计问题中,而这正是本书所努力尝试的事情。本阶段的工作还可以被认为是一种识别有待深入研究问题的重要手段。

区域内"不可缺少的格局"

对于生态功能的发挥而言,有 4 种重要的景观格局是不可缺少的:1)自然植被状况较好的大型斑块;2)斑块之间的连通性景观;3)植被状况较好的滨河廊道;4)分布在低生态适宜性景观基质中的"小型自然斑块"。[38]自然植被覆盖度高的大型斑块,能更好地为那些偏好内部栖息环境的野生动物提供栖息地;这些环境条件是小型斑块所不具备的。斑块间的连通性会有助于消除栖息地破碎化所带来的负面影响。将破碎化的斑块连接起来的方式,可以提高景观的连通性,一定程度上也具有替代连续栖息地的作用;而这种景观连通性的增加则是绿道的主要贡献之一。植被状况良好的滨河廊道,非常有助于雨洪管理、水质保护和自然保育功能的发挥。在生态适宜性较低的环境基底中,小型自然斑块能够发挥迁移缓冲斑块的作用,以及为那些对边缘效应负面影响不敏感的物种提供栖息环境。

图 6.15

福尔曼与科林奇所提出的"空间解决方案"的主要组成部分 (Forman, R. T, and S. K. Collinge. (1997). "Nature conserved in changing landscapes with and without spatial planning." Landscape and Urban Planning 37: 129-135.)。这些重要的格局包括:

- 不可缺少的格局 (indispensable Pattern), 包括: 一系列自然植被为主的、相互连接的大型斑块 (i1, 图中残余的林地斑块), 植被覆盖较好的河流廊道 (i2), 以及 "相对分散的、分布在低生态适宜性景观基底中的小型自然斑块" (i3, 图中被房屋包围的、残余的小型林地斑块)。

- 主要用地集中与少量异质斑块镶嵌的格局 (aggregate-with-outlier pattern), 由以下内容所构成: 大面积 (具有一致性) 的自然植被 (N)、农田 (C)、牧场 (P) 等斑块, 以及相对分散的上述用地中的小面积斑块 (异质性)。

- 战略点 (strategic points) (s), 相比景观的面积和形状特征而言, 具有更稀缺的场地特征, 或者占据了重要的保护性、控制性或可达性的空间位置。这里主要包括: 河流的交汇点、道路与自然用地的交界点。(绘图: 乔·麦格雷恩)。

景观中的"战略点"

"战略点"是景观中具有重要和长期生态特征的关键位置。相对于景观的面积和形状而言，它们是具有保护性、控制性或可达性意义的重要节点。[39] 例如，上游地区的溪流应当被重点保护，因为它对河流水质的影响权重是更大和更显著的；河流的交汇点则是野生动物活动、迁移的战略点。由于城市开发方式的差异或限制，社区内的人们也许只能通过某些关键点进入步道和游憩廊道。

首先被排除的区域

如果某处面积较大区域的特征并不符合规划绿道的目标要求，将它们直接排除在考虑对象之外是非常有帮助的，同时我们也不需要对其进行相应的数据收集。如果某条绿道是以保护敏感的野生动物为主要目标，绿道将不太可能穿过附近的建成区，例如城市中心区或城郊的商业区。一项针对河流廊道保护的研究，可能不需要调查流域之外的地区。这些可以被合理忽略的区域，通常取决于绿道网络的规划范围和目标。如果项目只试图建一小段绿道，分析和排除不重要的区域是相对容易的；如果设计对象是一个复杂而多元的、区域尺度上的绿道网络，全面的调查整个区域则是非常有必要的。首先排除的对象，应该不包括那些在修复后能够支持绿道目标的地区。

阅读材料 6.14

围绕野生动物保护、休闲游憩、水资源保护这三个方面的主题，查特菲尔德流域保护网络项目将利益主体和专家们划分为了上述 3 个方面的小组，并对项目进行了一次快速评估。每个小组的成员进行了几次会面，并通过绘制和叠加地图来综合他们的信息与知识。在此之后，每个小组的综合结果会再次通过叠加与汇总的方式，来获得一个整体的概念方案。

集中与分散的结合

福尔曼在构建理想土地利用格局的建议中，提出了"主要用地集中与少量异质斑块相结合"的原则；这能帮助我们识别那些原本并不明显但非常适合建设绿道的区域。[40] 简单来说，该原则对应的模型认为：相同或相似用途的用地应当集中起来，例如：建设用地、农业用地或保护用地。这一原则还指出了那些位于上述集中用地中的、面积较小的异质斑块（小型斑块）的功能和作用；它还指出了连接类似大型斑块廊道的作用。因此，大面积农田的生产效率要高于彼此分离的、面积较小的耕地组合。对于生物栖息地而言，也是类似的情形，即栖息地面积越大越好；因为，大的斑块所具有的内部环境在较小的斑块中是无法找到的。这一原则也同样适用于城市开发，因为集中式的发展会使基础设施和其他城市服务具有更高的效率。很明显，上述模型很好地支持了在彼此分离的、同类型的用地之间构建绿道这一理念。

生物保护与自然保育的机遇或约束

- 被关注物种在活动、迁移过程中的全部要求是什么?
- 不需要迁徙的物种对栖息地的全部要求是什么?
- 被关注物种进行扩散的条件是什么?
- 依靠动物进行扩散的植物中,是否有哪些重要的植物会因为廊道的存在而受益?
- 研究区域内,是否有某些被关注物种并不需要扩散廊道?
- 景观基质中的哪些环境条件是保障功能连通性所必须的?功能连通性是指某种用途沿廊道分布的连贯性,例如:动物的迁移、滨河植被对污染物的过滤。
- 研究区域内,是否需要采取相应的策略、措施来对杂草或其他物种的扩散进行控制?
- 研究区域内,是否存在由道路和道路边缘所带来的外来植物入侵或害虫的问题?
- 哪些地段经常发生车辆碰撞动物的事故?这意味着上述地段需要建设地下或高架通道。
- 研究区域内,曾经彼此相连的斑块能否通过恢复的方式而重新建立有效的连接?
- 研究区域内,是否有某些鸟类会从廊道的保护中受益?
- 全球变暖的速率如果相对较低,野生动物就有时间扩散和重新定居。理论上,是否需要对研究区域内的廊道进行总体保护和规划,从而促进野生动物的重新定居?
- 分别从当地的、区域的、国家的和全球的视角出发,研究区域中不同物种间的相对重要性如何?其中,哪些物种是最重要的?
- 是否能将那些没有或几乎没有道路的区域纳入到绿道之中,从而使野生动物受益?
- 有哪些独特的路径是经常被野生动物使用的?
- 关于这些专题或内容的更多讨论,请详见第 3 章。

区域滨河廊道的机遇或约束

- 区域内有哪些级别的河流?不同级别河流对应的特征有哪些?

- 区域内是否存在低级别的河流？保护这些河流可以实现整个河网效益的最大化。
- 基于河流连续统的概念，区域内河流具有的潜在特征有哪些？
- 区域内的湿地主要分布在哪里？它们的类型和功能是什么？
- 区域内是否存在河流的交汇点或其他值得特别关注的节点？
- 同样，关于这些专题或内容的更多讨论，请详见第 4 章。

行政区划、流域或其他边界范围的确定

- 如果行政、流域或其他相关的范围并不一致，还需要考虑哪些额外的边界范围？
- 是否存在需要跨越不同边界进行协调的问题？
- 是否能找到对边界范围两边情况都有所了解的咨询专家？
- 同样，关于这些专题或内容的更多讨论，请详见第 5 章。

城市设计的良机

- 绿道是否能够提升城市或郊区发展的吸引力、包容性和区域整体性？
- 区域内人口的社会结构与空间分布是怎样的？这些与绿道项目有何关联？
- 绿道项目是否与社区活动、人流分布、社会互动类型等人口方面的问题具有关联？
- 绿道的哪些潜在用途可以满足周边人群的需求？
- 是否有哪些用地或区域应当被绿道分离，否则它们彼此间可能会相互干扰？
- 项目所在区域的开发是否达到了很高的程度，以至于任何步道的选线和建设标准都要考虑人们的使用需求？
- 是否有机会在新的城市开发之前就规划出彼此紧密联系的廊道网络？
- 作为对绿道线状游憩空间的一种补充，是否有机会通过某些重要的节点来增加当地的社会互动？这些节点包括：公共集会空间、野餐桌、演出中心、社区公园和林地、露天市场、露营地、钓鱼场地，狩猎场所、户外教室等。此外，是否存在能够促进人们尝试冒险和探索的长距离线路或廊道网络？
- 绿道是否可以被理解为更高层面上的精明增长或其他规划尝试中的一部分？
- 同样，关于这些专题或内容的更多讨论，请详见第 5 章。

绿道潜在的制度背景

- 区域内决定绿道成功与否的制度（包括正式与非正式制度）有哪些？其复杂性如何？

- 自然系统与社会系统内部及二者之间的哪些重要联系会决定绿道的成功？

- 现有的社会和制度结构对绿道项目具有何种程度的支撑？特别当这些项目的目标具有深远的影响（空间、时间、内容层面的影响）或能够带来重大的改变时候，情况又如何？

- 绿道项目的完成要基于某些改变，哪些因素会阻碍这些改变的发生？需要哪些努力才能克服这些限制因素？是通过教育手段，行动的倡导，正式制度的变革，还是吸引不同利益主体的参与？

- 是否能够采取自下而上的工作方式，即促进当地参与者的合作，并根据具体情况进行更高层面和更大尺度上的协调工作？

- 人们对绿道项目带来的改变会做出何种反应？

- 项目是否合理的运用了信息公开（考虑绿道的价值和功能）、政治参与、制度改变等措施的组合来帮助绿道项目成功？

- 作为一种补偿机制，在缺少某些群体授权或支持的情况下，项目如何通过额外的努力来促进他们的参与，并让他们确信其关心的问题是被认真考虑的？项目能否承受住来自重要资助者的强大压力？项目是否会由于采用了中庸的措施而忽视一些相对边缘化的想法？项目是否会为了避免冲突而不让这些问题直面相对并最终解决？

- 能够从空间和功能上对区域内自然系统和社会制度体系进行协调的措施有哪些？项目是否找到了促进制度自我反馈和调整的措施？基于这些措施，规划可以被有效地实施；在面对未来的社会与自然变迁时，制度也能保持较高的适应性。项目是否在更大的尺度上考虑了与绿道或其制度相联系的有关问题？

- 某些重要的非正式的制度或个人行为，是否会支持或抵抗绿道的目标和相应改变？哪些参与、对话、教育或激励的方式会有助于这些问题的解决？

- 绿道的设计过程中是否有多种信息来源？对政策和规划方案而言，是否存在相应的试探性方法来对绿道项目的步骤进行跟踪、评价和调整？在社区、公益组织、政府机构的内部或彼此之间，是否存在经常性的、跨尺度的沟通与协作？

- 项目目标对于具有高度确定性的短期问题而言是否更加的详细和

具体？项目目标对于不确定的问题而言是否更宽泛或更灵活？

- 更多的内容和讨论，请详见第 5 章。

绿道的经济与社会影响

- 绿道相关的经济活动（包括财富的分配）的目标和潜在影响有哪些？财富积累是不是绿道的目标之一？应当将收益或其他利益广泛的分配，还是主要分配给最需要的群体？同样，以可持续的方式生产实用的产品是否为绿道的目标之一？

- 绿道相关的经济活动是否都会或多或少地涉及到财富的公平分配问题？

- 当从更大的非本地的视角上分析时，绿道是否有助于绿地空间的合理分配？如果不行，是否可以通过绿道选线的调整来实现更公正的绿地分配？

- 能否将绿道项目与保障性住房项目关联起来？具体措施可以通过强调自然和社会目标的共享，或者将已获取的土地划拨一部分给住宅开发。

- 那些产生或消耗能源和物质的项目，是否具有经济上的可行性？除了迫切需要增加收益和公平分配的情况，有哪些方式能够使项目更多的转向后者（生产）？

- 项目是否已经建立了适用于项目的、常规和双向的沟通机制？项目是否运用了多种手段（例如，私下会谈、社区负责人传达、书信往来等），来识别文化的多样性，以及明确某些群体对正式的参与并不适应或持怀疑态度的事实？

- 可以被绿道所利用的生态资源与重视这些资源的社会群体之间是否存在特殊的联系？

- 有哪些独特的游憩廊道已经被居民们所使用？

- 更多的内容和讨论，请详见第 5 章。

绿道开展教育和艺术活动的潜力

- 是否有机会开展真正支持绿道项目的教育活动（理想情况下，会促进人们对绿道的问题和更宏观的可持续性进行批判性的思考），而不仅仅是向公众宣传或对项目的推广？

- 正式教育和非正式教育的机会各有哪些？

- 哪些具体的场地、资源或主题，是最相关、最受关注或最有价值的？哪些相互作用关系能被很好地解释或阐释，例如：自然过程、社会与自然的关系？

- 哪些问题有助于开展针对绿道的相关内容的批判性的反思？
- 哪些无法被看到的联系可以通过艺术和教育的方式进行揭示？其面向的观众是谁？
- 是否有哪些主题是与人们的现实生活息息相关的？
- 地方性和全球性的问题是如何集中体现在绿道中的？当地居民应在哪些方面来适应这些问题？
- 是否有专门针对青少年的教育机会？如何引导年轻人参与到绿道的设计过程中？
- 是否有机会沿着绿道讲述场地的故事和历史？
- 更多的内容和讨论，请详见第 5 章。

研究区域的边界与项目的目标

本阶段绿道边界的具体范围，也不需要像后面阶段要求的那么精确。这些边界的划定应当适度宽松和具有包容性，而不需要过于精确和具有排他性。对第一阶段提出的绿道的任务进行修改，同相关利益主体一起细化绿道的目标，充实和完善主要用途的具体需求。

第 3 阶段：节点和备选带状区域的选择

在这一阶段，关注的重点从整个区域细化到一个更加可控制的研究范围，我们在此称之为备选的"带状区域（swath）"（图 6.16）。基于这一方法，某些区域被进一步提升为关注的重点区域而开展下一步的研究，而另一些区域则从考虑范畴中被排除。

一般意义上，"带状区域"指的是一条长而宽的条状或带状的特定区域。[41] 这个概念与美国地质调查局对"卫星扫描带宽度"的定义比较类似，指"航天器经过一次位置时所收集到的所有数据……"[42] 这种对带状区域的理解是相对简单的：带状区域是包含了被关注景观要素的一片土地，这些景观要素的信息也被收集了（图 6.17）。当然，这些信息也是粗略的和总体性的。

图 6.16

在第 3 阶段，一些区域被进一步提升为关注的重点区域而开展下一步的研究，而另一些区域则从考虑范畴中被排除。因为，这一阶段关注的重点，将从整个区域细化到一个更可控的研究范围，我们在这称它为备选的"带状区域"。

图 6.17

带状区域是包含了被关注景观要素的一片土地，这些景观要素的信息也被收集。绿道将会在带状区域的范围内被识别和划定。

在这一阶段，可能不止一个可行的带状区域会被识别。如果是这样，对核心用途具有最大支持潜力的带状区域应当被首先分析和研究，或者对多条同时进行研究来构建绿道网络。

接下来的内容，将主要是引导如何将研究范围从相对更宏观的区域尺度，过渡到一个或几个带状区域的尺度上来。

项目的人员组成

完成这一阶段工作最有效的方式就是促进相关利益主体的广泛参与。因为，利益相关者们具有非常有用的知识，而且他们与这一地区未来的发展也具有切身的利益关系。

召集第一和第二阶段识别出的利益主体们在一起开会。请相关组织的参会代表带上所有的规划方案或其他文件。在会议期间，介绍项目的初步发现和想法，并请参会人员进行评议。

由于相关利益主体的数量可能过于庞大，有必要建立一个由关键参与主体和其他顾问组成的项目核心团队。建立由利益主体构成的、只关注某些具体方面的小组委员会，对项目工作的开展也是非常有帮助的。在资金充足的情况下，聘请专业人士来分析和解决项目的相关问题，也会极大加快项目的推进。对于有政府部门参与的项目而言，政府可能会借调一些专业人士到项目之中，这也会使项目从中受益。

阅读材料 6.15

在科罗拉多州的查特菲尔德流域，绿色基础设施的规划者相对容易的划定了滨河廊道的范围。他们主要是根据防洪和水质保护目标所对应的蓄滞洪区、冲积物的分布图和其他研究的成果进行划定的。相对而言，在空旷的草地上来确定生物栖息地和生物活动、迁移的相关标准要困难得多。因为，对于一个具体的物种而言，我们对它所需要的栖息斑块的大小或廊道宽度等方面的需求都知之甚少。

核心用途对节点和活动的要求

对前面阶段中所明确的各种核心用途而言,应当进一步明确节点（可能包括：湖泊、公园、大型栖息斑块、其他的区域或终点）与活动选择的标准。对某些用途而言，这一过程可能相对的直接、简单；对另一些用途而言，则是一件令人苦恼的事情。最大限度的利用已有的知识和经验，并同有关各方进行充分交流，从而来探讨这些标准是如何设定的，以及为什么如此设定。当获得了新的信息，要准备好对于这些标准进行适时地调整。

节点

基于核心用途的标准和相关利益主体的知识、专长，明确潜在节点的空间位置。

- 节点与相应的核心用途的对应关系如何？
- 某些节点是否比其他节点更重要？

节点与带状区域的连接

备选的带状区域，应当是与节点连接的，并向两侧延伸的一片相对广阔的区域。带状区域边界，通常是相对明确的自然、视觉或逻辑上的限制范围，例如：流域或视域范围。这一方法为下一阶段的工作确定了研究的范围，其空间范围也是足够大的，即包括了绿道项目所关注的、潜在的景观要素，也将这些要素周边的、应当参与分析的背景区域纳入其中。在本阶段，不要尝试确定满足不同用途的、过于详细的线路，而是要寻找那些看上去具备所需资源或特征的带状区域。

项目是否应当继续推进

即使到了本阶段，分析和确认项目进一步开展的必要性仍然十分重要。

- 这个阶段的分析成果，是否提供了绿道项目值得进一步开展的证据？

第 4 阶段：不同选线方案和廊道宽度的确定

在这一阶段，核心用途可以作为获得带状区域内部详细信息的参照体系。这些核心用途，随后还有助于引导绿道的具体选线和确定某段廊道的具体宽度（图 6.18）。确定廊道的详细边界具有一定的复杂性；因此，在不确定宽度的情况下，先从带状区域内大致明确廊道的选线是非常有帮助的。廊道的选线要根据每个核心用途逐次进行。这个程序有助于每次选线标准的独立性，而且能够保障核心用途的设计目标与实际表现是相符的。如果将所有用途一起分析，很难证明某种用途是否达到了相应标准的要求。接下来，所有的选线方案会被综合在一起，进行分析、比较与整合。

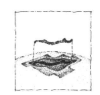

图 6.18

在第 4 阶段中，绿道设计师会根据绿道的核心用途来对绿道进行选线和宽度的确定。

新的利益主体的加入和对当地问题的关注

项目周边的土地所有人、当地的利益相关者、区域范围内的主要利益主体的参加，将有助于本阶段工作的完成。当上述人群对备选区域的情况非常熟悉时，其效果更加明显。当绿道项目被最终确定的时候，其他一些非常关注当地问题的利益相关者们也可能会参与到绿道的建设工作中来。还有一些利益主体，他们也可能在本地的尺度上为绿道的建设做出巨大的贡献；但出于种种原因，他们对较早的介入和参与项目并不感兴趣。例如：房产或土地的所有人。与前几个阶段相比，本阶段会有更多的利益主体参与项目，而这还取决于当地同时开展的绿道项目的数量。当地的某些利益主体可能没有马上察觉参与绿道项目的潜在收益，而另一些人则可能对项目持反对态度。

针对每种核心用途的最佳线路的确定

对某一核心用途的选线而言，能够为该用途建立有效连通性（例如，具有良好的功能连通性）的线路就是最好的选择。待选线路可能是一条现存的廊道，或者是对原有廊道的恢复，再或者是一系列具有功能联系但无空间连接的迁移缓冲斑块。在原本没有连通性的地方人为地增加连接，应当经过慎重的考虑和专家的分析（详见第 3 章）。

基础设施对绿道网络的干扰程度和频率往往是最大的，而道路尤其严重。实现较高的连通性，可能是绿色和市政基础设施都要致力于实现的基础目标。正因为如此，它们彼此会经常产生冲突。这些冲突的存在，使得野生动物保护和水质控制的结果表现的都较差。从令人震惊的、北美地区野生动物在道路车祸中的死亡数量和来自道路的、最终进入河流的大量污染物的事实中，我们就可以明确这一点。当这两类网络系统的交叉无法避免时，应考虑建立一些用于分离的构筑物，例如地下通道或天桥。

带状区域的干扰特征：对绿道选线或宽度的影响

区域内的景观干扰应当被给予特别的关注，包括人为干扰和自然干扰。应当通过教育、监管和其他的管理措施的应用，来减小人为干扰对绿道的影响。

阅读材料 6.16

在查特菲尔德流域的案例中，一些参与者发现了积极参与的巨大好处；因为，绿道项目向他们提供了与其他利益主体一起申请土地管理方面资助的机会。例如，某个县的绿地管理部门与美国农业部自然资源保护局（the U.S. Department of Agriculture Natural Resources Conservation Service）开展了合作，并为当地的土地所有者争取了土地管理方面的资金支持。还有一个由更多利益主体参与的成功案例。通过他们共同的努力，这些利益主体获得了一系列可用于保护或游憩项目的大量的资金支持。

　　分析自然干扰斑块的尺寸范围将有助于绿道宽度的确定。例如，在森林景观中，如果林木风倒形成的空地斑块比较常见、面积较大，廊道宽度的设定就应当足够大；因此，在绿道的宽度受到上述干扰而变小之后，其主要功能不会受到过多的影响。在野火较为常见的景观中，也可以采用类似的分析方法。对当地情况了解的生态学家和其他的科学家们，会对破坏绿道功能的、潜在的干扰类型比较清楚。如果有生态系统条件类似区域的长期研究成果，干扰斑块面积大小的确定会相对容易。某些情形下，可以利用航片来确定这些斑块的大小或尺寸。

　　当考虑风灾、火灾等自然干扰的时候，一些读者可能会有疑惑：为什么绿道的设计要根据这些自然现象进行调整。在许多建设密度较高的景观中，自然廊道数量是极少的；在这些景观中，即使是由于自然干扰的原因，也可能会对绿道设计功能的发挥产生极大的影响。

最终绿道的确定：基于不同用途选线的整合

　　在这一步中，如果备选的节点和带状区域的数量很多，我们可以按照类似于制作"意大利肉丸面"的方式来考虑绿道的方案（图 6.19），即先把这些节点和区域相对散乱的叠加在一起。之后，再将上述的初步方案进一步精炼成一个更加清晰的绿道网络。即使在这一阶段，明确不同的选线和节点与相应的核心用途之间的对应关系仍是十分重要的。由于涉及的核心用途与相应节点数量的不同，这一步骤可能会比较的复杂。

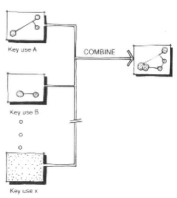

图 6.19

将根据每个具体核心用途所确定的线路进行彼此叠加，可以发现不同线路之间的差异和相似点。

　　如果某一选线或其中的一段承担着不止一项核心用途的功能，这一段廊道可能就是绿道中非常重要的部分了，而前提是这些用途之间并不存在冲突。通常情况下，对于位置比较接近或几乎一致的备选线路而言，通过合理的设置廊道的宽度（本方法中下一阶段中的内容），这些选线可以被整合为一条廊道而不发生冲突。即使某一条备选线路只具有一种用途，这条选线也必须予以部分的保留，尤其是那些对实现这一功能所必需的部分。对于那些似乎交错在一起的线路而言，设计师们应该尝试识别出一条能够兼具所有用途所对应功能的线路。这条线路就是核心的备选方案，应当给予最大的关注和优先进行研究。如果其他路径也表现出了对某些核心功能的支撑，它们也应被纳入到绿道的选线中来。

　　例如，一段沿河分布的绿道，具有大面积的、野生动物活动所需的栖息环境；但由于坡度较陡，可能无法作为自行车道进行使用。对于这种情况，可以将这一段绿道拆分为多条并行的连续线路来满足相应的功能。对于生物保护而言，应当多建立一些额外备用的路径；因为，在某段绿道被破坏的情况下，这种方法可以很好地降低这种干扰对绿道的冲击。

宽度的局部调整：对核心用途需求的响应

图 6.20
固定的边界宽度（虚线），
可能与景观功能（点画区域）
并不一致。

一般而言，决定绿道宽度的最重要的因素之一，就是现有土地所有权的边界范围。现状的土地产权形式、从私人那购买或获得捐赠土地的可能性，通常对绿道形态或边界的确定也有着巨大的影响。（新建城镇可能会有所不同，例如：得克萨斯州的伍德兰兹（Woodlands）社区，绿地和其他用地被系统和同步规划地进行着单元式开发。）一个用来构建绿道的常用策略是：识别并选择一条大致的线路；然后，基于现状用地边界范围的限制，尝试用最少的土地数量来构建一条连续、完整的绿道。当基于一些相对模糊的生态条件来确定绿道宽度的时候，通常会考虑选择一个最小的、固定的绿道宽度值（图 6.20）。但是，如果考虑到大多数景观环境的异质性，很难想象一个固定的宽度值是可信的，除非这一宽度足够的大。

另一种方法，则是根据局部生态环境的变化而调整绿道的宽度。这一方法的可行性与效果在之前的章节中已经有所讨论。基于这种方法，绿道就不太可能由于过窄而无法适应其既定的用途。一条潜在的线路，也不必由于在某处无法满足最小廊道宽度的要求而被放弃。这种最小宽度的方法往往也是主观的，规划线路在那里也许是具有相应绿道功能的。

根据当地的实际情况来设定绿道的宽度，可能会带来更多的挑战或更高的成本；但只要能确保绿道的完整性，这一方式就是值得开展的。假如绿道项目的主要目标是为某一物种的迁移来保护和构建一条生物廊道，而这条廊道要有足够的宽度，从而提供连续的森林内部生境和避免周围开敞用地的影响。设置固定宽度的方式没有认识到：绿道的某些地方可能会更多地受到周边用地的影响，其产生的边缘效应也会更显著地侵入到绿道的内部空间之中。因此，绿道对这种生物的保护功能会打折扣，而其程度取决于固定宽度的取值大小。

当我们通过设置固定的廊道宽度来保护水质时，类似的情形也会发生。例如，农田往往会大量使用化肥和农药，而某段与农田相邻的绿道宽度如果设置与林地两侧绿道的宽度相同，绿道可能无法充分缓冲、过滤来自农田的污染物，从而使污染物进入农田周边的溪流中。根据绿道

周边用地的特征来进行廊道宽度的设置，可能更有助于水质
保持等功能的发挥。

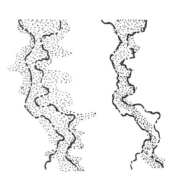

这种局地环境条件的变化，并非只发生在空间层面，同
样也涉及时间层面。绿道的有效宽度和功能连通性，可能会
随季节的更替而改变（图 6.21）（例如：位于阶地上的廊道在
植物树叶枯落的前后，或者沿河道路在冬季融雪剂使用的前
后），或者是日际间的改变（周末或非周末所对应的游客数量），
或者是昼夜的变化（白天和夜晚的差别）。同样，随着时间的
流逝，绿道周边的土地开发也会剧烈改变，而其对绿道影响的类型和强
度也会相应改变。如果希望绿道能持续的发挥作用，绿道的尺寸选择应
当考虑和适应上述的所有的潜在变化。

图 6.21

绿道的有效宽的与功能连通性，可能会随季节的更替而改变。例如：当落叶林的树叶脱落后，可为野生动物利用的、覆盖度良好的植被面积将减少；当某条游憩廊道的积雪较大时，行人可能无法穿越；当河流廊道两侧形成冻土时，其下渗能力会大幅降低。

对于这些不确定因素，通常的解决方法是：在有可能的地方，尽量
增加额外的绿道宽度。这种响应的方式可能是应对复杂情形的一个最好
的方法；但是，只有当全面而详细的分析了目前和未来（可能）影响绿
道宽度的因素之后，这一方法的效果才能最大的发挥。

有的时候，在野生动物的移动或栖息廊道的构建过程中，廊道宽度
都会被建议在数英里的数量级上。这一宽度的确定部分是由于：对多功
能廊道的宽度设定过程中复杂性的一种简化处理；满足偶发情况对增加
廊道宽度的潜在需要。这一方式会将廊道宽度设置的足够大，但对绿道
沿线可能发生的景观改变进行持续性的分析与解读仍然是必需的。这种
解读，不仅有助于设置或评价廊道的宽度、尺寸，还能指出那些可能需
要后期监测的管理层面的问题。例如，在廊道宽度的设定过程中，可能
会发现周边用地的土壤侵蚀现象非常严重；因此，对这些侵蚀情况的后
期监测可能是有必要的，从而了解其对绿道潜在威胁的动态变化。

在能够全面的获取相应数据的情况下，我们可以借助于计算机程
序（尤其是地理信息系统，GIS），根据微观生态环境的变化情况来方
便快捷的进行廊道宽度的设定工作。GIS 可以将不同数据的信息相互
叠加，而这种将地图叠加在一起的技术被称为地图建模（cartographic
modeling，或者地理分析，geoprocessing）。[43] 基于地图建模的方法、适
当而详细的数据和精心提出的评价标准，GIS 能够按照一定的间隔对绿
道沿线的廊道宽度进行分析和设定。除了其他因素之外，决定这一过程
成功与否的关键是：判定标准的清晰和严谨程度，以及数据的详细程度。
全自动的设定廊道宽度的过程，往往需要非常复杂而精细的分析模型；
但部分地实现计算机化的分析，也是非常有帮助的。

在廊道宽度的设定过程中，一种简单而实用的 GIS 技术就是缓冲区分析，即分析对绿道功能具有潜在危害的景观要素的影响范围。这些缓冲区，能够大概地反映出有害因子的主要影响区域，例如：来自高速公路的噪音，或者周边社区的、具有攻击性的宠物的活动范围。缓冲区的宽度取决于这些影响所涉及或延伸的范围。在绿道的线路已经被确定的情况下，应当避免穿过这些缓冲区域和其对应的、有害的景观要素。

绿道宽度的设定过程中，绿道的设计者们还会经常遇到其他的限制，例如：政治、土地权属、财政等因素。有些情况下，也许可以通过创造性的方式来进行应对。例如，如果无法获得足够的土地来满足保障绿道功能所需的宽度，也许可以和绿道临近土地的所有者达成协议，并要求他们在保障绿道功能发挥的前提下进行土地使用和管理。

绿道宽度设置所需要关注的问题

对以下问题的回答，应该有助于我们识别出影响绿道宽度设置的关键问题。

☐ **与野生生物保护有关的廊道宽度问题**

• 绿道沿线可能会发生哪些边缘效应？有哪些待研究的绿道主要是被边缘种所使用？被哪些物种所使用？这些物种会对绿道所要保护的目标物种产生哪些影响？

• 研究区域内是否有对人类影响敏感或需要较宽廊道来遮蔽的较大型的动物？如果有这样的动物，多大的宽度是相对必要的？

• 研究区域内是否有哪些物种需要数英里宽的廊道来进行跨区域的迁移？研究区域内是否有相应的地段很容易实现这种廊道宽度的要求？

☐ **与滨河廊道有关的宽度问题**

• 河流的水生栖息环境是否发生了破碎化，鱼类和其他的水生生物的数量是否大幅减少？这种减少可能是由城市或农业开发所引起的河岸阶地、滨水植被或水质的剧烈改变所致。是否有可能对这些改变进行恢复？

• 如果河流沿线大部分区域都没有植被覆盖，有植被覆盖的河段分布在哪里，它们对河流健康的维护做出了什么贡献？如果河流沿线大部分区域都植被覆盖良好，哪些没有植被覆盖的河段可以考虑优先进行生态恢复？

- 河岸上是否被侵入了大量的外来物种或者具有这种可能？通过管理的方式进行消除的前景如何？如果这些入侵物种被去除了，什么物种会在那里生长？
- 区域内的水质如何？同水质相关的水文调节、污染物过滤、河岸加固、水文调节等河道功能的情况如何？
- 河流周边是否存在输入大量泥沙、养分物质或其他污染物的潜在污染源？污染源与河道之间的这些土地的用地现状和未来趋势是什么？
- 河流阶地上的养分物质等污染物的来源在哪里？通过何种方式能够应对这些污染？
- 哪种方式可以限制河流阶地上 N 的输入，尤其是在没有缓冲植被带对其进行过滤的时候？缓冲植被带或湿地对 N 的过滤能力如何？
- 透水的土壤下面是否有不透水层（心土层、基岩），从而使停留在根区的、地下水中的养分元素可以被植物吸收？这些滨河的植被缓冲带具有极好的净化效果。
- 对于温带的项目而言，输入河道的养分物质或泥沙在时间点、成分和密度方面的不同（由于滨河植被季节性的生长方式造成的），是否会带来其他特殊的问题？
- 考虑到河漫滩的坡度和宽度的差异、自然植被属性（包括：密度、演替阶段、生长与衰落的季节性变化）的差异，滨河林地的净化功能可能是什么样的？
- 当滨河缓冲带的植被处于非生长季时，由于植被过滤功能的失效，是否可能会在年内的某些时候导致径流中所携带污染物浓度出现脉冲式的峰值？
- 哪些河段的滨河植被能够在夏季有效地对水面进行遮阴（尤其是对低级别的、靠近源头的溪流而言），从而避免极端水温的出现？
- 是否存在一些可能影响水质或滨河廊道生态完整性的、以人类活动为主的用地？例如：农业、城镇、林业、交通、游憩等用地，防洪用地、水源地？或者，河流与这些用地之间的滨河植被如果遭到破坏，这些用地是否会产生问题？
- 一条河流自然蜿蜒的跨度是多少，也就是包含了河漫滩、滨河植被、河流潜水层所对应范围（包括了河流阶地上的地下水补给区）的总体宽度是多少？
- 百年一遇的、其他重现期的或法定的河道行洪范围在哪里？

- 哪些用地可以被划定在绿道的范围之内，从而缓冲来自河道两侧退化的坡地的影响？
- 考虑到污染物的化学特征、土壤属性、缓冲带宽度、流量等因素的差异，研究区域内不同滨河缓冲植被带的实际效果如何？
- 向河流排污的点源污染源有哪些，分布在哪里？
- 区域内的非点源污染方式有哪些？
- 主要的农业区域分布在哪里，它们对水质退化的影响程度有多大？
- 河流廊道的内部是否被作为了放牧的场所，从而使得河岸被践踏、植被破坏，以及牲畜粪便将增加河流的养分物质含量？
- 是否有某些河段被渠化或暗渠化，从而导致河流环境的退化？是否有机会对这些被渠化或暗渠化的河段进行恢复？
- 河流的某些河段是否被进行了调水或地下水开采，从而使河流的环境发生退化？是否有可能调整或结束这些做法？
- 是否有道路、市政管线被建设在滨河廊道内部，并对河流产生较大的影响？
- 游憩活动对滨河廊道有影响吗？
- 主要的城市化地区分布在哪里，它们对滨河廊道有哪些影响？地表径流直接排入河中的不透水地面主要分布在哪里？河流和上述不透水地面之间是否有植被缓冲带？
- 滨河植被缓冲带是否已经或可能将无法承受河流阶地上人类活动的干扰而发生退化？
- 根据生物完整性指数法（IBI，详见第4章）或其他方法，水域生态系统的生态健康度如何？
- 待研究的滨河廊道是位于上游、中游还是下游，而这对廊道而言又意味着什么？
- 是否有机会通过廊道将多种类型的栖息地（例如，陆生、滨水）连接在一起？
- 河流穿过了哪些类型的景观？廊道功能同其他景观构成要素之间的联系如何？廊道周边的景观被人类改变的程度如何？被用作了何种用途？
- 滨河廊道对野生动物是否重要？
- 某一段廊道是如何影响其上游或下游河段的，或者如何被它们所影响？
- 考虑到前期研究是绿道建设与管理方面的一种长期投入，该绿道项目是否在廊道的划定方面投入了足够的研究经费？

□ 与人类社会有关的宽度问题

- 绿道的哪些要素对社会群体具有短期的影响？哪些要素可能会带来根本性的、长期的影响？是否有某些短期的应对措施可能会逐渐成为一种长期的解决措施？或者，这些短期措施是否只是降低了眼前问题的严重性，但却增加了长期问题进一步加剧的风险？

- 绿道中有哪些地方可以开展有意思的探索性活动？哪些资源（文献资料、当地的学校或大学、专业人士或专家、具有相关知识的当地居民）可以被利用到这些探索活动中？

- 有哪些可以开展正式或非正式教育活动的机会？有哪些相关的、被关注的或有价值的场地、资源或专题可以被利用？通过这些活动，可以解释或阐明哪些相互作用的关系？哪些问题可以用来进行深刻的反思？地方性和全球性问题在绿道中是如何结合在一起的，当地居民如何适应这种情况？

- 哪些无法看到的联系可以通过艺术和教育的方式进行揭示？面向的观众是谁？

- 公众科普和参与式的研究，显然会吸引人们参加绿道的生态研究和监测活动。哪里有促进公民参与这种科学活动的机会？

- 是否能够在绿道内部一些相邻的场地中构建一系列"亲子空间"，在那里父母与孩子可以近距离相处（并相互学习），例如社区公园、游戏场地？

- 有哪些场地可以被艺术家和社区成员们用来开展一些具有创新性表达的活动，包括：讲述人、场地的故事，用一种新的方式来描述历史和人们对世界的看法？

- 绿道边缘的哪些地方可以布置受欢迎的公共设施或使用功能，从而使绿道与周边社区紧密相连？

- 能否通过短距离的步道将居住区与绿道、公交枢纽、商业区、学校和其他类似目的地进行连接，从而增加居民日常活动的可达性？如果绿道中设有长距离的步道，它们是否能够同短距离的、局地的步道体系充分的整合在一起？

- 通过提供更便捷的接近自然的机会，绿道是否能够帮助某些开发密度较高的地区获得更大的吸引力和更令人满意？

- 有哪些机会可以与开发商、县或市的规划师开展合作，从而使绿道与城镇建成区之间的联系更加有效，同时减少不必要的连接？

- 有哪些机会可以同开发商和规划师们合作，来一起协调和构建相对适宜的、连接城市地区的游步道系统？
- 无家可归者的生活，是否依赖着那些即将被建设为绿道的空地？如何将他们视为利益相关者，请他们参与绿道的规划过程，并与他们合作来一起解决相关的冲突？
- 是否应当在绿道的外围增加限制野生动物进入的屏障？野生动物在那些地方的活动可能将它们带入危险的境地，例如：将它们最终引向高密度城市区域。

绿道被初步整合后的验证与评价

当确定了绿道的宽度之后，需要进一步明确：整个系统在多大程度上能够对关键用途进行支撑。这类验证工作在大多情况下会在场地中开展，而且不应当有任何先验假设，应该仿佛是首次对绿道进行设计。绿道在目标实现和适应核心用途方面的任何缺点都应当被详细的记录。如果发现了一些无法通过调整宽度和选线来进行修正的重大问题，可能就要返回到整个设计过程的早期阶段。应当返回到哪个设计阶段，取决于问题的类型，以及这些问题是否涉及了项目目标、功能用途、项目标准、数据质量等方面的因素。

依靠直觉的判定来规划或设置绿道的方法可能非常普遍，但其他方法也值得推荐。例如，一些学者建议使用重力模型的方法。[44] 重力模型有助于分析一对节点之间的相互作用关系，即节点间的连接对野生动物的重要性可能有多大。随着节点面积的增加、节点间距离的减少、景观"摩擦力"或迁移阻力的减小，节点间的相互作用关系会加强。制度本身可能无法产生最有效的结果；但是，这一方法可以为决策过程提供廊道保护优先性的重要信息。

第 5 阶段：实施与管理

本设计方法最后的这个阶段才是绿道项目真正的开始。项目的实施会伴随一系列不同类型的工作；通常需要募集资金和让项目逐步落实（图 6.22）。在建立了共同期望和协调机制的基础上，可以将绿道项目分解为不同的部分；而分头推进绿道的实施工作则是完全可能的。

由于场地特征和涉及活动数量的不同，很难预先决定这一阶段工作的具体步骤。对项目所需设施的类型和位置的确定，通常需要根据具体的场地条件和项目要求来确定。因此，本绿道设计的方法在这个阶段，需要设计师具备对场地景观解读和理解的能力。设计师们应当参考或咨

图 6.22

在最后这一阶段（阶段 5），绿道方案的一部分内容会开始被实施。有的时候，在共同目标与规划方案的基础上，项目会由不同的群体来分开实施和完成。

询相关领域的文献或专家，例如：生态恢复、环境管理等。下面的一系列问题，应该会有助于明确和指出同绿道实施与管理相关的重要问题。

- 每段绿道征地和实施的优先次序是什么？

每段绿道的重要性应当根据项目评价标准进行排序，这些标准包括：每段绿道对项目功能发挥的贡献、受城镇开发威胁的程度和紧迫度、土地所有人的数量，以及其他重要因素。这个排序有助于明确哪段绿道应当优先开展土地的获取和项目的实施工作。

- 绿道的设计内容清单是什么？

基于对绿道项目了解的深入和对绿道核心用途的明确，我们可以得出绿道内待建设施的初步清单。绿道需要这些或大或小的设施来支撑相应的核心用途，具体的设施包括：游步道、生物地下通道、拦沙坝等。我们将这些所有设施的总体称为设计内容清单。正如设计过程中的每一步都可以回溯到一个或几个目标一样，绿道待建的每个要素或设施也都应该同至少一个目标具有联系。

绿道设计内容清单的范围将取决于主要用途的使用强度和场地的敏感性。对那些只有少量或没有游憩功能的、以生物和水质保护为主的绿道而言，适度的开发建设才可能满足绿道的目标。对于那些尤其以游憩功能为主的绿道而言，可能需要足够的设施来满足人们的需要，例如：步道、卫生间。此外，可能还需要一些其他设施来保障绿道的自然属性、自然过程不会被过度的使用而破坏，例如：栅栏、桥。

- 设施（例如，步道、野生动物地下和地上通道）应该在哪里选址和如何实施？

为了保持景观的完整性，每个设施的设计，应当保持和绿道规划其他阶段一样的生态敏感性。对可持续设计和最佳管理实践经验的参考应当贯穿始终。设施的选址和具体设计应当被给予特别的关注，从而使这些绿道的构成要素不会破坏某些核心用途的连通性。同样，设施建造的材料与方法也应当精心选择，从而避免引入可能破坏绿道完整性的景观要素。

绿道中设施的设计需要考虑影响绿道的动态的自然过程。例如，绿道如果容易受到季节性洪水的影响，这一点在设计游步道、生物地下通道的过程中就应当被予以考虑。

设施的选址应当按照支撑绿道核心用途的原则进行。如果绿道的首要功能是野生动物保护，为了满足游憩功能而设置的游步道就应当在不干扰生物保护功能的前提下进行设置。因此，如果某段绿道需要同时满足两项功能，为了支持某项核心用途而建设的设施不能干扰另一种核心用途。

可以将绿道划分为能够反映其主要用途的一系列功能分区，而这可能是避免将整条绿道视为一个均质化单元的有效途径。通过对这种分区的设定，一些设施或使用功能只允许被布置在相应的分区内，从而避免受到相应的生态或社会干扰的负面影响。例如，某一分区内游憩活动的类型和强度，只能被限定在那些与其功能相适应的分区中。这种区划的体系与方法在绿道的管理阶段同样适用。

设施的选址需要进行场地调研，而且大多数情况下也需要详细和大量的制图工作；因为，在项目施工之前，必须要对待建设施的具体位置和建设方式给出明确的指导意见。某些设施可能需要直接在场地上进行布置，例如：游步道。

• 如何在需要开展生态修复的地方来完成相应的工作？

某些衰退的地区也许可以被纳入到绿道之中。这些地方在进行生态修复后，往往会支持绿道的某些功能。在生态修复的过程中，应当咨询相关专家并制定相应的规划。

• 应当如何进行绿道的管理？

人们倾向于认为：绿道通常都是自然廊道，而在绿道被构建后往往是不需要进行管理的。即使这是真的，但绿道与它相邻用地之间存在许多的相互作用。由于功能设置、生态条件、相邻用地的类型等因素的差异，绿道比等面积的非线状绿地往往需要更多的维护工作。

绿道设计与实施所需的时间看上去很漫长，但与绿道的维护、管理相比则是极其短暂的。理想情况下，绿道管理的理念和经验，都直接产生于绿道设计过程中所设定的目标和这一过程中所积累的经验教训。设计过程中提出的目标同样适用于绿道的管理，因为绿道的设计与管理关注的都是相同的自然现象。例如，如果在设计阶段非常关注生物多样性和水质保护的问题，而在之后的管理阶段却容忍养护车辆惊吓野生动物或污染水质是不符合常理的。

再好的规划也无法预料多年以后绿道管理中可能需要调整的所有内容。出于这一原因，具有适应性的管理方式才是最为有效的。对于这种方式而言，管理活动可以被看作是一种潜在的开展研究的机会。详细的监测与评价，都是上述管理过程所需要的，其结果可以用来引导现有管理方式的调整。例如，以路旁草坪的修剪为例，如果不知道最佳的修剪时机，我们可以通过在多个时间点的修剪来进行试验，并评价不同修剪时间对蝴蝶保护或其他核心用途的影响。为绿道设计而绘制的地图，尤其是可以应用在地理信息系统中的数字化地图，同样可以在绿道的动态管理过程中发挥极其重要的作用。

制度层面的分析，同样有助于明确保障绿道项目实施、管理的组织与程序的有效性。此外，通过对上述的、设计阶段的所有问题进行分析，我们可以对绿道项目进行更加综合的评价，从而确定绿道项目在多大程度上实现了它所具有的潜力。

通过书面导则和管理协议的方式，向绿道的管理者和场地的具体维护人员传达绿道保护的重点内容是十分必要的。另一方面，这些管理人员还应当接受生态管理技术方面的培训；这些培训的内容可能与传统的、大多数地方所采用的绿地管理方法存在较大的差异。

• 如何将绿道的目标和意义传达给广大公众，从而使绿道不再被简单的视为可以被市政或其他用地随意侵占的、单纯的公共开敞空间？

在绿道或绿地管理一线工作的人们经常会提到：景观完整性管理的最大挑战，是如何应对大量来自市政管线、道路建设，以及其他方面对用地转换或地役权的要求。这就好像绿地（"开敞"空间）是一种不重要的、暂时性的用地类型。我们很容易理解市政设施的规划人员为什么在管线路径选择时会有这种想法；而且我们也会察觉到，他们确实也没有别的选择。因为，除了绿道之外，其他所有土地可能都已经被开发了。一位在郊区工作的自然保护区的管理者发现：在近几年，他几乎无法完成栖息地的恢复工作。当他正在准备消除上一个市政管线建设项目带来的影响时，另一个可能会产生负面影响的类似项目就已经开始申请并在将来计划建设了。

这些要求中的一部分是不可避免的，但建立对绿道的广泛理解和支持则可以让我们更容易的对这些要求说不。例如，在美国的一个中等城市，联邦政府的某个部门想在城市的一个保护区内暂时存放大量的填充土，并向当地的绿地管理部门提出了相应的要求。要求一提出，就遭到了公众立即而强烈地抗议，从而使得这一要求很快被取消。

绿道设计方法的信息来源

本章所介绍的设计方法，依赖于一个需要被逐步完善的、关于绿道自然和社会特征方面的资料清单。获取清单中的信息并非本方法中某个阶段的工作，而是要贯穿在整个方法使用的过程中。绿道设计师们可能倾向于使用一些流行的场地指导手册，来回答区域内的相关生态问题。但是，我们应当谨慎的使用这些手册或专著，而且最好只是用来回答那些相对一般化的问题。因为，这些书的大部分内容都是从总体上讨论区域层面的问题，而不是针对具体场地的详细描述。

很少有哪位绿道设计师对完成项目所需的所有生态和社会方面的知识都有所精通，而寻求专业人士的帮助通常是必需的。许多行业的专业人士，都在致力于绿道建设相关的研究，他们也许可以成为项目的咨询顾问。此外，这些专业人士经常阅读或发表文章的期刊中也会有大量信息，可能会帮助绿道设计师（表6.5）。这些专业人士中的一些人，尤其那些在大学里或在当地、州立或者联邦政府部门任职的专家们，可能会

表 6.5　参与绿道设计的专业人士，以及他们所在的单位、关注的期刊

专业人士	单位	期刊
植物和动物领域 野生动物学家，生态学家，景观生态学家，生物学家，植物学家，保护生物学家，渔业生物学家	高校的生物学系，州、联邦政府的渔业与野生动物保护部门，咨询公司，州属的自然遗产计划项目，非政府的保护组织	Conservation Biology, Biological Conservation, Journal of Biogeography, Ecology, Journal of Applied Ecology, Environmental Management, Wildlife Monographs, Wildlife Management Bulletin, Wildlife Resources News, Wildlife Abstracts, Wildlife Review, Journal of Mammalogy, Ark, Condor, Wilson Bulletin, Landscape Ecology, Landscape Journal, Habitat Suitability Models of the U.S. Fish and Wildlife Service, Natural Areas Journal, Journal of Wildlife Management
水资源领域 水资源专家，水文学家，湖泊学家，水域生态学家，景观生态学家，环境工程师，农业工程师，自然地理学家，环境科学家，农学家	高校的生态学系，农业工程学系、地理系，州、联邦政府的土壤与水资源保护部门，咨询公司，非政府的保护组织，美国环保局，土地信托基金组织	Ecology, Environmental Management, Journal of Soil and Water Conservation, Environmental Science and Technology, Environmental Conservation, Ecological Applications, Bioscience, Ecological Engineering, Journal of Environmental Quality
设计领域 景观设计师、景观规划师、游憩活动与旅游规划师、区域规划师、生态规划师、环境规划师、社区规划师	高校的生物学系、景观学系、规划系，国家公园管理局，地方、州、联邦的户外游憩活动管理委员会，美国林业局	Landscape Architecture, Landscape Journal, Landscape and Urban Planning
户外游憩领域 户外游憩活动规划师，森林学家，景观规划设计师	高校的旅游与户外游憩息，国家公园管理局，地方、州、联邦的户外游憩活动管理委员会，美国林业局	Biological Conservation, Journal of Applied Ecology, Journal of Environmental Management, Journal of Wildlife Management, Natural Areas Journal, Restoration and Management Notes, Journal of Forestry
社会生态学领域 社会学家，规划师	高校的城市社会学系、城市与区域规划系	Human Ecology, Harbinger—a Journal of Social Ecology

以象征性的收取少量费用或完全免费的方式为项目提供服务。

正如前文中提到的，绿道的规划建设还能从其他的项目中获得总体上的帮助，这些项目包括：美国国家公园管理局的"河流、游步道与自然保护的辅助计划"（Rivers，Trails，and Conservation Assistance program）、弗吉尼亚州的阿林顿保护基金（The Conservation Fund in Arlington）资助的"美国绿道项目"（American Greenways program）。这两个项目都参与到了跨州尺度的绿道项目的规划建设过程之中。美国和加拿大开展的自然遗产计划（Natural Heritage program），通过使用一种标准化的方法，来评价哪些物种在受到威胁、濒临灭绝，或者哪些是重要的生物群落。[45] 这些项目虽然无法显示出某个绿道项目所想保护物种的精确位置，但联邦和州的保护名录上的物种和重要群落的大概分布图是可以被提供的。

还有许多非正式的信息来源对绿道设计是非常有帮助的。经验丰富的自然主义者、观鸟者、捕猎者或其他户外活动爱好者们，通常对景观的情况具有第一手的经验。除了国家土壤调查所提供的信息之外，如果没有场地调查，具体的土壤特征通常是很难获得的。但是，农民或其他有经验的人可能会提供帮助；因为，他们在长期的实践中发展了识别土壤条件的能力。关于区域未来的发展模式等信息，有时可以从房产中介、开发商、土地所有者、政府部门的规划师或其他对区域未来发展有所了解的人那里获取。道路的维护部门，可能会有野生动物和机动车事故发生地点的分布记录；这些地点反映出了野生动物活动、迁移的重要路径。

地图的搜集和使用

对于本设计方法而言，具体的信息只在需求十分明确的时候才开始搜集，而信息的详细程度要根据相应尺度或阶段的实际需求而定。本方法还发现，数据的搜集与分析是一个非常费时和费钱的工作。此外，不同地图分析方法的应用是有尺度适宜性的。比较粗糙、相对总体的制图方法在早期的工作中可能是完全足够的，比如本方法中的第一、第二阶段。

在项目的开始就搜集所有资源的信息可能是一个巨大的错误。但是，在问题没有被准确、清晰地提出之前，应当如何来搜集适宜尺度、适宜类型的地图资料？一张能够对环境总体信息进行解释和描述的地图是会很有帮助；事实上，这张地图对于理解项目的背景而言是十分关键的。通常来说，在没有给出清晰的理由之前，最好不要开始绘制地图；也不要遗忘约翰·莱尔提出的："一个让印象被充分理解……提出问题的时刻，而不要急于回答问题。"[46]

这里并没有一个绿道设计所需的标准化的地图清单。但是，当你的目标和对象明确之后，并开始按照本设计方法的步骤开展工作时，你就会知道项目会需要哪些类型的地图。国际上或国家层面的地理信息数据的潜在来源包括：

GIS 数据仓库，美国（http：//data.geocomm.com）
地理数据库，加拿大（http：//www.geobase.ca）
谷歌地球（http：//earth.google.com）

也有许多州、省和地方的数据来源，例如：

马萨诸塞州地理信息系统（http：//www.mass.gov/mgis）
马尼托巴省土地计划（http：//mli.gov.mb.ca）
科罗拉多州的柯林斯堡（http：//ci.fort-collins.co.us/gis）

结论

正如本章提出的设计方法所清晰呈现的一样，绿道的设计过程是为了实现绿道自然与社会功能的最大化，而这通常必须进行大量的分析和思考。这种设计方法是一个开放、灵活和问题导向的过程。本方法的目标之一是发现和理解景观的社会与生态方面的运行方式，而这些信息可能会被用于绿道的设计之中；如果是这样，绿道将会更好的保护景观的完整性。这一方法在绿道项目中的实际应用效果，要取决于方法中每个步骤分析和思考过程的细致、全面程度。绿道方案的获得不太可能是一蹴而就的，更多的是一个持续的对话和交互的过程。在这一过程中，需要对绿道的自然与社会功能有关知识进行探索，以及对这些知识在设计中进行合理的应用。

参考文献

1. Design is used here in the sense of intentional change in the landscape, at a variety of spatial scales, as proposed in Lyle, J. H. (1985). Design for Human Ecosystems. New York, Van Nostrand Reinhold Company. It is "giving form and arranging natural and cultural phenomena spatially and temporally," as proposed in Ndubisi, F (2002). Ecological Planning: A Historical and Comparative Synthesis. Baltimore, Johns Hopkins University Press. Thus it refers not only to the manipulation of landscape elements at the site scale, but also to interventions at much broader areas, which is often called planning (e.g., ecological landscape planning). However,

design is not used here to refer to activities also called planning that focus on organization, administration, or development of policy.

2.　Noss, R. F., and A. Y. Cooperrider. (1994). Saving Nature's Legacy: Protecting and Restoring Biodiversity. Washington, DC, Island Press.

3.　See Chatfield Basin Conservation Network Working Group (1998). Chatfield Basin Conservation Network Concept Plan. Also see (http: //www.ChatfieldBasin.org) for more information about the plan Sperger and colleagues developed.

4.　Forman, R. T., and S. K. Collinge. (1997). "Nature conserved in changing landscapes with and without spatial planning." Landscape and Urban Planning 37: 129-135. This same thought is echoed by Carroll, C., R. F. Noss, et al. (2004). "Extinction debt of protected areas in developing landscapes." Conservation Biology 18 (4): 1110-1120.

5.　Laurance, W. F., and C. Gascon. (1997). "How to creatively fragment a landscape." Conservation Biology 11 (2): 577-579.

6.　Quoted in Girling, C. L., and K. I. Helphand. (1996). Yard, Street, Park: The Design of Suburban Open Space. New York, John Wiley & Sons, p. 112.

7.　Cook, E. A. (2000). Ecological Networks in Urban Landscapes. Wageningen, Netherlands, University of Wageningen, p. 201.

8.　Nassauer, J. I. (1995). "Messy ecosystems, orderly frames." Landscape Journal 14 (2): 161-170.

9.　Thompson, I. H. (2000). Ecology, Community, and Delight: Sources or Values in Landscape Architecture. London, E & FN Spon.

10.　Duerksen, C. J. (1997). Habitat Protection Planning: Where the Wild Things Are. Chicago, IL, American Planning Association.

11.　Koh, J. (2004). "Ecological reasoning and architectural imagination." Inaugural address of Prof. Dr. Jusuck Koh, Wageningen, Netherlands.

12.　同上 , p. 15, 26.

13.　同上

14.　Koh, J. (1987). "Bridging the gap between architecture and landscape architecture." Council of Educators in Landscape Architecture Annual Meeting. He adds, writing elsewhere, "What we are designing in this ecological view, I believe, are not 'form', space' or 'function' as Modernists had led us to believe, but 'system', 'process', and our 'embodied experiences' thereof." Koh, J. (2004). "Ecological reasoning and architectural imagination."

15.　Spirn, A. W. (1993). "Deep structure: On process, form and design in the urban landscape." p. 9-16, in City and Nature: Changing Relations in Time and Space. T. M. Kristensen, S. E.

Laresen, P. G. Moller and S. E. Petersen, ed. Odense, Denmark, Odense University Press, p. 9.

16. 同上 , p. 12.

17. Cook, E. A., and H. N. van Lier, ed. (1994). Landscape Planning and Ecological Networks. Amsterdam, Elsevier.

18. Duerksen, C. J. (1997). Habitat Protection Planning.

19. Ahern, J. F. (2002). "Greenways as strategic landscape planning: Theory and application, " Ph.D. Dissertation. Wageningen, Netherlands, Wageningen University.

20. Forman and Collinge, (1997), "Nature conserved in changing landscapes with and without spatial planning."

21. Laurance, W. F., and C. Gascon. (1997). "How to creatively fragment a landscape."

22. Babbitt, B. (1999). "Noah's mandate and the birth of urban bioplanning." Conservation Biology 13 (3): 677-678.

23. Day, K. (2003). "New urbanism and designing for diversity new urbanism and the challenges of designing for diversity." Journal of Planning Education and Research 23: 83-95.

24. "South Platte River, Brighton, Colorado, " in Smith, D. S. (1993). "Greenway case studies." p. 161-206, in Ecology of Greenways. D. S. Smith and P. C. Hellmund, ed. Minneapolis, University of Minnesota Press.

25. 同上

26. "Quabbin to Wachusett Wildlife Corridor Study, Massachusetts, " in Smith, D. S. (1993) in "Greenway Case Studies" p. 161-206, in Ecology of Greenways. D. S. Smith and P. C. Hellmund, ed. Minneapolis, MN, University of Minnesota Press.

27. Lyle, J. H. (1985). Design for Human Ecosystems. New York, Van Nostrand Reinhold Company.

28. Forman, R. T. T, and M. Godron. (1986). Landscape Ecology. New York, John Wiley & Sons.

29. See U.S. Geological Survey, Gap Analysis Program, (http: //www.gap.uidaho.edu/).

30. See NatureServe. (http: //www.natureserve.org).

31. See also The Conservation Fund, What Is Green Infrastructure? (http: //www. greeninfrastructure.net) and the Defenders of Wildlife's Conservation Network Design Web site. (http: //www.biodiversitypartners.org/ habconser/end/index.shtml).

32. Kopperel, J. (2004). Landscape architect and project manager with EDAW, Inc. Personal communication.

33. Collins, T. (2000). "Interventions in the Rust-Belt, The Art and Ecology of Post-Industrial Public Space." British Urban Geography Journal, Ecumene 7 (4): 461-467.

34. Forman and Collinge, (1997), "Nature conserved in changing landscapes with and without

spatial planning."

35. 同上

36. Forman, R. T. T., and S. K. Collinge. (1996). "The 'spatial solution' to conserving biodiversity in landscapes and regions." p. 537-568, in Conservation of Faunal Diversity in Forested Landscapes. R. M. DeGraaf and R. I. Miller, ed. New York, Chapman & Hall.

37. Forman and Collinge, (1997), "Nature conserved in changing landscapes with and without spatial planning."

38. 同上

39. 同上

40. Forman, R. T. T. (1995). Land Mosaics: The Ecology of Landscapes and Regions. New York, Cambridge University Press.

41. Merriam-Webster Online Dictionary. (2004). Definition of "swath." Retrieved July 5, 2004, (http: // www.m-w.com/dictionary).

42. U.S. Geologic Survey. (2004). Definition of "swath." Retrieved July 5, 2004, (http: //edcsgs9. cr.usgs.gov/glis/ hyper/glossary/s_t).

43. Tomlin, C. D. (1990). Geographic Information Systems and Cartographic Modelling. Englewoods Cliff, NJ, Prentice-Hall.

44. Linehan, J., M. Gross, et al. (1995). "Greenway planning: Developing a landscape ecological network approach." Landscape and Urban Planning 33: 179-193.

45. Pearsall, S. H., D. Durham, et al. (1986). "Evaluation methods in the United States, " p. 111-133, in Wildlife Conservation Evaluation. M. B. Usher, ed. London, Chapman and Hall.

46. Lyle, J. H. (1985). Design for Human Ecosystems. New York, Van Nostrand Reinhold Company, p. 136.

结语
——坚守景观保护的"底线"

在关于澳大利亚新南威尔士州海岸线规划的一场论战中，弗兰·凯莉（Fran Kelly）在回答记者提问时，一针见血地指出："他们不应该只是简单地推平一切、肆意地破坏生物廊道、无休止地开发建设，因为终将有一天他们会惊呼'天啊，原来我们什么都不剩了'"。[1]

在北美地区，生活在大都市区的居民和官员们正在采取更多的措施来确保：在未来的某一天，他们的居住环境中仍然会有充足的绿地。其他地方的人们也是如此。在城镇化进程仍将持续的地方，这种方式相当于是一种"创造性破碎化"的过程。这么做是为了在开发建设之前识别并保护一些关键的绿地空间。但是，这也意味着人们接受了开发建设活动终将发生，自然区域也会被支离、被孤立的假设。这一方式的挑战在于：如何识别那些需要保护的景观斑块；当周边景观发生了巨大改变时，这些被保留的残余斑块又如何发挥其功能。

人们最不希望发生的情况就是这些破碎化斑块的面积过小、彼此并不相连。即使这些破碎斑块是相连的，如果其连接不是基于对场地实际情况的理解，而只是纸面上的简单勾勒的话，也将是毫无意义的。正如威廉·怀特（William Whyte）在讨论绿带规划时所指出的："这种人为主观随意划定的边界范围，在图面看上去非常规整，但在现实中是很难实现的。"他继续说道："那些具有特殊功能的条带状景观，山脊线和谷地，尤其是溪流或河流才是应当被坚决保护的区域。我们可以将其视为景观保护的底线。"[2] 相对于怀特根据地形学而给出的建议，我们要进一步强调的是那些很难可视化的、但对绿地保护却同等重要的条带状的景观，而这些区域是当前或未来可能会为人们提供相应服务的用地。通过对居民的需求、经历和愿望的分析，我们可以划定这些用地。某些情况下，这些用地的范围已经比较清晰了；另一些情况下，它们是一些潜在的路径或目标点，只有当城市的空间或基础设施扩张时才会变得重要。

　　关于如何基于自然保护、人类服务等目标来建立绿道的一些考虑，请详见如下说明：

　　A. 要充分发挥人们生活环境周边绿道的自然功能，不论其所处环境的建设密度如何。

　　B. 绿道要为人们创造接近自然和开展游憩活动的机会，这有助于促进社会互动。

　　C. 修复工业废弃地和其他衰退地区，并将其建设为绿道。这可以服务周边居民，还将维护重要的自然过程。

D. 通过绿道将不同的社区彼此相连，促进社会互动与环境正义。

E. 作为对大都市区内部绿道管理的一种补充，通过对外围绿道（例如，河流上游的绿道）的统筹管理，可以更好地保护水质和实现其他绿道功能。同样，要避免加重绿道下游地区的洪水，也要避免向下游转移其他问题。

F. 在设定绿道的目标时，应当将视野延伸到绿道所在的景观背景中，不要认为这些背景区域是完全不兼容或不值得关注的。

G. 只要存在植被良好的、线状的用地空间，就将它们作为绿道保护起来，尤其是当这些廊道与大面积的自然斑块相连的时候。

H. 将社区公园、林地、园地同绿道相连，并推行可持续的管理理念。这些用地一定程度上可以补偿那些需要大量使用化肥、农药和能源的农林用地的环境影响。

I. 在绿道内部或周边预留一些环境敏感度较低的用地，将这些土地用来满足那些具有兼容性的社会需求，如保障性住房的建设。

J. 对于那些存在社会冲突的地方，我们要分析绿道项目是否能成为一种综合不同观点的媒介，并赋予公民权利、识别共同目标，从而化解潜在的冲突。

K. 多建设一些短途的步道，并将这些步道和学校等人们常去的目的地相连，从而降低人们对汽车的依赖。

关于绿道的其他一些考虑还包括：

- 沿着那些已经被社区居民公认的条带状景观来构建绿道，并在此基础上来进一步强化绿道的功能和特点。这些潜在的条带景观包括：灌渠、游步道、废弃铁路线等。

- 寻找那些已经被许多利益主体所关注的、潜在的绿道选线方案。如果这些群体间的利益没有协调（甚至可能相互冲突），我们要将他们召集到一起来共同开展绿道的规划和建设工作。

- 找出那些不认为自己是绿道支持者的、却可能从绿道项目中获益的潜在群体。他们的态度或立场可能会影响绿道项目的成败。

1　Australian Broadcasting Corporation.（2004）．"Taree council rejects conservation criticism." ABC Online. Retrieved December 21, 2004,（http：//www.abc.net.au）．

2　Whyte, W.（1968）. The Last Landscape. Philadelphia, University of Pennsylvania Press, p. 162. Originally published in Garden City, NY, by Doubleday.

索引